仕事の現場で即使える

Access 2019/2016/2013/2010 Office365［対応版］

Access VBA

実践 マスターガイド

今村ゆうこ 著

技術評論社

はじめに

　Accessは機能面でもコスト面でもとても導入しやすいデータベースソフトです。選択・クリック・ドラッグ操作だけで、クエリやマクロといった業務に必要な機能を作成することができるのです。そのためプログラミング知識がなくても、クオリティの高い業務ソフトを作成することが可能です。

　それでも、使っているうちに「こうできたらいいのに」という点は出てくるものですよね。VBAを習得してそれを実現できたらいいのにな、そういった気持ちを動機にしてチャレンジしてみるのはすばらしいことだと思います。

　プログラミング習得の第一段階は「コピー＆ペースト」で構いません。使えそうな部分を取り出して少し修正する、それで仕事が楽になり、プログラミングの便利さや楽しさを実感することが大切です。

　しかし、そこで歩みを止めてしまうと「似ているコードが元にないと書けない」状態に留まってしまいます。その先へ進むために、ぜひ、書かれているコードの「文法」を1語ずつ噛み砕いてみてください。

　文法を理解することで、「こういう成り立ちをしているからこのように動くのか」ということがわかり、「じゃあ、こうしたい場合はこうすればいいのかな」という「仮説」を立てられるようになります。
　「仮説」に対するトライ＆エラーの繰り返しが、ゼロからコードを書けるようになるための近道なのでは、と筆者は考えています。

　本書は、VBAの基礎的な文法を段階的に習得しながら、その文法を使ってサンプルに機能を組み込んでゆく構成になっています。自分の業務に役立ちそうな部分において「文法」を意識しながら真似していただければと思います。

　本書がVBA活用のステップアップへのお役に立てたら光栄です。

2019年6月

今村　ゆうこ

はじめに ……………………………………………………………………… 3
CD-ROMの使い方 …………………………………………………………… 15

CHAPTER 1 基礎知識
Accessにおけるプログラミングとは

1-1　VBAを学習する前に　18

| 1-1-1 | プログラミングとは | 18 |
| 1-1-2 | 設計と実装 | 19 |

1-2　AccessにおけるVBAとマクロの相違点　20

| 1-2-1 | VBAとマクロ | 20 |
| 1-2-2 | できること・できないこと | 21 |

1-3　Accessで扱うオブジェクトの理解　22

1-3-1	テーブルとクエリ	22
1-3-2	レポートとフォーム	23
1-3-3	VBA/マクロとの関係	23

CHAPTER 2 Visual Basic エディター
VBAの作成・編集ツール

2-1　プログラムを入力するウィンドウ VBE　26

2-1-1	Visual Basicエディターとは	26
2-1-2	起動方法	27
2-1-3	画面の見方	29

2-2 初めてのプログラミング
メッセージボックス 30

2-2-1	土台と枠組の作成 モジュールとプロシージャ	30
2-2-2	命名規則（ネーミング）	32
2-2-3	保存してプロシージャを実行する	34
2-2-4	マクロからプロシージャを呼び出す	36
2-2-5	ファイルを開いたときに実行するAutoExecマクロ	38

2-3 作成したプログラムの確認
コードの書き方 40

2-3-1	モジュールとプロシージャの読み方	40
2-3-2	Public／Sub プロシージャの適用範囲と種類	41
2-3-3	showMessage プロシージャ名	42
2-3-4	MsgBox 命令とその引数	42
2-3-5	End Sub プロシージャの終わり	43
2-3-6	コードの入力支援	44
2-3-7	削除と解放	44

2-4 最初に覚えておきたい
コードを書く際のルール 46

2-4-1	半角英数	46
2-4-2	文字列と数値の表記	46
2-4-3	インデント	47
2-4-4	コメントアウト	49

CHAPTER 3 フォーム
プログラムのインターフェース

3-1 VBAとフォームの関係
コントロールイベント 52

3-1-1	フォームとコントロール	52
3-1-2	オブジェクトの命名規則	54
3-1-3	連結と非連結	56

3-2 フォームの作成
連結フォーム 58

| 3-2-1 | 連結フォームの作り方 | 58 |
| 3-2-2 | 連結フォームの使い方 | 65 |

3-3 複雑なフォームの作成
親子フォーム 69

| 3-3-1 | 親子フォームの作り方 | 69 |
| 3-3-2 | 親子フォームの使い方 | 81 |

3-4 プログラムをフォームから起動
イベントプロシージャ 83

3-4-1	非連結フォームの作り方	83
3-4-2	ボタンから別のフォームを開く	87
3-4-3	引数を追加する	91

CHAPTER 4
条件分岐
動きにバリエーションを付ける

4-1 フォームの動きに変化を付ける
If 98

4-1-1	チェックボックスを設置する	98
4-1-2	IF文の作成	100
4-1-3	動作確認	103

4-2 2択の動きを付ける
If 〜 Else 108

4-2-1 If〜Else構文 108
4-2-2 動作確認 109

4-3 3択以上の動きを付ける
If 〜 ElseIf 112

4-3-1 オプションボタンを設置する 112
4-3-2 ElseIf文の作成 116
4-3-3 動作確認 117
4-3-4 選択肢を追加するには 120

CHAPTER 5 変数
効率のよいコードにするには

5-1 似ている処理を１つにまとめる
変数 124

5-1-1 フォームの選択を変数でスマートに 124
5-1-2 変数宣言 128
5-1-3 変数の型 131

5-2 変数を組み合わせる
異なる型の結合 133

5-2-1 変数の中身を確認する 133
5-2-2 結合して出力する 135

5-3 計算結果の表示
コントロールへの代入 138

5-3-1 テキストボックスを設置する 138
5-3-2 コードを実装する 145

CHAPTER 6 関数・メソッド・プロパティ
プログラムに多様な動きをさせる

6-1 押されたボタンで動作を変える
引数と戻り値 150

6-1-1	引数	150
6-1-2	戻り値	153
6-1-3	関数	158

6-2 オブジェクトに働きを与える
メソッド 160

6-2-1	メソッドとは	160
6-2-2	メソッドを使った例	160

6-3 オブジェクトの属性を取得・変更
プロパティ 165

6-3-1	プロパティとは	165
6-3-2	体裁に関するプロパティ	165
6-3-3	機能に関するプロパティ	168

6-4 変数でプロパティを変える
動的変更 169

6-4-1	プロパティの指定に変数を使う	169
6-4-2	動作確認	171

CHAPTER 7 デバッグとエラー処理
プログラムでエラーを出さないために

7-1 プログラムを書きやすく、読みやすくするために
コーディング 174

7-1-1	命名規則	174
7-1-2	インデントとコメントアウト	175
7-1-3	編集ツールの使い方	177

7-2 プログラムや変数の動きを確認
デバッグ 179

7-2-1	デバッグとは	179
7-2-2	デバッグ用ウィンドウの使い方	179
7-2-3	ステップ実行の種類	185

7-3 プログラムが動く順番を制御
Exit と Goto 189

7-3-1	プログラムを途中で終了する	189
7-3-2	If条件の結果によって中止する	193
7-3-3	特定の場所へジャンプする	194

7-4 想定外の動作への対処
エラー処理 196

7-4-1	コンパイルエラー	196
7-4-2	実行時エラー	197
7-4-3	エラートラップ	198

CHAPTER 8 モジュールとスコープ
似ているコードを使い回す

8-1 適用範囲を知る スコープ … 202

- 8-1-1 スコープとは … 202
- 8-1-2 Dim と Private の違い … 204

8-2 プログラムの分割 プロシージャ … 207

- 8-2-1 プロシージャを分割して呼び出す … 207
- 8-2-2 引数を使って共通化する … 210

8-3 いろんな場所から便利に使う モジュール … 213

- 8-3-1 Private と Public … 213
- 8-3-2 フォームモジュールと標準モジュール … 216
- 8-3-3 Function プロシージャ … 218

CHAPTER 9 レコードセット
繰り返しで連続処理

9-1 データを簡潔に取り出すには DAO とレコードセット … 222

- 9-1-1 レコードセットとは … 222
- 9-1-2 DAO を使ってデータベースに接続する … 223
- 9-1-3 SQLでデータを読み込む … 224
- 9-1-4 読み込んだ内容を出力する … 226

9-2 レコードセットを操作する
SQL 文の活用 228

9-2-1 SELECT の基本構文 228
9-2-2 複雑な SQL を VBE 上で書く工夫 230
9-2-3 条件を付けたレコードセットを出力する 231

9-3 レコードのすべてを取り出して処理する
繰り返し処理 236

9-3-1 リストボックスの設置 236
9-3-2 For～Next で繰り返す 239
9-3-3 Do-Loop でレコードセットを処理する 242

9-4 取得するレコードセットを動的に変更する
変数の組み込み 245

9-4-1 テキストボックスの設置とコードの改変 245
9-4-2 エラートラップと動作確認 248

CHAPTER 10 非連結フォームからデータ変更
追加・更新・削除

10-1 非連結フォームの準備
初期化と読み込み 254

10-1-1 フォームの作成 254
10-1-2 初期化 255
10-1-3 読み込み 258

10-2 非連結な値をテーブルへ
データの変更 260

10-2-1 テーブルへ変更を加える準備 260
10-2-2 INSERT 構文　レコードの追加 261

| 10-2-3 | UPDATE構文　レコードの更新 | 262 |
| 10-2-4 | DELETE構文　レコードの削除 | 263 |

10-3　非連結で親子フォームを再現する
1対多に対応したコード　266

10-3-1	フォームの作成	266
10-3-2	初期化	267
10-3-3	読み込み	269
10-3-4	入力補助機能	272
10-3-5	追加と更新	275
10-3-6	削除	280

10-4　不用意な更新を防ぐ
トランザクション　286

10-4-1	トランザクション	286
10-4-2	コードの書き方	287
10-4-3	動作検証	288

10-5　完全版サンプル
高度な機能の実装例　290

| 10-5-1 | サンプルの紹介 | 290 |
| 10-5-2 | 変更部分の解説 | 292 |

APPENDIX　VBAテクニック集
アプリケーションの使い勝手を向上

A-1　非連結フォームに小計・合計機能を付加　296

A-1-1	コントロールの追加	296
A-1-2	コードの追加と変更	297
A-1-3	動作確認	300

A-2　非連結フォームに保存前確認機能の付加　301

A-2-1　コントロールの追加 ································· 301

A-2-2　コードの追加と変更 ····························· 302

A-2-3　動作確認 ·· 304

A-3　非連結フォームにレコード移動機能の付加　305

A-3-1　コントロールの追加 ································· 305

A-3-2　コードの追加 ·· 305

A-3-3　動作確認 ·· 307

A-4　リボンやナビゲーションウィンドウの非表示　308

A-4-1　オプションを利用した管理者項目の非表示 ··· 308

A-4-2　リボンの非表示 ······································· 310

A-4-3　Access アプリケーションの閉じるボタンの無効化 ··· 310

A-5　非連結データのADO接続での処理　313

A-5-1　レコードセットの取得 ······························ 313

A-5-2　テーブルへの変更 ··································· 315

A-6　4つ以上の分岐を読みやすく記述　Select Case　316

A-6-1　コードの変更 ·· 316

A-6-2　動作確認 ·· 317

A-7　同じオブジェクトに関する記述を短くする　With〜End With　318

A-7-1　サンプルの確認 ······································ 318

A-7-2　コードの変更 ·· 319

A-8　ルールに沿ったIDの最新値を予測　320

A-8-1　サンプルの確認 ······································ 320

A-8-2　コード ··· 321

A-9　ファイル選択のウィンドウの表示　323

A-9-1　参照設定 ·· 323

| A-9-2 | コード | 324 |
| A-9-3 | 動作確認 | 325 |

A-10　テーブルにデータが残っているかチェック＆削除する　326

| A-10-1 | コードの追加 | 326 |
| A-10-2 | 動作確認 | 327 |

A-11　コンボボックスの項目を動的に絞り込む　328

A-11-1	サンプルの確認	328
A-11-2	コード	329
A-11-3	動作確認	329

A-12　VBEでイベントプロシージャを作成する　330

| A-12-1 | コードウィンドウの表示の違い | 330 |
| A-12-2 | コードウィンドウ上でイベントプロシージャを作成する | 331 |

索引　332

CD-ROMの使い方

◉ 注意事項

本書付属CD-ROMをお使いの前に、必ずこのページをお読みください。

　本書付属CD-ROMを利用する場合、いったんCD-ROMのすべてのフォルダーを、ご自身のパソコンのドキュメントフォルダーなど、しかるべき場所にコピーしてください。

　また、CD-ROMからコピーしたファイルを利用する際、次の警告メッセージが表示されますが、その場合、[コンテンツの有効化]をクリックしてください。

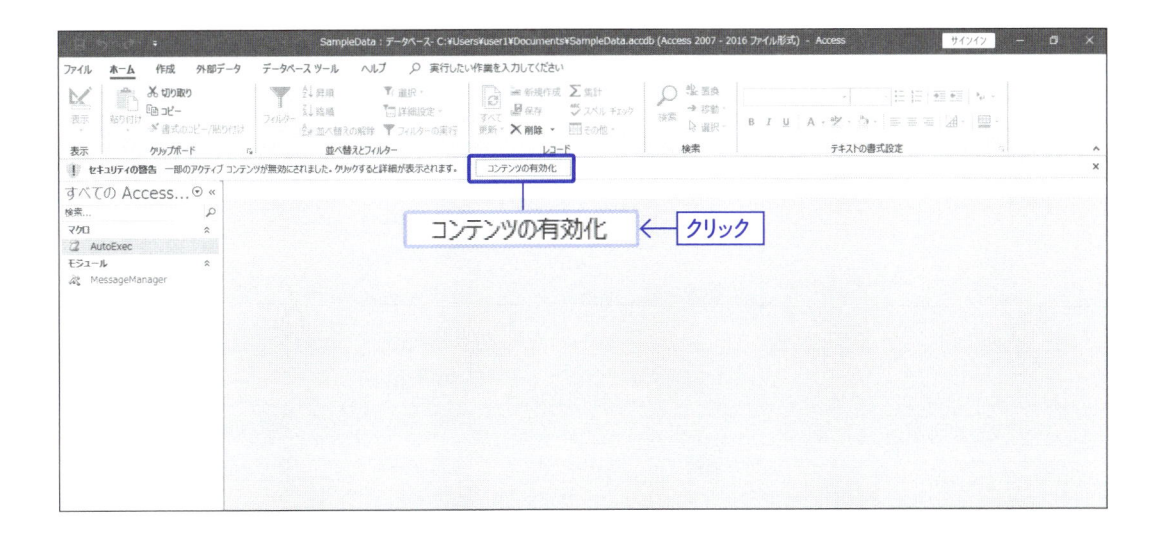

　本書付属CD-ROM のサンプルには、マクロが含まれています。お使いのパソコンによっては、セキュリティの関係上、Accessに含まれるマクロの利用を禁止していることもあり得ます。その場合、[ファイル]タブの[オプション]をクリックして、[Accessのオプション]を開き、[セキュリティ（トラスト）センター]→[セキュリティ（トラスト）　センターの設定]から[マクロの設定]を変更してマクロを有効にしてください。

　セキュリティ（トラスト）　センターの設定によって、マクロが起動しない場合、ご自身で有効にするように努めてください。これに関して、技術評論社および著者は対処いたしません。

　また[セキュリティの警告]が表示された場合、[Accessのオプション]を開き、[セキュリティ（トラスト）　センター]→[セキュリティ（トラスト）　センターの設定]から[信頼できる場所]を設定します。[信頼できる場所]には、CD-ROMのサンプルファイルやご自身のAccessファイルを保存する場所を指定してください。

● 構成

本書付属CD-ROMは以下の構成になっています。

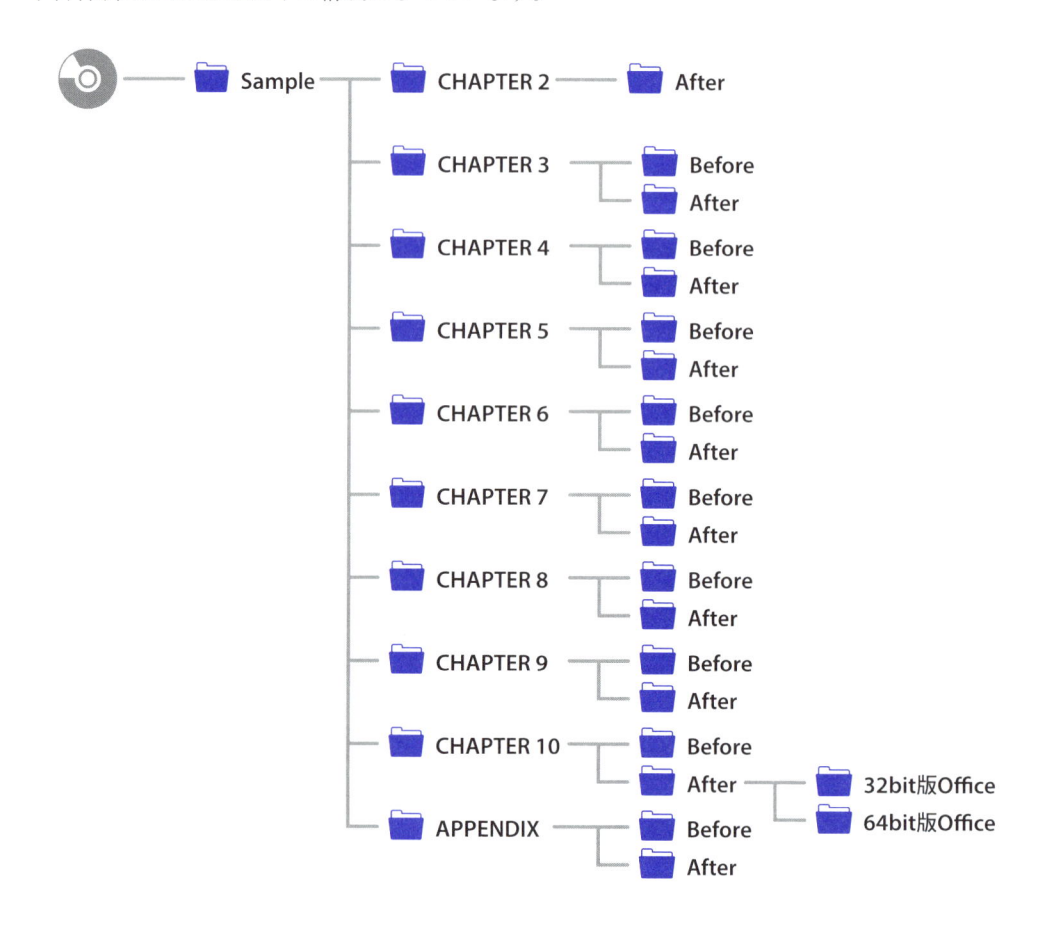

　各フォルダーには、原則BeforeとAfterという2つのフォルダーがあります。Beforeフォルダーは、そのCHAPTERの解説内容が施されていないAcceessファイルが、Afterフォルダーには、そのCHAPTERの解説手順をすべて踏まえたAcceessファイルが格納されています。なお、CHAPTER 2フォルダーには、Beforeフォルダーは存在していません。

　APPENDIXフォルダーには、**296**ページから解説している「APPENDIX VBAテクニック集」にて解説しているサンプルが保存されています。

　CHAPTER 2のAfterフォルダーのサンプルを初めて起動した際、エラー番号「2001」のエラーが発生することがあります。この場合、[すべてのマクロを停止]をクリックし、前ページで解説した[コンテンツの有効化]を行ってください。次回からはエラーは発生しません。

　なお、本文に掲載している画面図ですが、本書付属CD-ROMに収録しているサンプルとはファイル名が異なる場合があります。ただし、ファイル名が異なっても、操作等にはいっさい支障はございません。

CHAPTER

1

基礎知識
Access におけるプログラミングとは

1-1 VBAを学習する前に

実際の作業に入る前に、まずはプログラミングという言葉の意味を確認しておきましょう。昨今では珍しくない言葉ではありますが、そもそも、プログラミングとはどういうものなのでしょうか?

1-1-1 プログラミングとは

　まず、プログラムというのは、PCや機械などに行わせたい作業内容の**指示文**のことを指します。**その指示文を作成することが、プログラミング**です(図1)。指示文は、その作業をさせる対象によって形態が異なるので、「何に」「どんなことをさせたいのか」によって、どんな形でプログラミングを行うのかを選定します。

　本書は、Microsoft製のデータベースソフトウェアであるAccessに、プログラミングすることで便利な機能を付加していくことを目的としています。Accessでプログラミングを行うには、あらかじめ**マクロ**と**VBA**という2つの手段が用意されていますが、本書ではVBAを使ったプログラミングを学んでいきます。

図1 プログラムとプログラミング

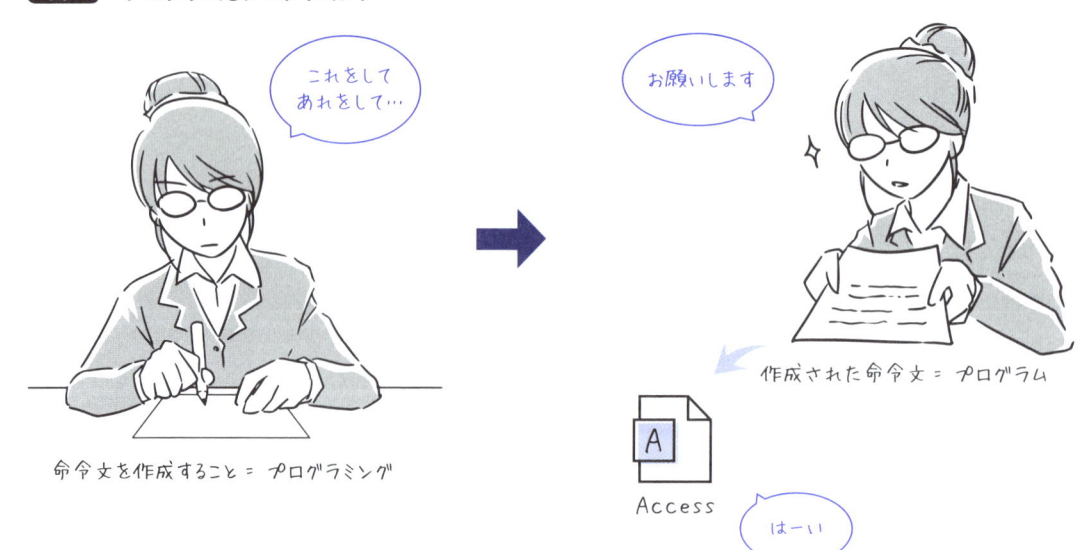

1-1-2　設計と実装

さて、VBAでプログラミングというと、キーボードで英数字の羅列をカタカタと打つ様子を想像する人もいるかもしれません。もちろん間違いではないのですが、それは**コード（指示を表す文字列）**を打ちこむ、**コーディング**と呼ばれる作業のことで、それ自体はプログラミングの一部でしかありません。

プログラミングの大切な部分はそれより前の段階で、**やりたいこと**をどんな方法で、どんな順番で実現させていくかという**手順（アルゴリズム）**を考えることです。

この手順を考えることは**設計**と表現され、その設計に沿って指示文を書き起こすことを**実装**と呼びます。VBAでは、前述した**コーディングが実装の部分となる**わけですね（図2）。

こども向けのプログラミング教材では、実装部分をわかりやすく、パズルをはめ込むような形態になっているものもあり、**設計部分の手順を考える力を育てやすいように工夫されています**。

図2　手順を考えて、書き起こす

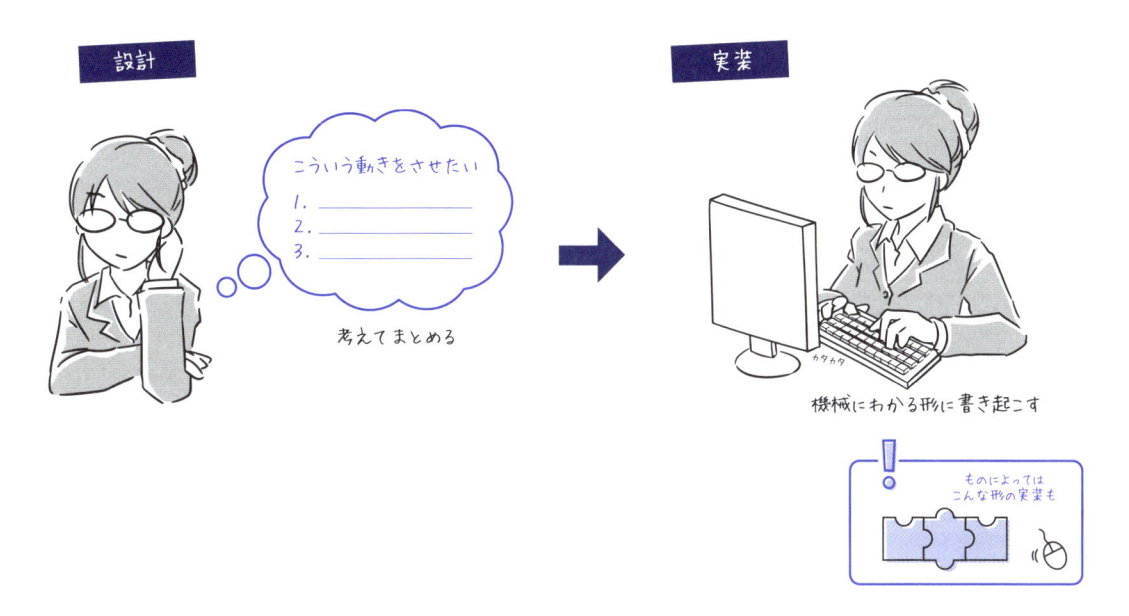

とはいえ、VBAを学んでいくうえで、実装方法を知らなければ設計は難しいことなので、まずは一緒に学んでいきましょう。進めていくうちに、**このように手順を工夫すると効率がよくなるなどの、設計に関する部分が見えてくる**ことと思います。

1-2 Accessにおける VBAとマクロの相違点

Accessでプログラミングを行うには、VBAとマクロの2つの手段がありますが、この2つの違いは何なのでしょうか？ できることに違いはあるのでしょうか？

1-2-1 VBAとマクロ

1-1-2（19ページ）で設計と実装という説明をしましたが、**VBAとマクロはAccessでプログラムの実装を行うための道具**です。

VBAとは、**Visual Basic for Application** の略で、他のMicrosoft Office製品（ExcelやWordなど）に共通して使えるプログラム言語の名称です。VBAで実装を行う場合、言語の文法に沿って直接キーボードで文字を打ち込んで指示文を作成します。

しかしVBAでの実装は、PCにはわかりやすくても人間にはちょっととっつきにくいですよね。Accessにおいては、この指示文を日本語でクリックやドラッグなどの直感的な動作で作成できる仕組みがあり、これをマクロと呼びます。

両者は、見た目は異なりますが、どちらもほぼ同じ動きを実装することができます（図3）。

図3 VBAとマクロの比較

VBA

```
ボタン                                                    ▼ Click
  Option Compare Database
  Option Explicit

  Private Sub ボタン_Click()
    DoCmd.OpenReport "レポート1", acViewReport
  End Sub
```

マクロ

どちらも同じ！

単純で短い内容ならば、マクロは初学者にはとてもわかりやすく、VBAに比べれば難易度が高くありません。ただし性質上、画面占有率が高くなってしまうので、複雑な機能をマクロで作成すると、全体像が把握しにくいというデメリットもあります。

1-2-2　できること・できないこと

マクロは**感覚的な操作でVBAの命令と同等なものを組み立てる**ものなので、大抵はVBAと同じことができます。ただし、マクロという仕組みの中で制御できることには限界があります。そのため、**高度なテクニックになると、VBAで実現できても、マクロでは再現できないこともあります**（**図4**）。

たとえば**CHAPTER 9**、**CHAPTER 10**で紹介する、テーブルと関連付けられていない値の扱いや、**Appendix**で紹介する、Access本体ウィンドウのボタンの無効化など、Accessの基本機能を超えるようなものは、VBAでしか実装することができません。

マクロに比べると、VBAの習得は難易度が高くはなりますが、その分細やかで複雑なアプリケーションを作ることができるのです。

図4　マクロとVBAでは自由度に違いがある

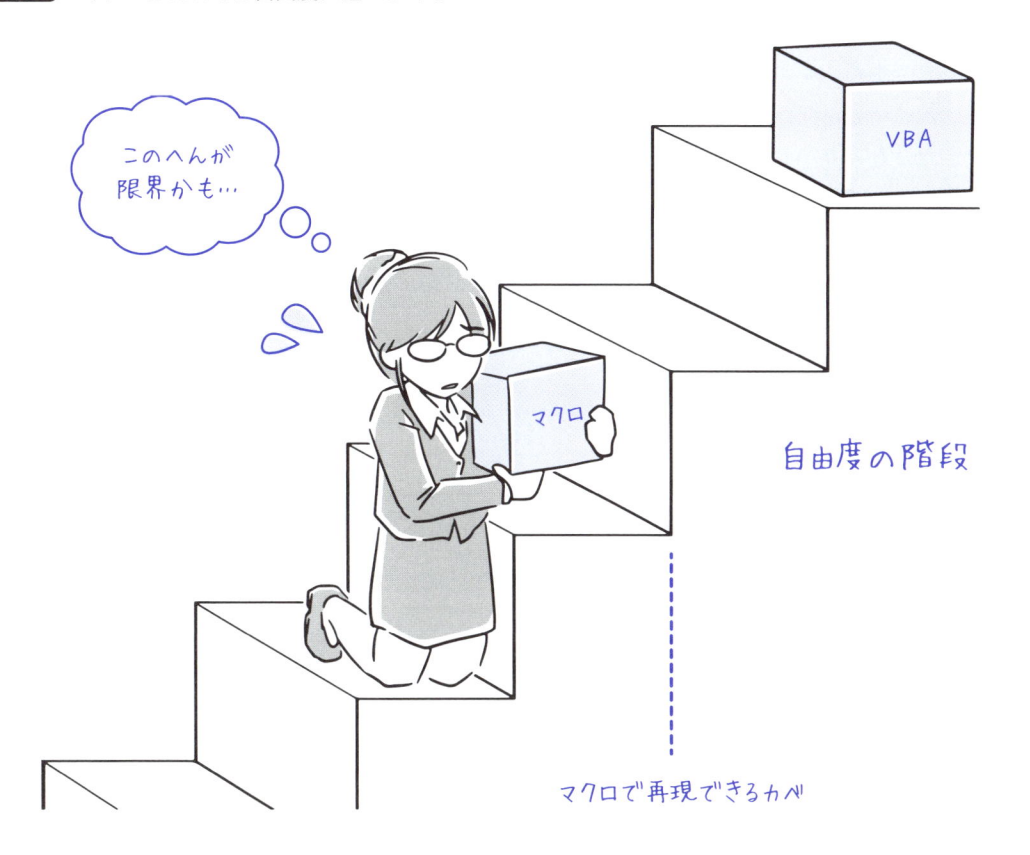

1-3 Accessで扱う オブジェクトの理解

プログラミングは、具体的な構想を実現するものなので、そもそもAccess の機能を知らないと何がしたいのかが浮かんできません。まずはAccess が備えている部品（オブジェクト）を理解しましょう。

1-3-1 テーブルとクエリ

Accessでは情報を管理するために、さまざまな部品が備わっており、それらを総称して、**オブジェクト**と呼びます。

その中でも最も重要で、**データの保管庫となるのがテーブル**です。表形式になっていて、1つの情報源に対して、情報を複数のテーブルに分類して整理するのが一般的です。この**テーブルが集まったものがデータベース**と呼ばれます。

テーブルの情報を利用したい場合、**クエリ**というオブジェクトを使うと、複数のテーブルから必要な情報だけを取り出したり、計算したり、並び替えたりすることができます。クエリは、テーブルの情報を一時的に借りてきて表示をするので、無為にコピーされて容量が増えることもありません（図5）。

またクエリは、情報を集めるだけではなく、テーブルの情報に効率よく変更を与えたり、削除したりすることもできます。

図5 情報の格納と利用を行うオブジェクト

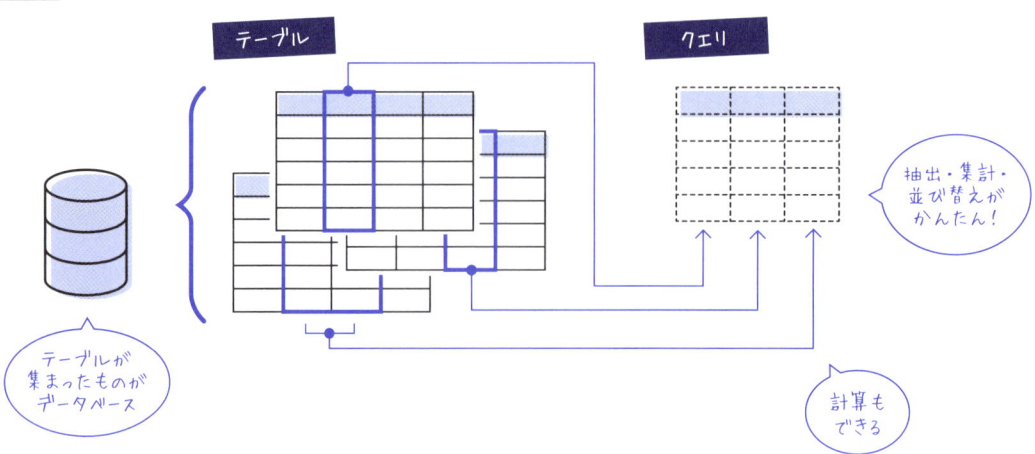

　データベースはデータが蓄積されて価値が高まるものなので、テーブルに格納されるデータの数は膨大なものになるものと予想されます。そのため、テーブルはデータの**格納**、クエリは**利用**のように、各オブジェクトの機能を明確に分けることで、最小限の容量で使用時に効果的なデータ活用ができるようになっているのです。

1-3-2　レポートとフォーム

　テーブル/クエリを元にして、**出力を行うオブジェクトがレポート**です。各種帳票や郵便物の宛名など、さまざまな形で作成することができ、そこへデータを読み込み、閲覧・印刷することができます。

　また、データの格納は、直接テーブルへ書き込むこともできますが、**フォーム**というオブジェクトを使って、入力画面を作ることができます。これにより、データベースに慣れていない人でも利用しやすい**アプリケーション**としての機能を持たせることができるようになります（図6）。

図6　「入力」「出力」を行うオブジェクト

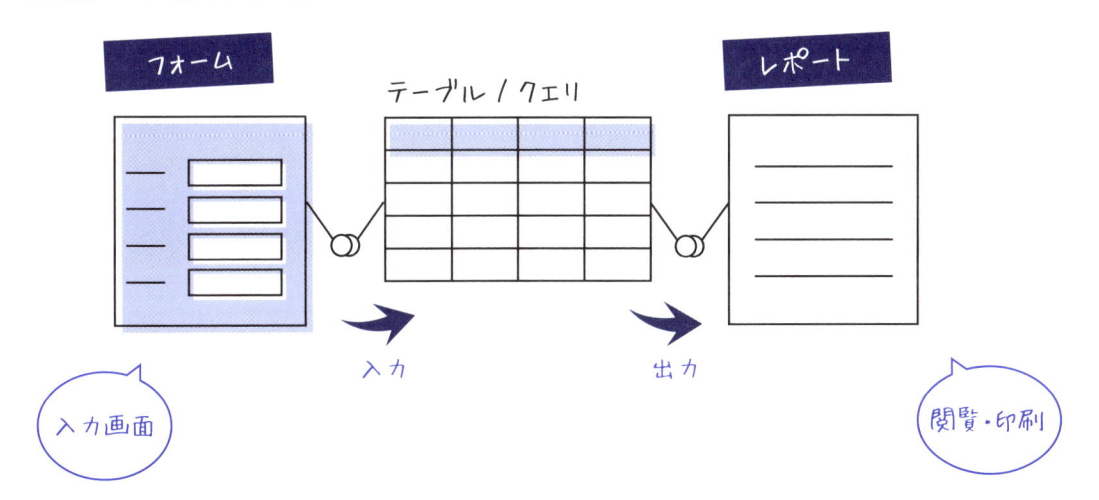

1-3-3　VBA/マクロとの関係

　主要なオブジェクトは、**テーブル、クエリ、レポート、フォーム**ですが、ここへVBAまたはマクロを使って、**指定した動作を自動的に行うという機能を付加する**ことで、さらに便利にすることができます。VBAやマクロで作ったプログラムは、どのタイミングで動かすのかという、**きっかけ**を与える必要がありますが、これがフォームとの相性が非常によいのです。

　たとえばフォームにボタンを貼り付け、プログラム起動のきっかけとして登録すると、よりアプリケーションらしく、さまざまな機能を付け加えることができます（図7）。

図7 基本のオブジェクトにVBA/マクロを付加してもっと便利に

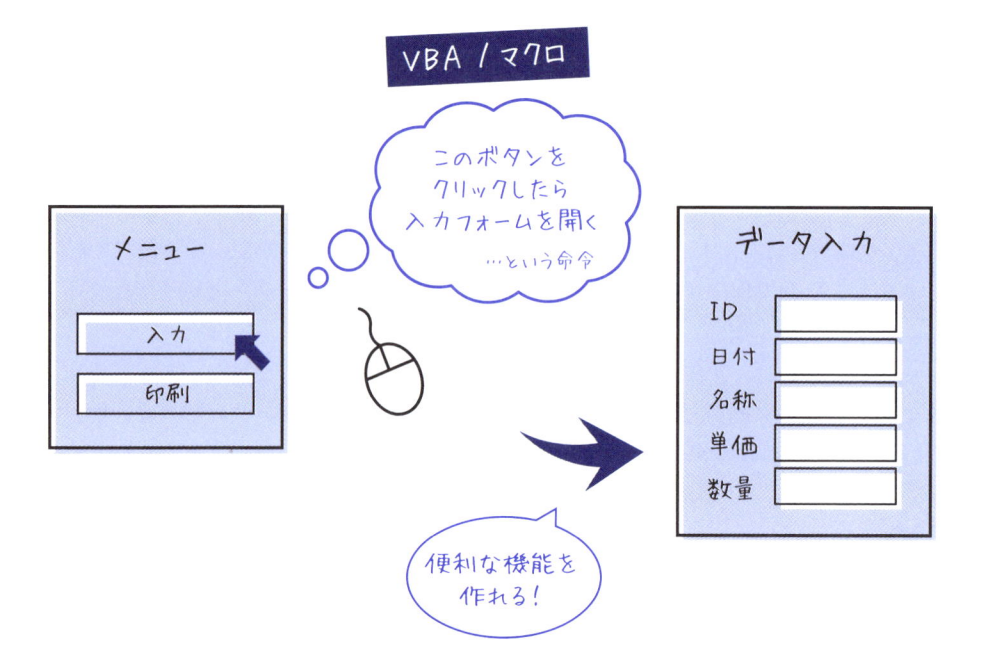

　このようにVBAやマクロでプログラムが付加されていると、データベースに詳しくないユーザーや、テーブル・クエリ・レポートなどのAccessの仕組みに詳しくないユーザーでも、データの入力・印刷などの業務ができるようになるため、システムとしての幅がぐんと広がります。

Visual Basic エディター
VBA の作成・編集ツール

2-1 プログラムを入力するウィンドウ VBE

Accessにおける VBA のプログラミングは、専用の画面を起動してそこで行います。まずはその起動方法や使い方を学んでいきましょう。

2-1-1 Visual Basic エディターとは

1-2（20ページ）でVBA は Visual Basic for Application という言語の略称だという説明をしましたが、VBAでプログラミングを行う編集画面のことを、**Visual Basic エディター**と呼び、VBE と略します（図1）。VBAのエディター（編集ツール）という意味です。

図1 Visual Basic エディター（VBE）画面

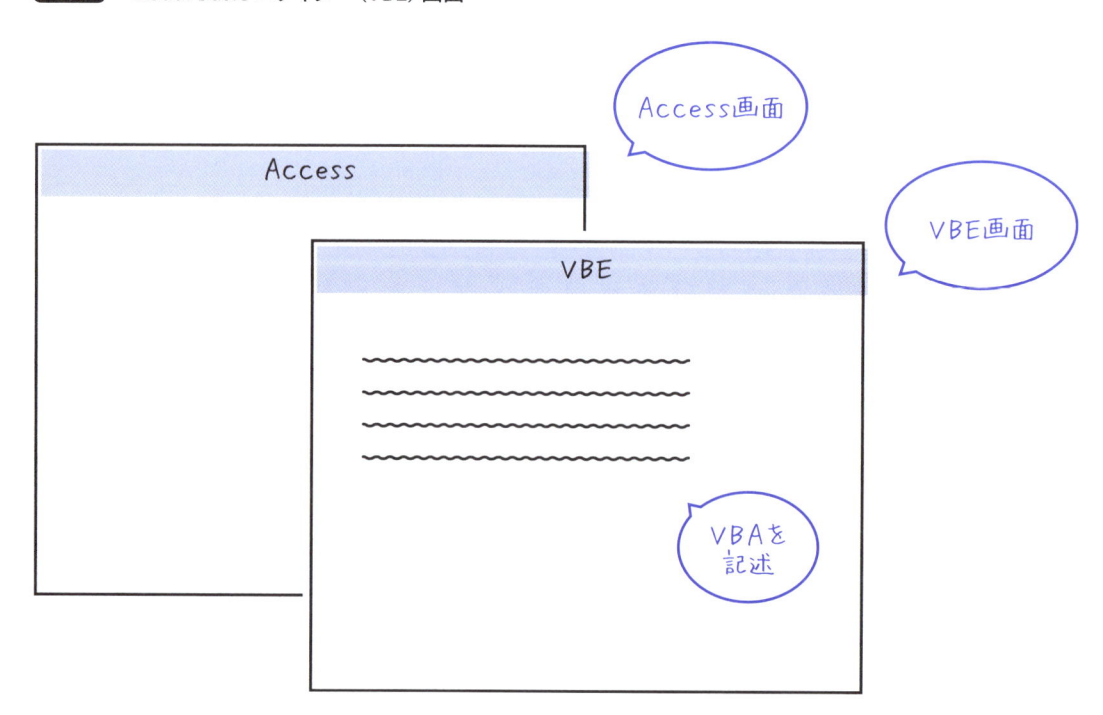

VBEはAccessだけではなくOfficeシリーズに共通して存在しているので、WordやExcelなどでも、VBEを使ってプログラミングを行うことができます。

2-1-2 起動方法

では実際にVBEを見てみましょう。Accessを起動し、空のデータベースを作成します（図2）。

図2 空のデータベースを作成

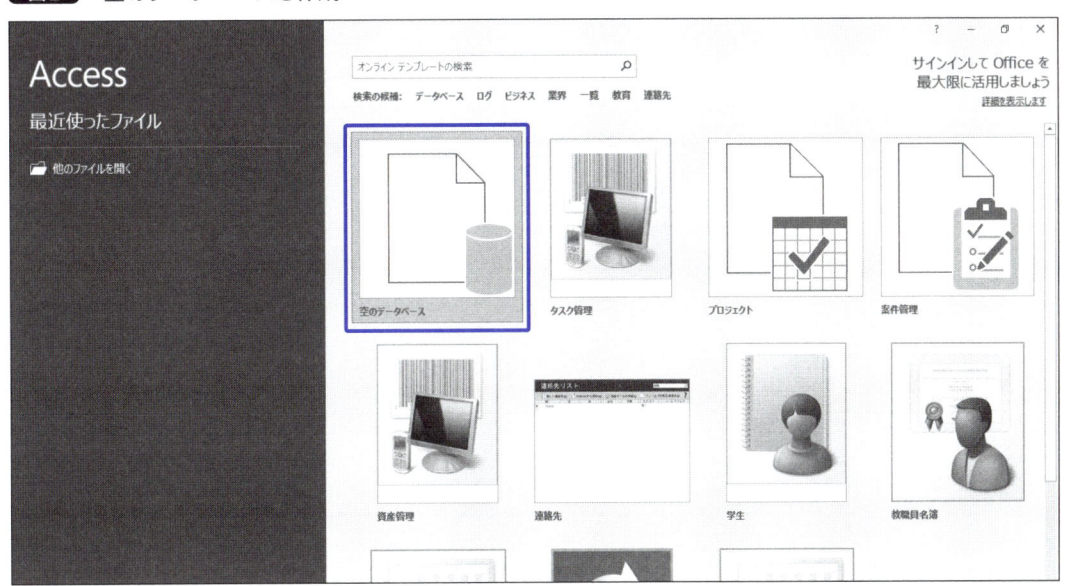

ファイル名と保存先を指定し、「作成」ボタンをクリックします（図3）。

図3 ファイル名と保存先を指定

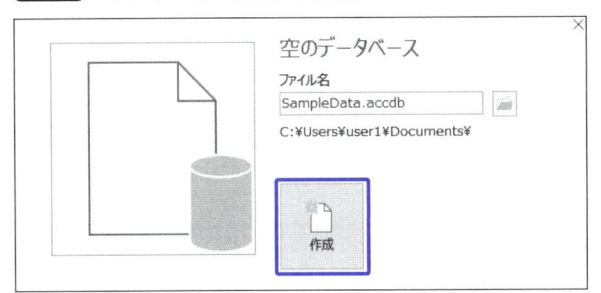

作成された新規のaccdbファイルが開きます。テーブルが1つ作成された状態になっていますが、今回は使用しないので、タブを右クリック→「閉じる」でテーブルを閉じてしまって結構です（図4）。

図4 テーブルを閉じる

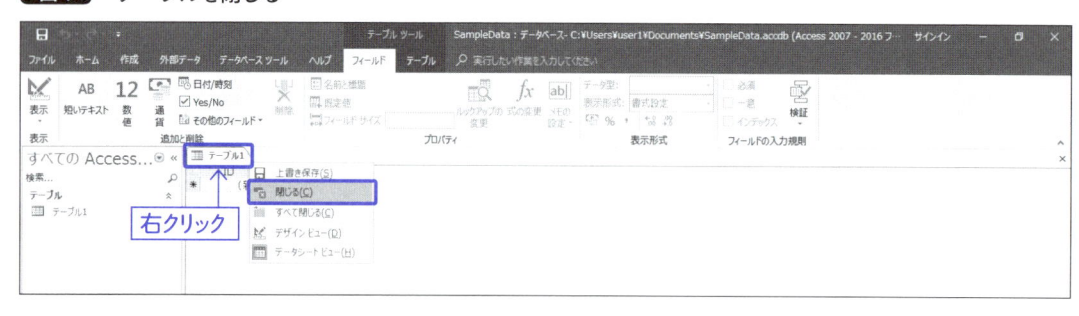

「作成」タブをクリックし、「マクロとコード」グループより「Visual Basic」をクリックします（**図5**）。この動作は、Alt + F11 キーのショートカットキーでも同じことができます。

図5 VBE を起動

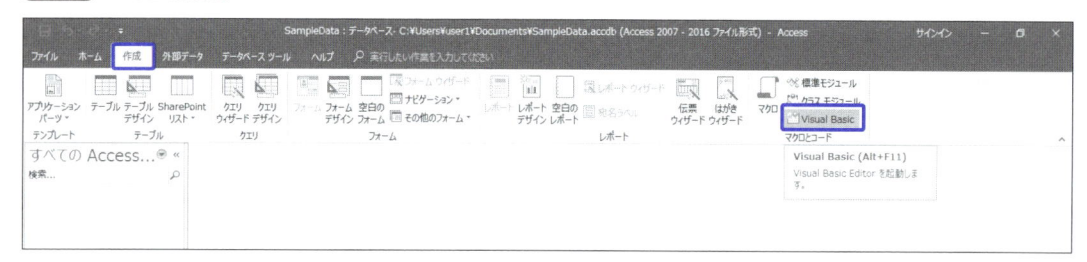

すると、**図6**のような画面が開きました。これがVisual Basic エディターです。

図6 VBE 画面

2-1-3 画面の見方

　作成したばかりのVBEにはまだ何も書かれていないので、ここでは本書でのちほど出てくるサンプルを例に画面がどのようになっているのか見てみましょう（図7）。

図7 各部名称

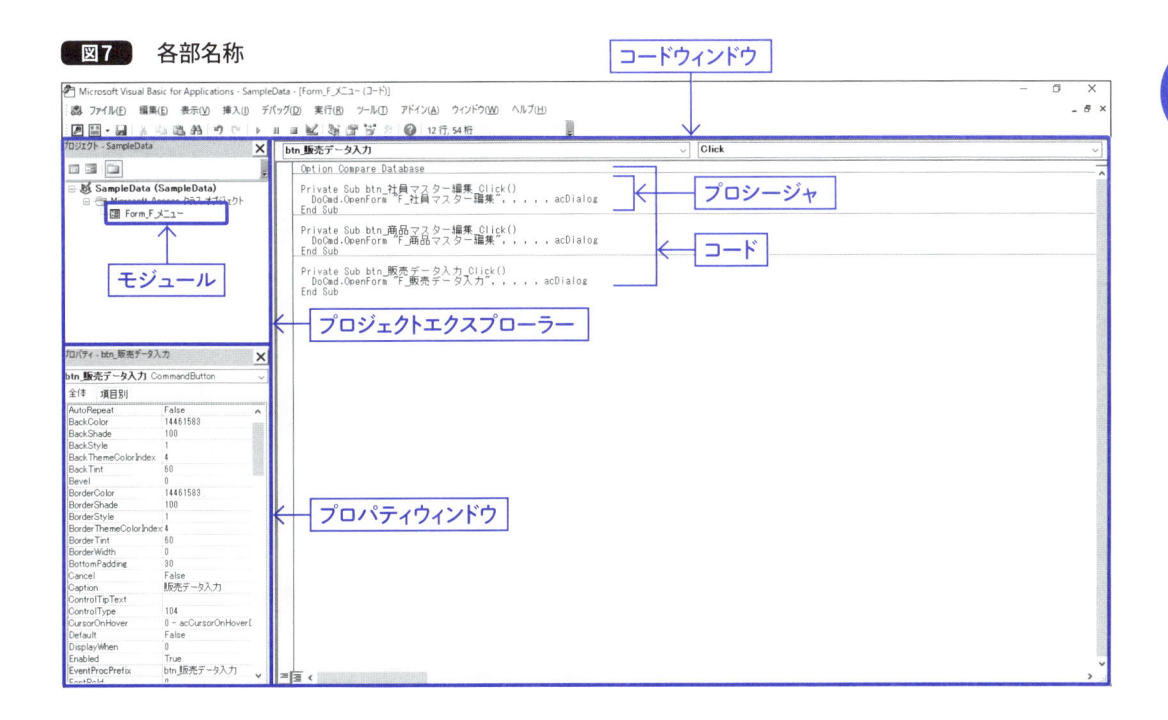

　左側の**プロジェクトエクスプローラー**に、ツリー状に表示されるのが、プログラムを書く土台となる**モジュール**です。この1つを選んでダブルクリックすると、右側の**コードウィンドウ**にその中身が表示されます。

　このモジュールの中に**プロシージャという枠組**を作り、その中に**コード（指示を表す文字列）**を書いて、プログラムを作っていきます。

　1つのモジュールの中には複数のプロシージャを書くことが可能で、どのタイミングでどのプロシージャを動かすか、ということを指定してあげることによって、プログラムを使うことができるのです。

CHAPTER 2

2-2 初めてのプログラミング メッセージボックス

起動させたVBEに、自分で土台（モジュール）と枠組（プロシージャ）を作って、メッセージを出力するプログラムの作成から実行までを実際に体験してみましょう。

2-2-1 土台と枠組の作成　モジュールとプロシージャ

2-1-2（27ページ）で起動したVBE上で、「挿入」→「標準モジュール」をクリックして、プログラムの土台となる「モジュール」を作成します（図8）。モジュールにはいくつか種類がありますが、まずは「標準」モジュールから作ってみましょう。

図8 標準モジュールの挿入

「Module1」という名前の標準モジュールが挿入され、コードウィンドウにはその中身が表示されました（図9）。薄くグレーがかかっているのが、現在コードウィンドウで開いているモジュールを表します。

図9 挿入された標準モジュール

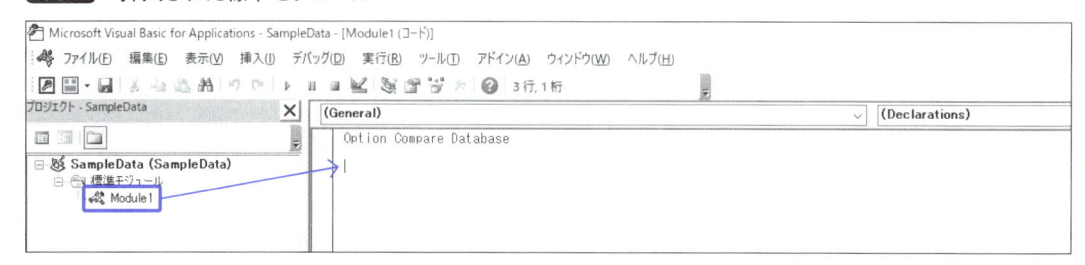

既に1行書かれているコードは **2-3**（**40ページ**）で解説しますので、その下へプログラムの枠組となるプロシージャを作成してみましょう。

カーソルが**図10**の位置にある状態で、「挿入」→「プロシージャ」をクリックします。

図10 プロシージャの挿入

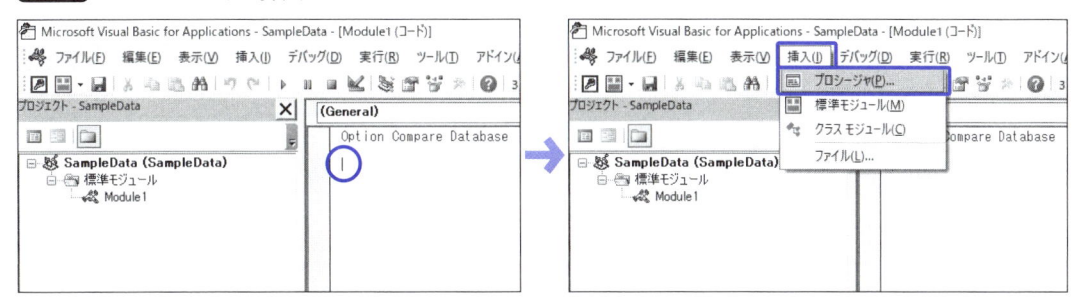

「プロシージャの追加」というウィンドウが表示されます。ここでは例として「procedure1」という名前で、**図11**のような設定で「OK」を押します。

図11 追加するプロシージャの設定

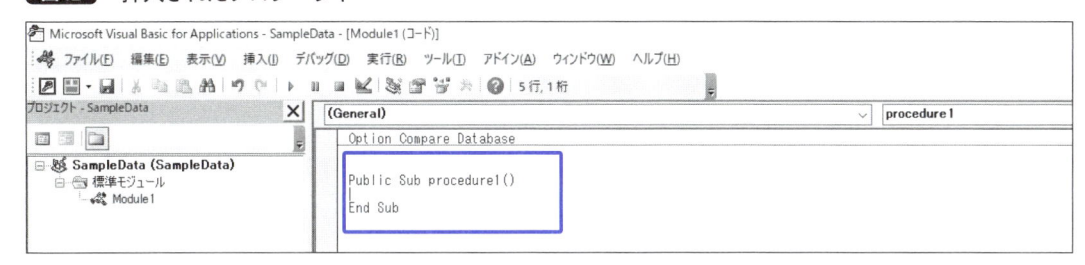

すると、**図12**のように、procedure1という名前のプロシージャの枠組ができました。前の段落と区別されるように、自動的に区切り線も入っています。**「Public Sub procedure1()」がこのプロシージャの始まりで、「End Sub」が終わり**、という意味になります。

図12 挿入されたプロシージャ

作成したプロシージャの枠内に、**コード（指示を表す文字列）** を書きます。ここでは、「こんにちは」というメッセージを出力する命令を**コード1**のように書いてみましょう。ひらがな部分のみ全角で、あとはすべて半角文字となりますので、注意して入力してください。

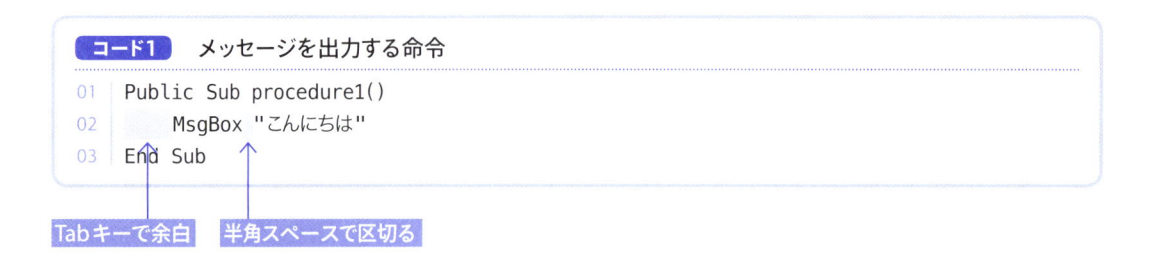

コード1 メッセージを出力する命令

```
01  Public Sub procedure1()
02      MsgBox "こんにちは"
03  End Sub
```

Tabキーで余白　半角スペースで区切る

2-2-2 命名規則（ネーミング）

これで非常にかんたんな、メッセージを出力するプロシージャが完成しました。このままでも動作に問題はありませんが、先に進む前に覚えておきたいことがあります。それは、**モジュールやプロシージャの名前**です。

先ほどは、暫定的にModule1とprocedure1という名前にしましたが、これはほとんど**名なしと同じ状態**です。一般的にはモジュールもプロシージャも複数作るものなので、このまま進めていくと、「あの動きをするプロシージャはどこ？」という事態になってしまうのです（**図13**）。

図13 名なしのままでは使いにくい

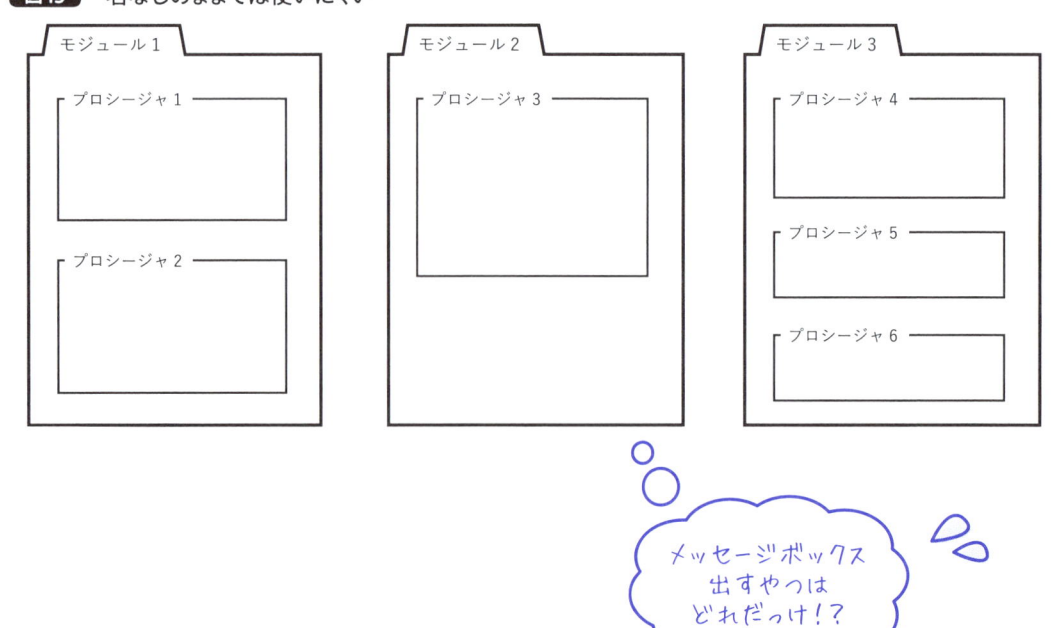

そうならないために、モジュールやプロシージャにはそれぞれ具体的な名前を付けておくことが大切なのですが、「自由に名前を付けてよい」となると、それはそれでまた煩雑になってしまうものです。

そのため、名前を付ける前に、**名前付けをするためのルール（命名規則）** を決めておきます。ちょっと面倒くさい気がするかもしれませんが、VBAによるプログラミングはすべて文字情報です。図やイラストなど、わかりやすい見た目での識別ができないので、**文字のみでシンプルに情報を持たせる**というルールを徹底することが、とても重要になるのです。

命名規則は、言語の違いやプログラミングを行うチームによって臨機応変に変えられるものなので、これが正しいというものはありませんが、ここでは、**図14**のように、モジュール名とプロシージャ名を変更してみましょう。

標準モジュールはプロパティウィンドウの「オブジェクト名」で変更できるので、「Message Manager（メッセージ管理）」という名前にします。

プロシージャは、名前の部分を直接書き換えることで変更できます。「showMessage（メッセージを表示する）」という意味のプロシージャにします（**コード2**）。

図14 モジュール名とプロシージャ名の変更

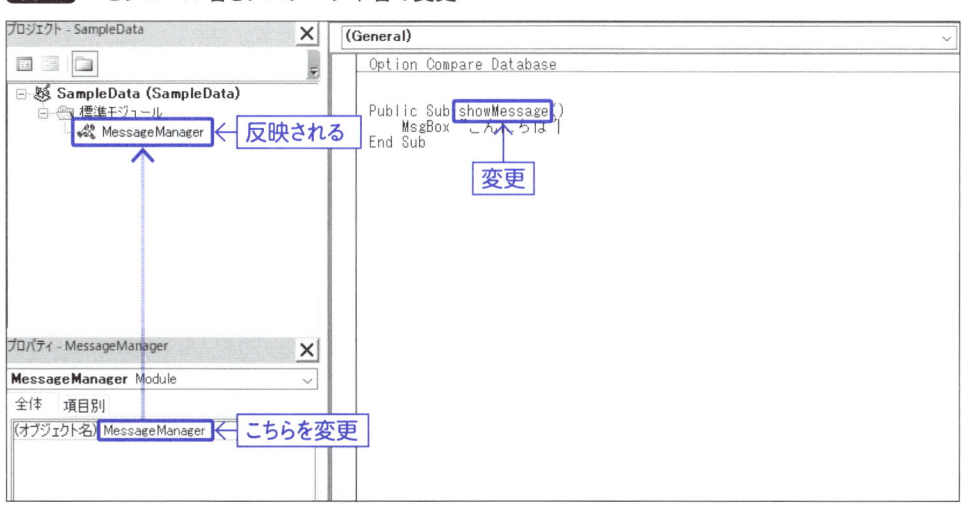

コード2 プロシージャ名の変更

```
01  Public Sub showMessage()
02      MsgBox "こんにちは"
03  End Sub
```

慣れないうちはちょっと読みにくく感じるかもしれませんが、これからプログラミングを進めて、「あの内容を書いたプロシージャはどれ！？」と困ったときに格段に探しやすく使いやすくなりますので、ぜひ書き方に慣れていってください。

2-2-3 保存してプロシージャを実行する

このモジュールはまだ保存されていないので、ツールバーの「上書き保存」ボタンをクリックし、名前を付けて保存します（図15）。

図15 上書き保存

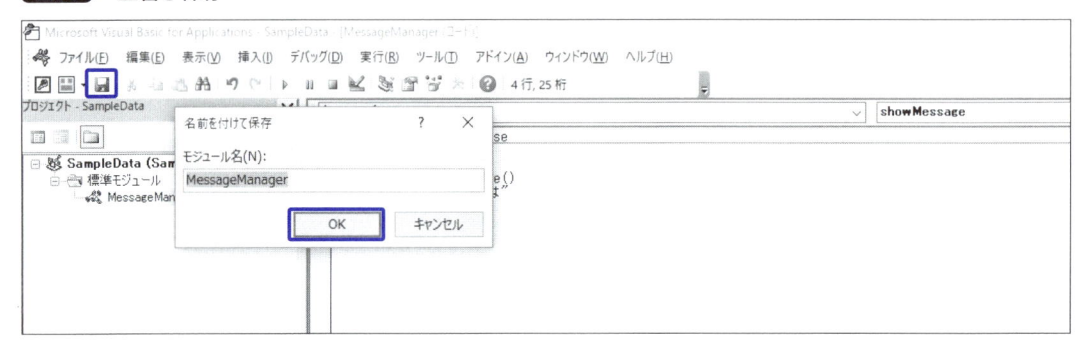

標準モジュールが保存されると、Access側のナビゲーションウィンドウに「モジュール」オブジェクトとして表示されます（図16）。

図16 Access側に「モジュール」オブジェクトが表示された

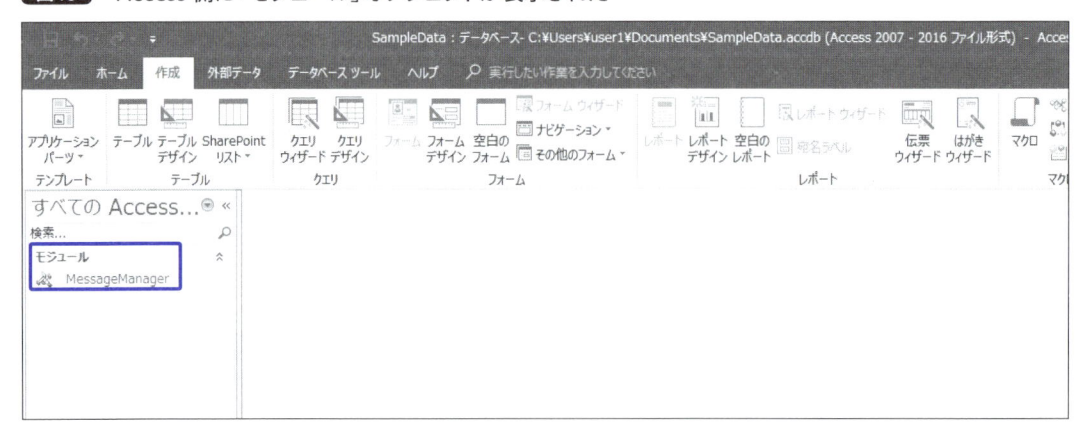

実行するには、VBEを表示して、該当のプロシージャの中にカーソルがある状態（選択されている）にします。次にツールバーの「実行」ボタンをクリックします（図17）。

図17　プロシージャの実行

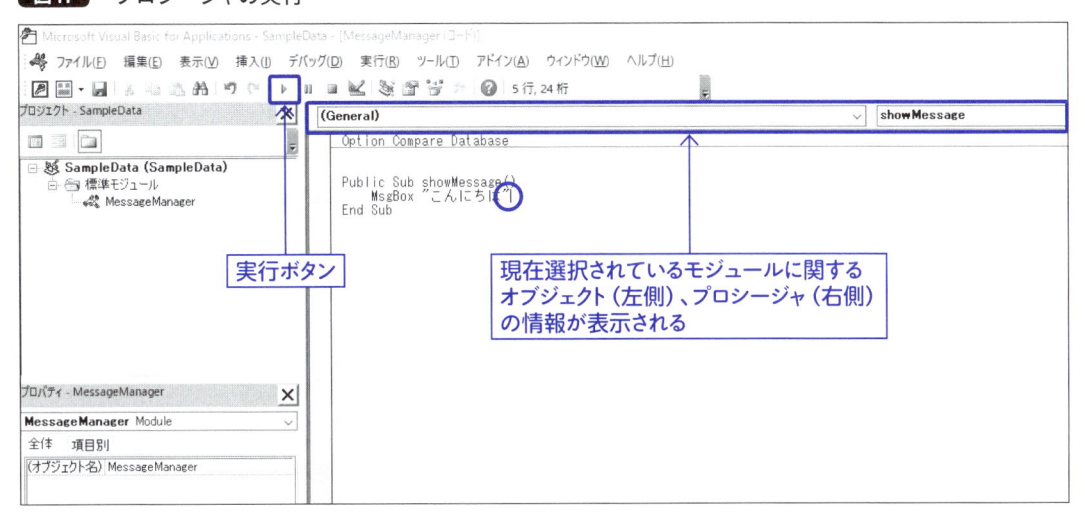

すると、VBEからAccess画面に切り替わり、そこへ**図18**のようにメッセージボックスが表示されました。「showMessage」プロシージャに書いた「こんにちは」という文字列が表示されていますね。

図18　実行された画面

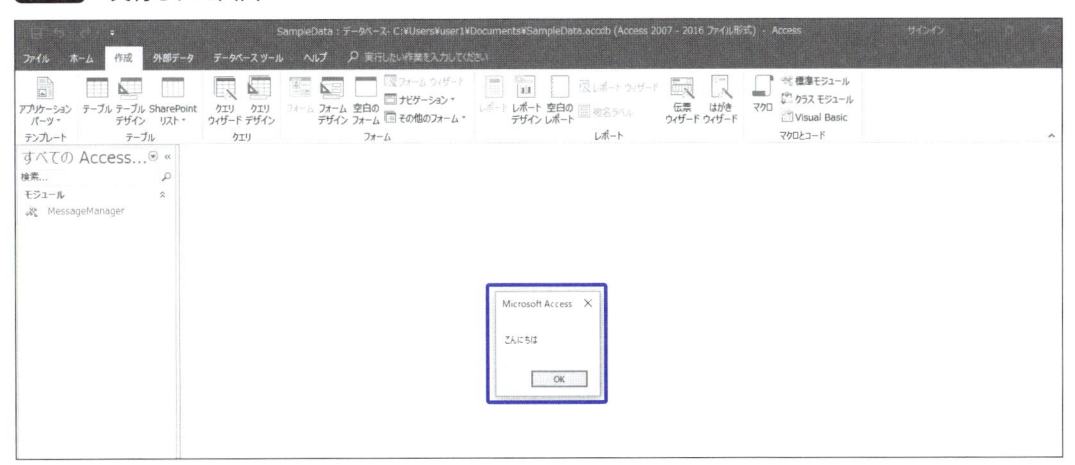

「OK」ボタンをクリックすると、メッセージボックスが閉じ、プロシージャが終了します。

2-2-4 マクロからプロシージャを呼び出す

無事プロシージャを実行することができましたが、プロシージャを実行したいときは、そのつどVBEを開かなければならないのでしょうか？　もちろんそんなことはなく、**Access側からマクロを使ってプロシージャを実行することができます**。ただ、今の形のままだとマクロから呼び出せないので、適した形に変更する必要があります。

プロシージャの最初に記述されている部分で、**Sub**と書いてある部分がありますが、これは**サブルーチン**というプロシージャの種類を表しています。このプロシージャは単独で動くことができるのですが、マクロからは**Function（ファンクション）**という形のプロシージャでないと呼び出すことができません。したがって、**コード3**のように書き換えます。

コード3 プロシージャの種類を変更

```
01  Public Function showMessage()
02      MsgBox "こんにちは"
03  End Function
```

こちらは自動で変わる

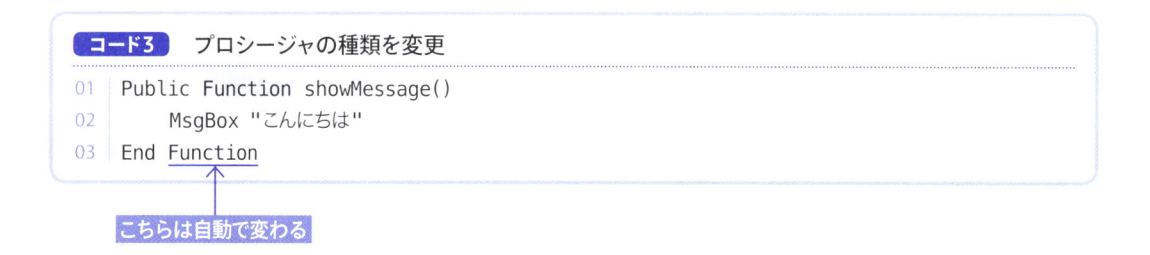

Subプロシージャと Functionプロシージャには他にもいろんな違いがあるので、**8-3-3**（218ページ）で改めて解説します。

さて、それではこのプロシージャをAccess側から実行してみましょう。「作成」タブの「マクロ」をクリックします（**図19**）。

図19 マクロを作成

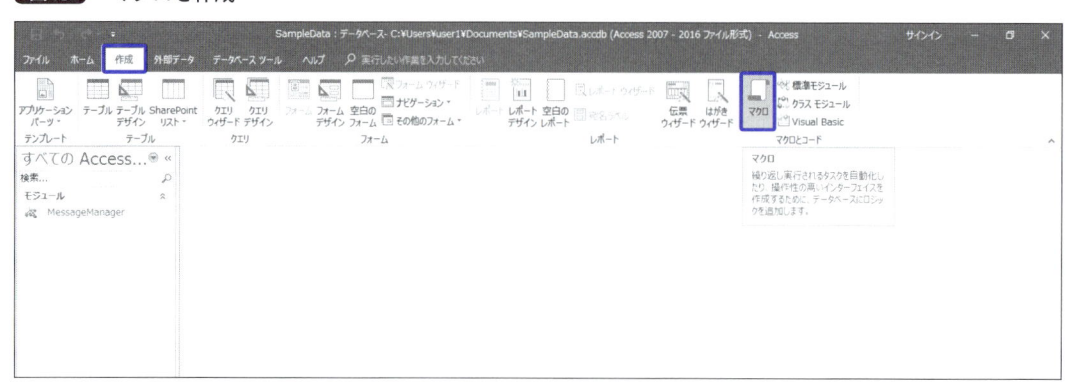

マクロツールが開くので、「プロシージャの実行」アクションを選択します（**図20**）。

図20　アクションを設定

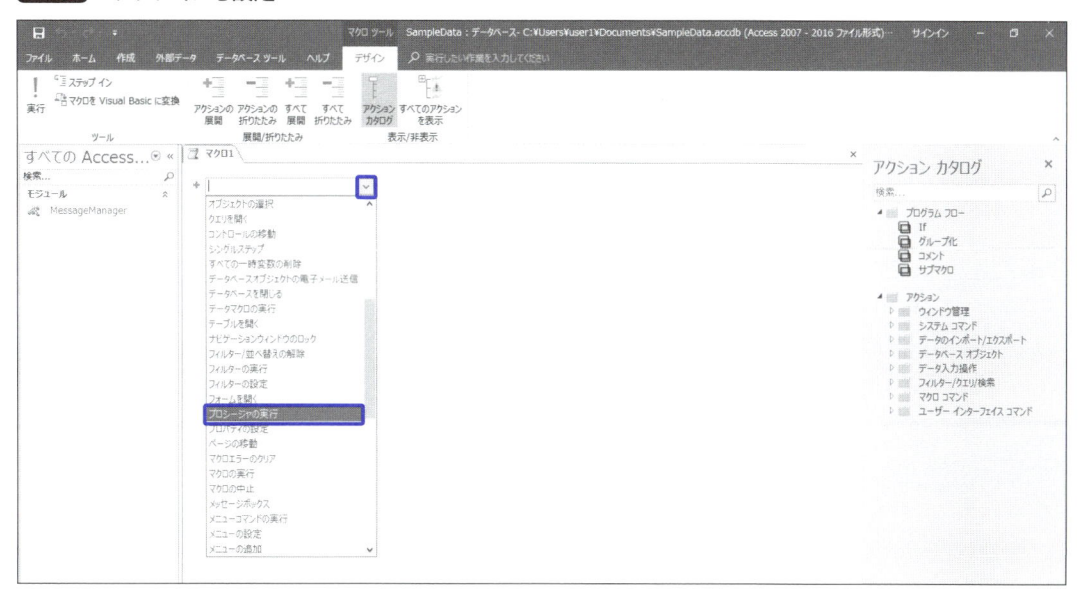

　左上の「保存」ボタンをクリックして、実行したいFunctionプロシージャの名前を入力します。空のカッコを含めた入力が必要です（**図21**）。

図21　プロシージャ名を指定

　マクロを保存します。ここでは「プロシージャ呼び出し」という名称のマクロにしてみます（**図22**）。

図22　名前を付けてマクロを保存する

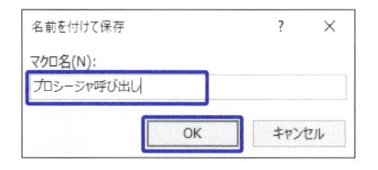

「実行」ボタンを押すとマクロによってプロシージャが呼び出され、メッセージボックスが表示されます（図23）。

図23 マクロの実行

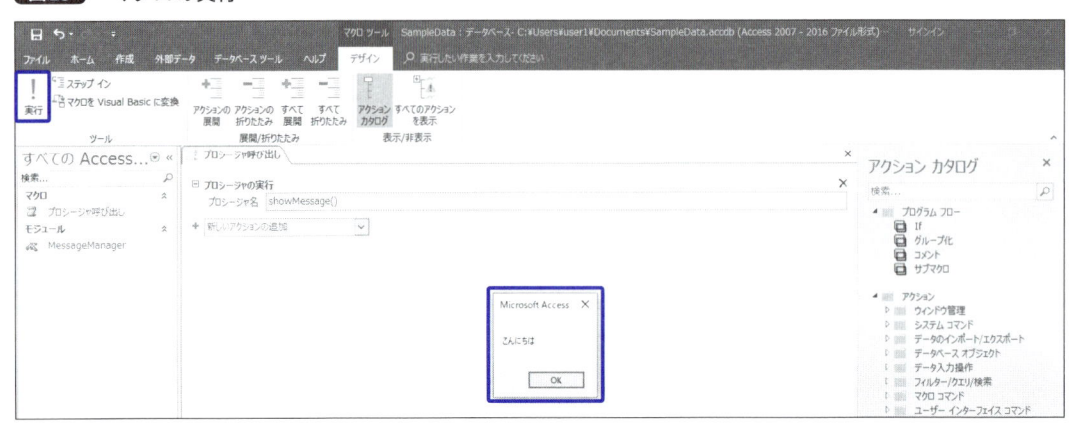

なお、マクロツールを閉じた状態で、ナビゲーションウィンドウのマクロウィンドウをダブルクリックしても、実行することができます（図24）。

図24 ナビゲーションウィンドウから実行

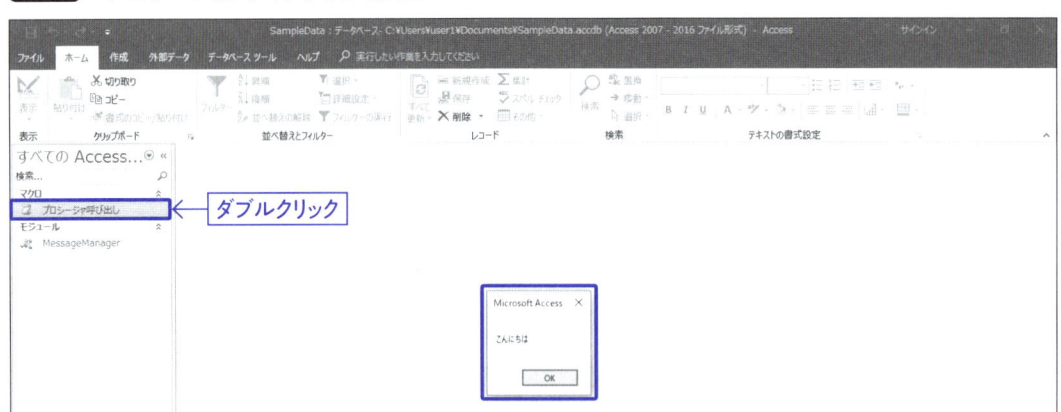

2-2-5 ファイルを開いたときに実行するAutoExecマクロ

2-2-4（36ページ）で作成したマクロは、「名前付きマクロ」という種類のもので、いつどこで実行するかはユーザーが選ぶことができます。

しかしAccessでは名前付きマクロを「AutoExec」という名称にしたとき、「ファイルが開いたときに自動的に実行される」という特別な機能を持っています。

　実際にやってみましょう。先ほどのマクロをプロジェクトエクスプローラー上で右クリックして「名前の変更」を選択し、「AutoExec」という名称に変更します（図25）。

図25　マクロ名を「AutoExec」へ変更

　Accessファイルを保存していったん閉じ、起動し直してみると、自動的にマクロが実行され、「showMessage」プロシージャのメッセージボックスが表示されます（図26）。

図26　「AutoExec」マクロの動作確認

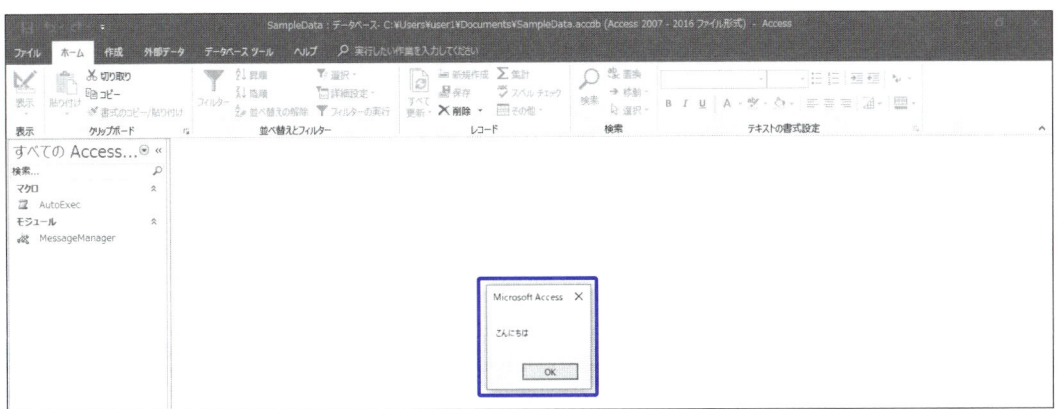

2-3

作成したプログラムの確認
コードの書き方

モジュールとプロシージャの作成と、その実行方法をいくつか紹介してきましたが、改めてモジュールに書かれているコードの意味やルールを確認しておきましょう。

2-3-1 モジュールとプロシージャの読み方

VBEに戻って、ここまで作成したコードを確認します。いったん、**33ページのコード2**の段階に戻って、プログラムの意味を理解しましょう。

作成した時点で書かれていた最初の1行は、プロシージャではありません。カーソルを合わせてみると**図27**のように「Declarations（宣言）」と表示されますが、この部分は**宣言セクション**と呼ばれるブロックで、その**モジュールに対する設定を書き込む部分**です。宣言セクションは、そのモジュールの先頭に書きます。

図27 宣言セクション

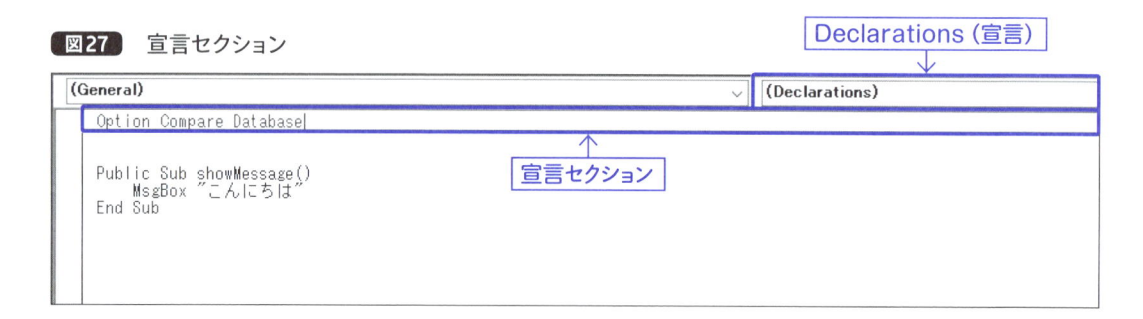

宣言セクションには、あらかじめ「Option Compare Database」と書かれていますね。これは文字列を並び替えるときなどに使用する比較方法のモードを表しています。「Binary」「Text」「Database」というモードがありますが、通常は「Database」で構いません。

次はプロシージャを見てみましょう。細かく見ると**図28**のようになっています。

図28　作成したプロシージャの詳細

```
Public Sub showMessage()
```
適用範囲　　プロシージャ　　　プロシージャ名
　　　　　　種類

```
MsgBox "こんにちは"
```
　　　命令　　　　　　　　引数

```
End Sub
```
　　終了

命令によって引数の形や数は違うので、そのつど適切な値を指定しながら書いていきます。

2-3-2　Public ／ Sub　プロシージャの適用範囲と種類

プロシージャの構成を、少しずつ読み解いていきましょう。冒頭の2つの単語は、プロシージャの**適用範囲**と**種類**が記述されています。プロシージャにはいろんな使われ方があるので、どこから呼び出せるかということに注意を払う必要があります。

プロシージャに限らず、プログラム上で利用する部品には利用できる範囲があり、この範囲を**スコープ**と呼びます。**図11**（31ページ）にて「プロシージャの追加」というウィンドウを利用しましたが、そこで「適用範囲」を設定しました。この適用範囲がスコープになります。また、**図11**では、どんな働きをするのかという「種類」も指定しました。

2-2-1（31ページ）では、「挿入」→「プロシージャの追加」（**図29**）から作成することで、「適用範囲」と「種類」を選択しましたが、「挿入」からだけでなく、コードを直接入力することでも指定することが可能です。

図29　適用範囲と種類が選べる

なお、「種類」と「適用範囲」で設定できる値の違いについては、**CHAPTER 8**（201ページ）で解説しています。

2-3-3 showMessage プロシージャ名

「適用範囲」「種類」に続いて、「プロシージャ名」までがプロシージャの「はじまり」部分です。

2-2-2（32ページ）にて、モジュール名を「MessageManager」、プロシージャ名を「showMessage」という名前にしましたが、本書では**表1**のような命名規則を設定し、これにしたがった名付けを行うものとします。

表1 本書におけるモジュールとプロシージャの命名規則

種類	規則	目的	綴り方	例
モジュール	名詞	分類や役割を端的に表す	単語の先頭を大文字でつなげる	MessageManager
プロシージャ	動詞＋名詞	作業内容を端的に表す	最初の文字のみ小文字で、単語の先頭を大文字でつなげる	showMessage

プロシージャ名の最後のカッコは、プロシージャが別の場所から呼び出された時に「引数（材料）」を設定するためのもので、引数を使用しない場合は空になります。具体的な使い方は**8-2-2**（210ページ）で解説しています。

2-3-4 MsgBox 命令とその引数

プロシージャの中には、実際に「こんな動きをしてほしい」内容を書きます。さまざまな「命令」があらかじめ用意してあるので、その中から最適なものを書いていきます。

図30では「MsgBox」という命令を例にしていますが、大抵は「命令」と「引数（材料）」をセットで指定します。命令に対して、引数という材料を与えて、その引数にしたがってプログラムに動きを付けるのです。

図30 命令と引数

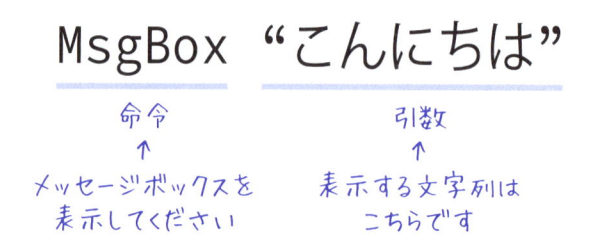

具体的に説明すると、「MsgBox」という「命令」に対して、「"こんにちは"」という「引数」を与えていることになります。結果、「こんにちは」と表示されたメッセージボックスが出現するのです。

なお、命令によって、引数の数や指定する順番は異なります。

2-3-5　End Sub　プロシージャの終わり

プロシージャの「はじまり」と必ず対になって存在する「おわり」の部分です。「Public Sub」ならば「End Sub」のように、「End 種類」という書き方となり、「はじまり」と「おわり」がワンセットになっていないとプロシージャとして認識されません。

31ページで操作したように、「挿入」→「プロシージャの追加」から行えば「End ○○」部分も自動的に挿入されます。また、直接入力で書いても「はじまり」部分がプロシージャの体裁を持っていれば、改行した際に自動で「End ○○」と自動入力されるようになっています。

図31　「はじまり」と「おわり」

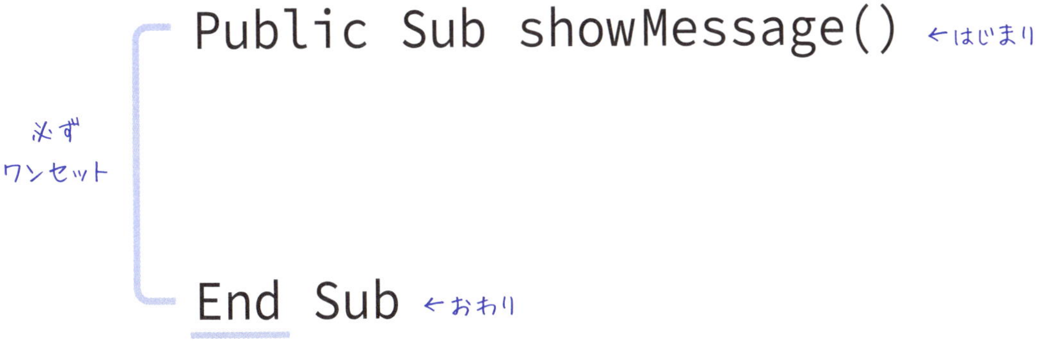

```
Public Sub showMessage()   ←はじまり




End Sub   ←おわり
```

必ず
ワンセット

2-3-6 コードの入力支援

　VBEでは、コードを書く際の入力支援機能があり、「ツール」→「オプション」を選択して開くウィンドウにデフォルトでチェックが入っています（図32）。

図32 入力支援の設定

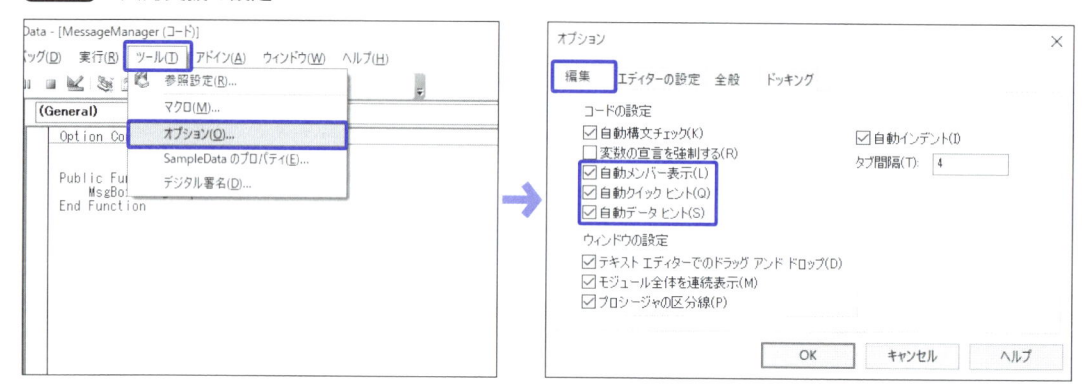

　「自動メンバー表示」は使える命令の候補を表示（89ページ）、「自動クイックヒント」は命令が持つ引数のヒントを表示（91ページ）、「自動データヒント」は変数の中身を表示（127ページ）するなど、プログラミングを行うのにとても便利な機能なので、ぜひ活用していきましょう。

2-3-7 削除と解放

　プログラミングを進めていくうちに、プロシージャの内容を移行したり、機能を削ったりなどして、作成したプロシージャやモジュールが不要になることがありますが、**使わないからといってそれをそのまま残しておくのは極力避けるべき**です。

　作成したプログラムに対して変更や修正が必要になった場合、多くの場合はまず**解読**から始まります。他人が作ったものならなおさらですが、たとえ自分が作ったものでも、数ヶ月前、数年前のものになると覚えているのは困難だからです。

　そのために**命名規則やインデントなどの読みやすくするためのルールがある**のですが、不要なモジュールやプロシージャが残っていると解読の妨げになり、作業時間のロスにつながります。不必要になったものは適宜削除、どうしても削除がためらわれる場合はその旨をコメントで残しておくなどして、整理整頓を心がけることが大切です。

プロシージャの削除は、該当のプロシージャを選択して Delete キーを押せば削除できます（**図33**）。

図33　プロシージャの削除

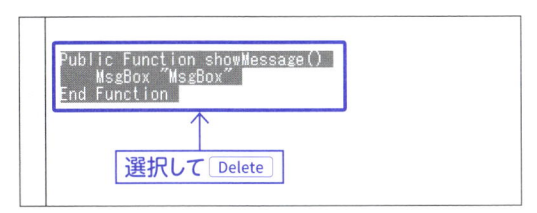

標準モジュールでは、プロジェクトエクスプローラー上で該当のモジュールを右クリックして「解放」を選択することで削除できます（**図34**）。

このとき「エクスポートしますか？」に対して「はい」を選ぶとモジュールのデータが外部に保存され、それを別のAccessファイルで読み込む（インポートする）ことができます。「いいえ」を選ぶと、エクスポートせずにモジュールが削除されます（**図35**）。

図34　モジュールの解放

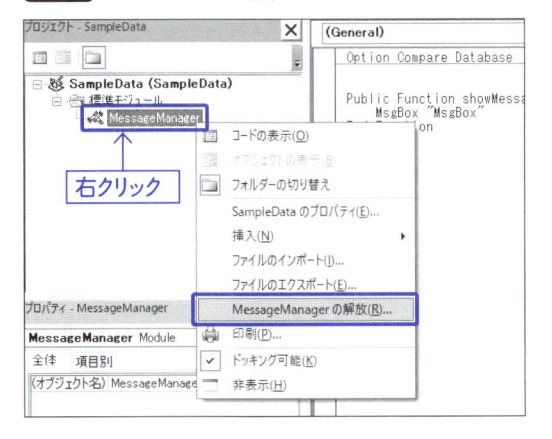

図35　モジュール解放前の確認メッセージ

ただし、**CHAPTER 3**以降で登場する「フォームモジュール」はこの方法では解放できませんので、そちらは**91**ページで解説しています。

なお、本書付属CD-ROMのCHAPTER 2フォルダーのサンプルは、モジュール・プロシージャは削除されていない状態で収録されています。このサンプルを初めて起動した際、エラー番号「2001」のエラーが発生することがあります。この場合、[すべてのマクロを停止]をクリックし、**15**ページで解説している[コンテンツの有効化]を行ってください。次回からはエラーは発生しません。

2-4 最初に覚えておきたい コードを書く際のルール

本格的にプログラミングを行っていく前に、基本的なルールを抑えておきましょう。プログラムはルールにしたがって記述することで、作業効率がよくなります。

2-4-1 半角英数

まず、**プログラミングは基本的には半角英数字で行う**のが前提です。日本語入力が必要な部分は全角ですが、それ以外は半角で入力しましょう。コードの区切り部分にスペースやカンマが多用されますが、それらもすべて半角です。

半角、全角、大文字、小文字、どれかひとつでも異なるとPCでは違うモノとして扱われます（図36）。特に「-（ハイフン）」や「スペース」など、人間の目には識別しにくいものでも明確に全角と半角が区別されるので、注意してください。

図36 少しの違いでも違う要素となる

違う要素です！

2-4-2 文字列と数値の表記

命令を行うための「文字」、引数として指定するための「文字」、これらを区別するために、「命令語」ではないものは「"（ダブルクォーテーション）」で括って**文字列**と呼びます。

「"」で括られている部分は、文字列であるとPCでは判別してくれるので、ちょっと極端な例ですが図37のように書けば、「MsgBox」という文字をメッセージとして出力することもできるのです。

図37 「命令語」と「文字列」

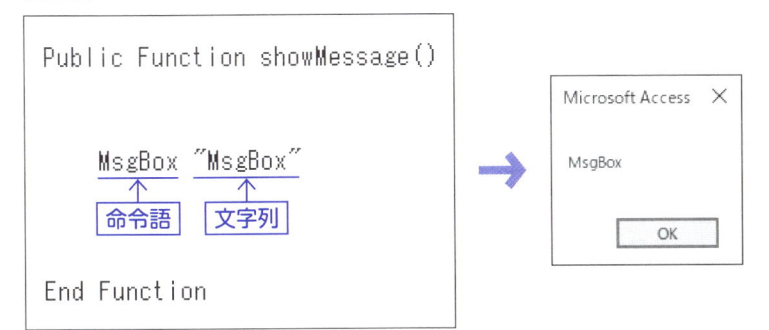

数値と文字列も明確に区別されるので、たとえば「0011」のような先頭にゼロを含むものは、そのまま書くと数値と判断されて頭のゼロが消えてしまいます。ゼロを含みたい場合、文字列として扱います（図38）。

図38 「数値」と「文字列」

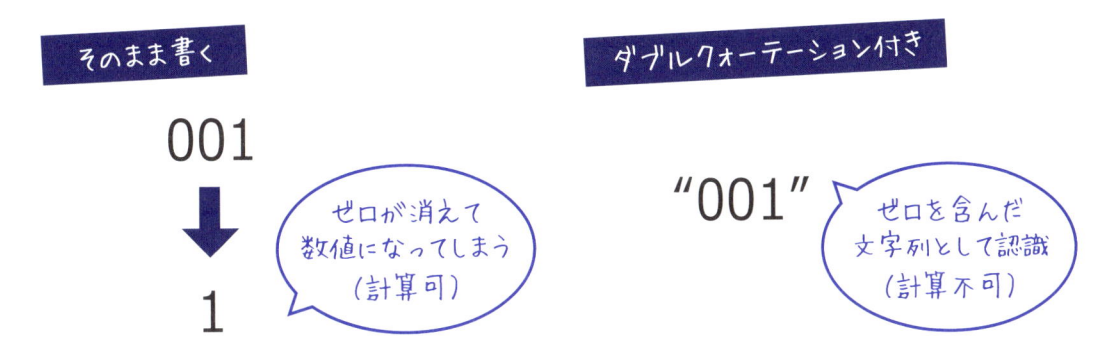

2-4-3 インデント

2-2-1（30ページ）で初めてプロシージャを作成したとき、Tab キーで余白を入れましたよね。あれは実はプログラムの動作には関係ないのですが、命名規則と同じように**人間が読みやすくするための工夫**のひとつです。VBAではプロシージャ単位では区切り線が引かれますが、その中身は自由に記述ができるので、整理しながら書かないと非常に読みづらくなってしまうのです。

そのための工夫のひとつとして、**共通のまとまりを同じだけ字下げ（インデント）する方法**があります。

プロシージャもそうですが、VBA では「○○」で始めたものを「End ○○」で終わらせるルールのものがたくさんあり、これを1つのブロックととらえます。そのため、インデントされている部分はこのブロックの中身であるということがわかりやすくなります（図39）。

図39 インデントでブロックを視覚化する

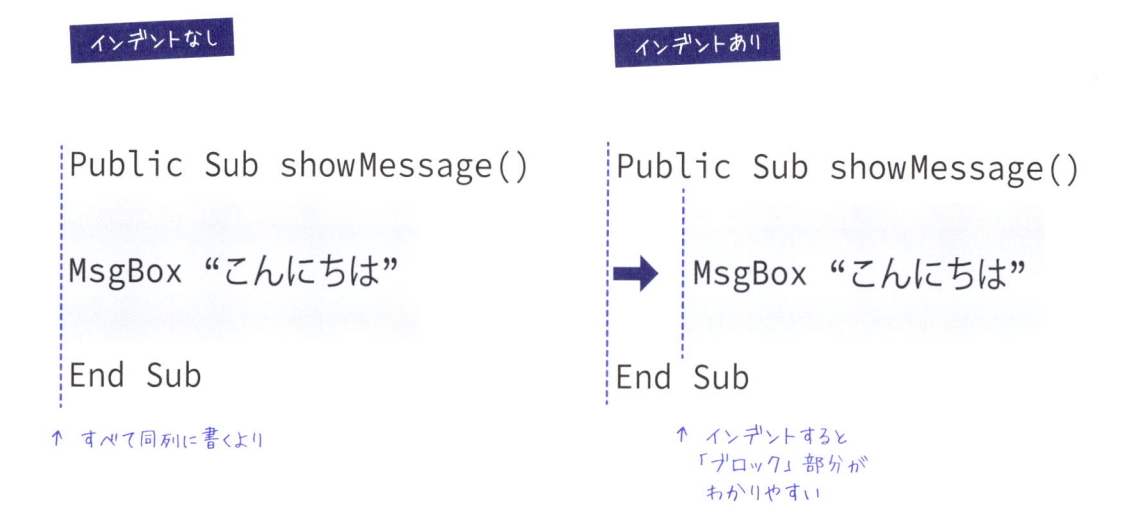

なお、Tabキーを押したときに挿入される文字間隔は「ツール」→「オプション」を選択して開くウィンドウの「編集」タブにある「タブ間隔」より変更できます。本書では、1行の長さを短くするために、タブ間隔をデフォルトの「4」から「2」に変更しています（**図40**）。

図40 タブ間隔を変更するには

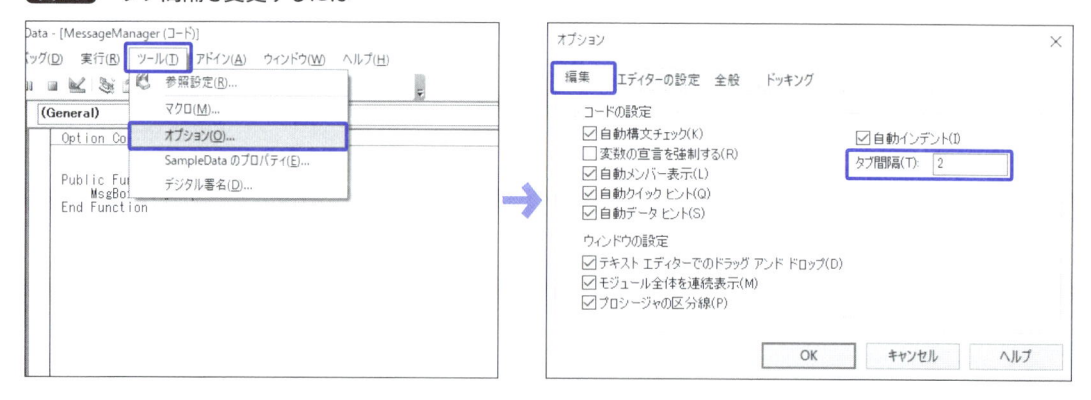

2-4-4　コメントアウト

　さらに、VBAでは「'（シングルクォーテーション）」を付けると、そこから先はプログラムの動作には影響のない文字として認識されます。これを**コメントアウト**と呼びます（**図41**）。

図41　コメントアウト

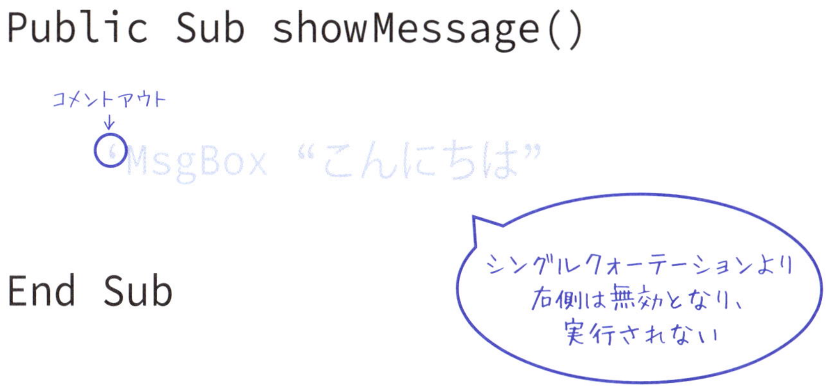

```
Public Sub showMessage()

      'MsgBox "こんにちは"


End Sub
```

コメントアウト ↓

シングルクォーテーションより
右側は無効となり、
実行されない

　コメントアウトは「'」を打った場所から右側に適用されるので、**コード4**のように同じ行にメモや説明文を付けることが可能です。

コード4　コード内にメモを入れる

```
Private Sub ○○()
   処理1
   処理2 'コードの説明
   処理3
End Sub
```

　検証のために必要なコードを一時的に無効にするために使うこともできます（**コード5**）。

コード5 検証部分を無効化する

```
Private Sub ○○()
  処理1
  処理2

  '検証処理

  処理3
  処理4
End Sub
```

　また、他のファイルと連携する場合などは、いきなり本番のファイルは操作せず、同じ構造のテストファイルでプログラミングするほうが安全です。テスト用と本番用をコメントアウトで切り替えられるようにしておく（**コード6**、**コード7**）と、運用に移行したあともメンテナンスがしやすくなります。

コード6 テストと本番の切り替え前

```
Private Sub ○○()
  '### テスト用 ###
  処理1
  処理2
  処理3

  '### 本番用 ###
  '処理1
  '処理2
  '処理3
End Sub
```

コード7 テストと本番の切り替え後

```
Private Sub ○○()
  '### テスト用 ###
  '処理1
  '処理2
  '処理3

  '### 本番用 ###
  処理1
  処理2
  処理3
End Sub
```

CHAPTER

3

フォーム
プログラムのインターフェース

3-1

VBA とフォームの関係
コントロールイベント

標準モジュールに書いたプロシージャは、きっかけを与えて起動させるものです。CHAPTER 3では、きっかけを与えた際に自動で起動するプロシージャを作るための、フォームについて学びましょう。

3-1-1 フォームとコントロール

さて、**プログラムが動くきっかけ**として一番イメージしやすいものとは、何でしょうか？

筆者は、**ボタンを押したとき**、と思っています。ボタンは日常生活でもいたるとことに存在していて、**押せば何かが起こるという共通のイメージが湧きやすい**ものです。

たとえば、何かの業務で使う専用の画面があって、そこに機能名が書かれていたボタンが並んでいたら、そのボタンをクリックしたときに、その機能を実行するプログラムが起動するのでは、という予想が付きやすいですよね（図1）。

図1 ボタンは起動スイッチと認識しやすい

Accessでは、このような**ボタンを配置した操作画面を自由に作ることができます**。そこで使うのが、**1-3-2**（23ページ）で紹介した、フォームというオブジェクトです。

フォームは**セクション**という領域に、**コントロール**という部品を配置して作成していきます（**図2**）。文字を入力する**テキストボックス**や、タイトルや見出しとして使う**ラベル**など、さまざまな種類のコントロールがあり、もちろんボタンもあります。

図2 セクションとコントロール

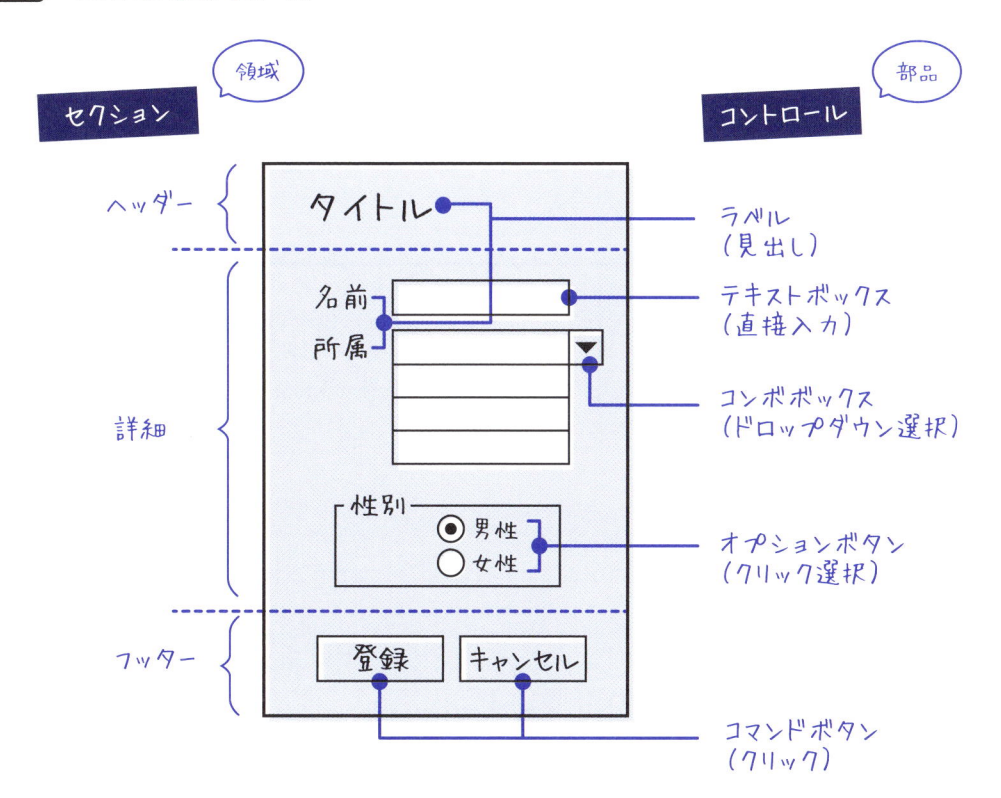

コントロールのすごいところは、**さまざまな動作をプログラムが動くきっかけにできる**というところです。ボタンをクリックしたときだけではなく、たとえば、**コンボボックスの値が変更されたとき**や、**テキストボックスからカーソルが外に出たとき**などの動作も、きっかけとして使うことができるのです。このさまざまな動作のきっかけを、総称して**イベント**と呼びます（**図3**）。

図3 コントロールの「イベント」

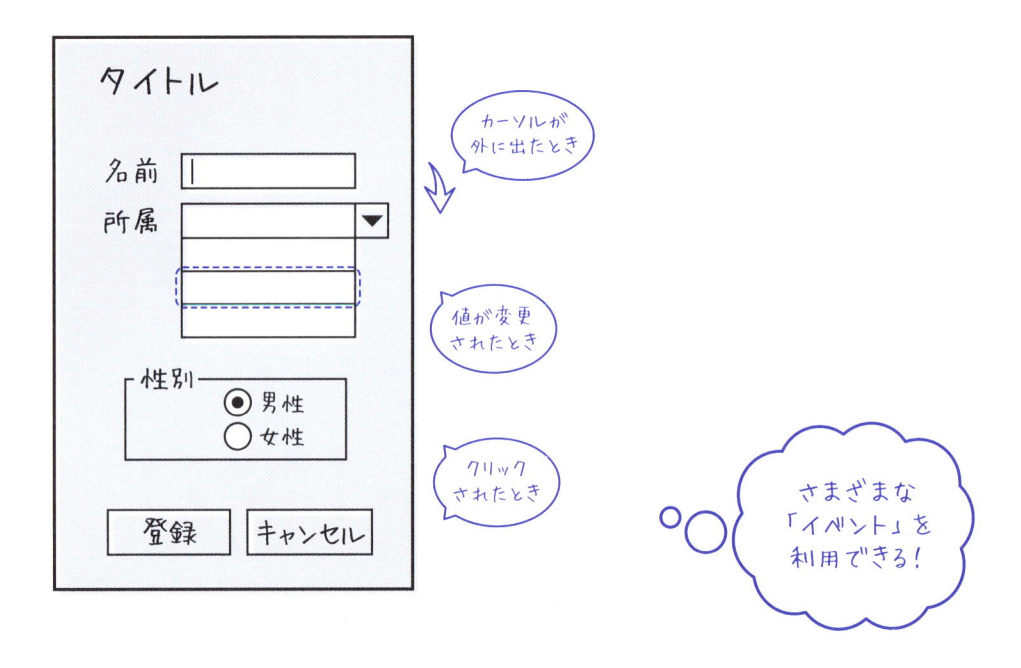

コントロールのイベントを上手に使うことで、**Aが変更されたらBが変わるといった機能を作ることも可能**なのです。

3-1-2 オブジェクトの命名規則

2-3-3（42ページ）で、VBEにてモジュールとプロシージャに関する命名規則を紹介しましたが、Access側で作るオブジェクトに対しても、命名規則はとても重要です。

オブジェクトには、プロパティ（属性）と呼ばれる機能を使って詳細な設定を行うことができます。たとえばフォーム上に設置したボタンは、「標題」というプロパティによって、ボタンの上に文字列を表示させることができます。またそれとは別に、**VBA上でこのボタンを識別する名称としての「名前」というプロパティ**があります（図4）。

図4　ボタンの「名前」プロパティと「標題」プロパティ

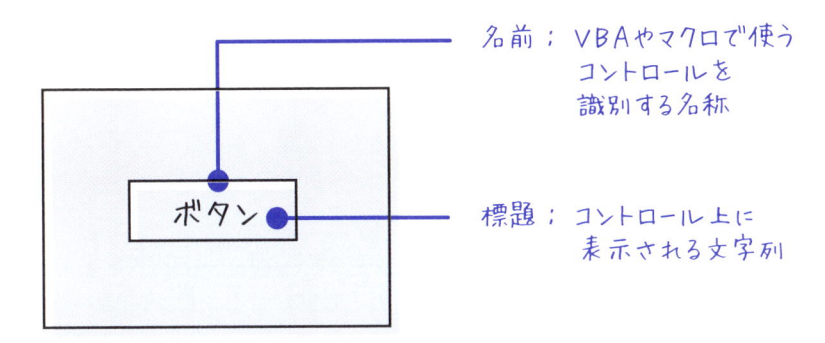

名前；VBAやマクロで使う
　　　コントロールを
　　　識別する名称

標題；コントロール上に
　　　表示される文字列

「名前」と「標題」は同じ内容を登録することもできますが、工夫しておかないと、VBEで見たときに文字列なのか、何かの名称なのか、ちょっと混乱するかもしれません。**「標題」は使う人がわかりやすい内容、「名前」は作る人がわかりやすい内容**、という考え方で使い分けるのがよいでしょう。

繰り返しますがプログラミングは文字情報なので、VBE上で「名前」を見ただけで内容を推測できるようにしておくと、あとでとてもわかりやすくなるのです。

本書では、**テーブル、クエリ、フォーム、レポートなどナビゲーションウィンドウに表示される大きな種類のオブジェクトは大文字で頭文字を付け**、テーブル、クエリ、フォーム、レポートの**中に配置されるオブジェクト（コントロール）については、小文字で「種類_名称」というルール**で書いていくこととします（表1）。

表1　本書におけるオブジェクトの命名規則の例

オブジェクト	「名前」のルール
テーブル	T_名称
クエリ	Q_名称
フォーム	F_名称
レポート	R_名称
フィールド	fld_名称
ボタン	btn_名称
テキストボックス	txb_名称
コンボボックス	cmb_名称
ラベル	lbl_名称

3-1-3 連結と非連結

　フォームは、**テーブル・クエリに変更を加えられる入力・編集可能タイプ**と、**他のオブジェクトに依存しない独立タイプ**に分けられます。これは、そのフォームが、データの元となる**レコードソース**を持つかどうかの違いです。**フォームがレコードソースを持つと、そのフォーム上でデータとつながっている状態**になります。そのため、つながったデータをフォーム上で表示することなどが可能になるのです。

　入力・編集可能タイプのフォームは、**連結フォーム**と呼ばれます。レコードソースとなるテーブルやクエリが指定されていて、言葉の通りデータが連結しているので、フォーム上でテーブルやクエリのデータを入力・更新・削除などすることができます。
　対して、独立タイプのフォームは**非連結フォーム**と呼ばれます。レコードソースを持たず、他のオブジェクトに影響を与えないフォームを作ることができるので、メニューなど補助的な目的で幅広く使われます（**図5**）。

図5 連結フォームと非連結フォーム

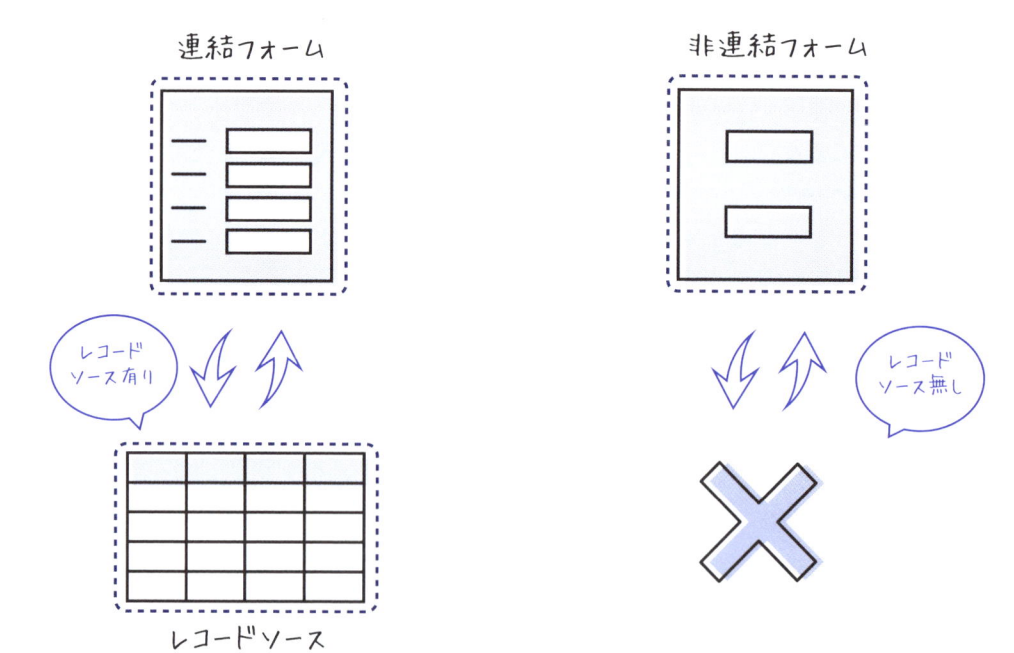

　CHAPTER 3で作成するサンプルを例にすると、図6の左側のように**フォーム上で特定のテーブルやクエリのレコード情報を編集できるのが**「連結フォーム」で、右側のように**フォーム単体で成り立っているものが**「非連結」フォームです。

図6　連結フォームと非連結フォームの例

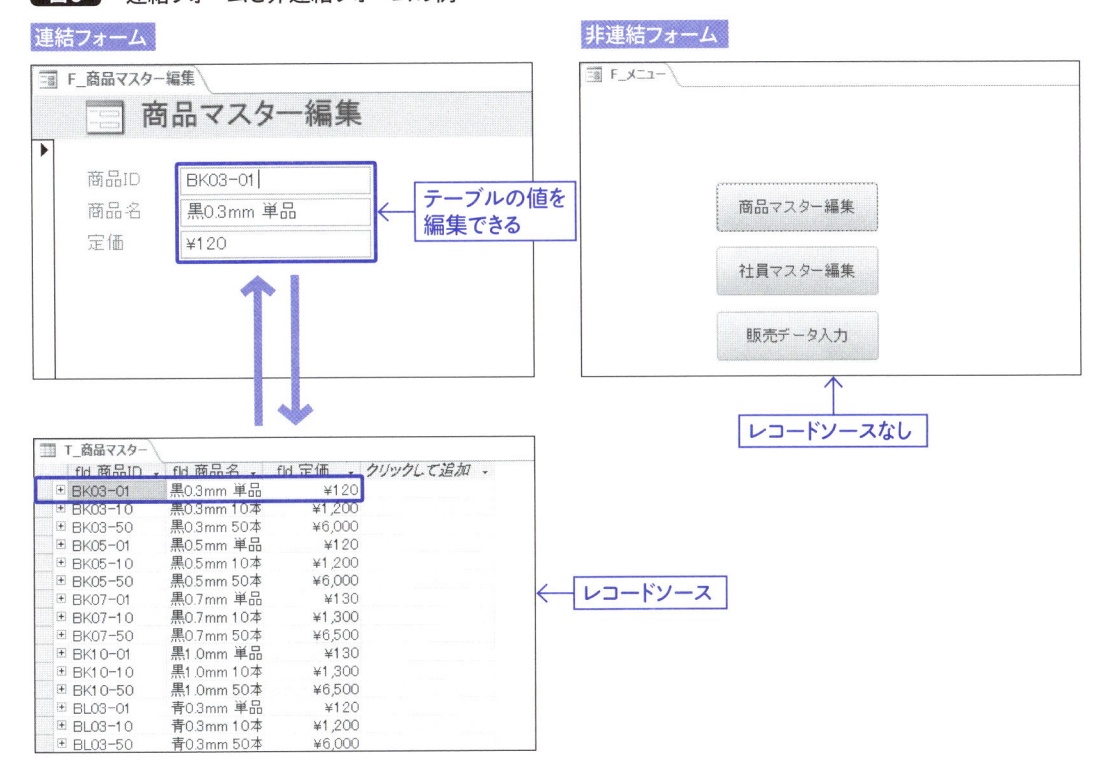

連結フォーム

非連結フォーム

テーブルの値を
編集できる

レコードソースなし

レコードソース

3-2 フォームの作成
連結フォーム

それでは、サンプルを使って実際にフォームを作ってみましょう。まずはレコードソースを持つ、シンプルな連結フォームについて学んでいきます。

3-2-1 連結フォームの作り方

本書付属CD-ROMのCHAPTER 3フォルダーの、Beforeフォルダーに入っているSampleData3.accdbを開いてみてください。このファイルには4つのテーブルが作成されていて、「データベースツール」→「リレーションシップ」を選択すると、図7のような関係性になっていることがわかります。

図7 サンプルのテーブル構造

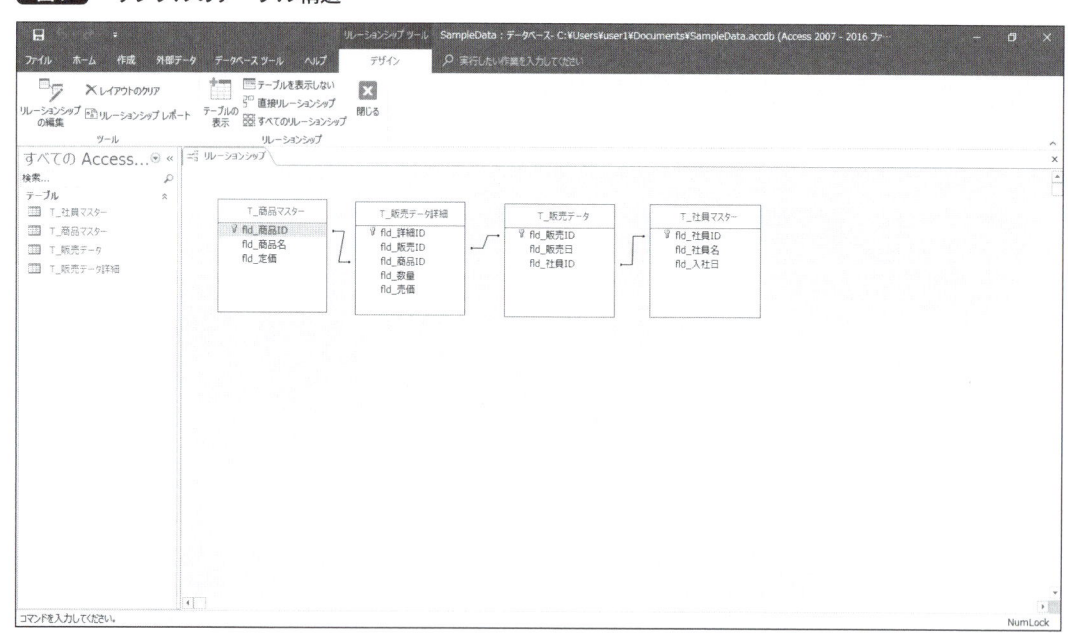

「T_商品マスター」と「T_社員マスター」が、商品と社員の基礎情報を管理するテーブル（マスターテーブル）で、「T_販売データ」が1件ずつの販売情報、「T_販売データ詳細」が、販売1件に対して、

何が何個いくらで売れたか、などの詳細情報を登録していくテーブル（トランザクションテーブル）です。

「T_販売データ詳細」の「fld_商品ID」には**ルックアップフィールド**が設定されていて、テーブル上で選択肢がドロップダウンリストで表示できるようになっています（**図8**）。「T_販売データ」の「fld_社員ID」も同様です。

図8 ルックアップフィールド

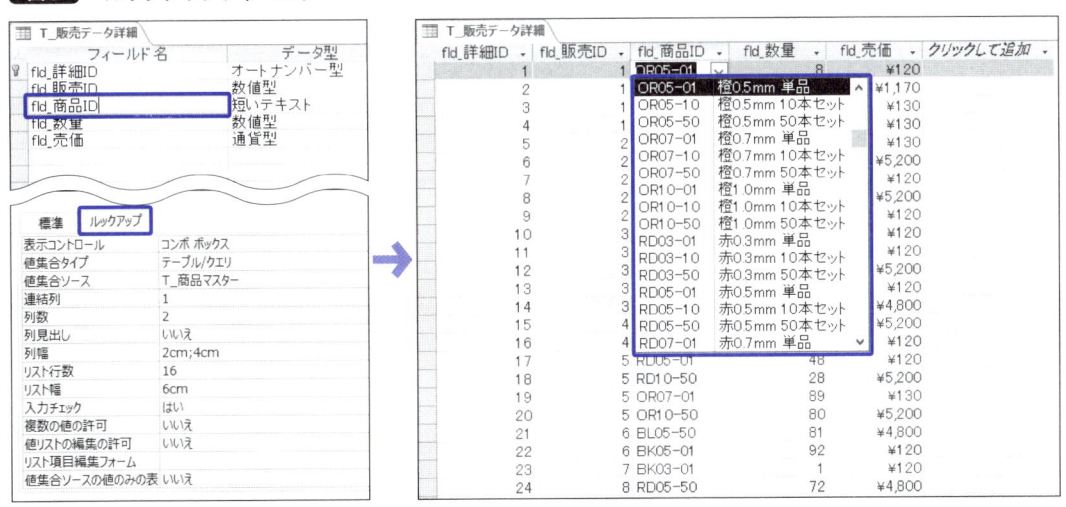

まずは「T_商品マスター」をレコードソースとした連結フォームを作成しましょう。ナビゲーションウィンドウで該当のテーブルを選択した状態で、「作成」タブの「フォーム」をクリックします（**図9**）。

図9 連結フォームの作成

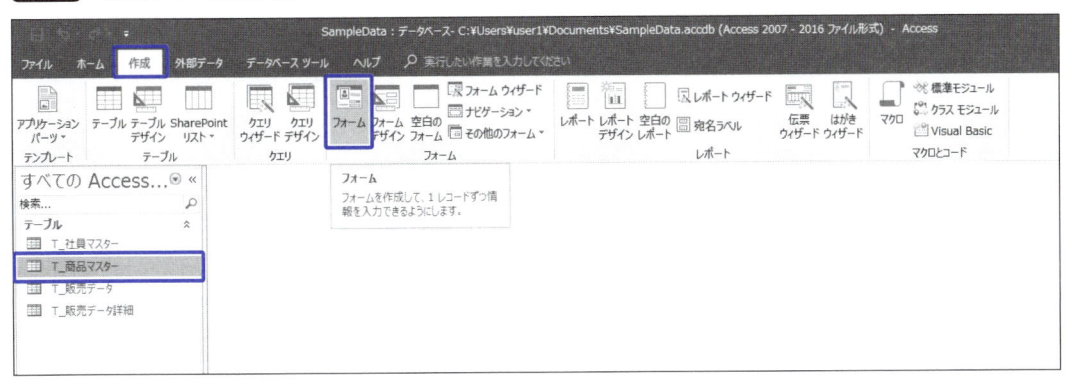

すると、**図10**のような画面になりました。これが、自動作成された「連結フォーム」の**レイアウトビュー**という編集画面です。

図10 自動作成された連結フォーム

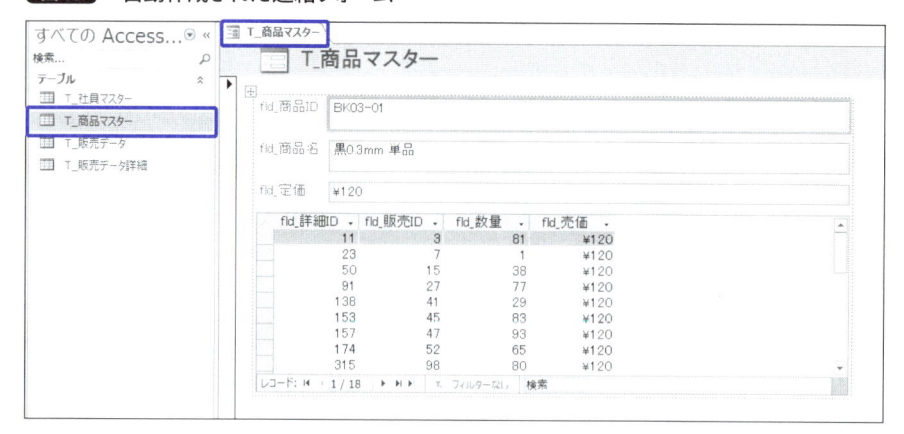

　この時点ではまだフォームは保存されていないので、ひとまず「上書き保存」ボタンもしくはタブを右クリックして上書き保存しましょう（**図11**）。

図11 上書き保存

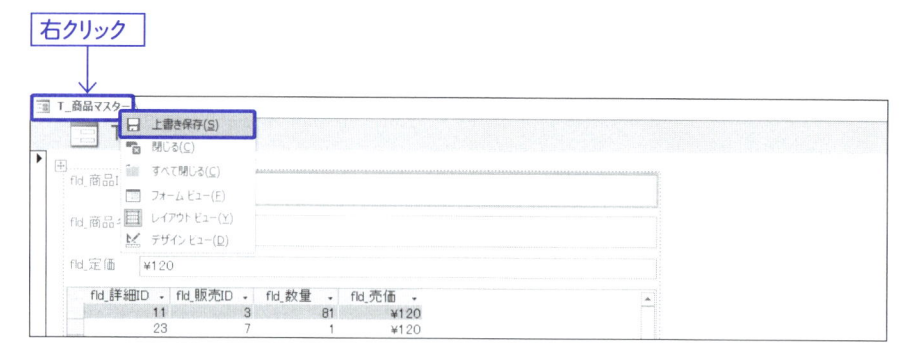

　フォームの名前は、命名規則にしたがって「F_」を頭に付けます。使い方を考えて、「F_商品マスター編集」という名前にしてみましょう（**図12**）。

図12 名前を付ける

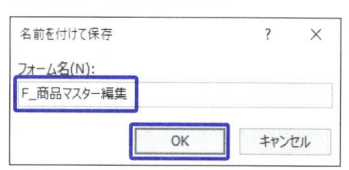

　保存され、ナビゲーションウィンドウに表示されました。暫定で表示されていたタブの部分も新しい名前に置き換わります（**図13**）。

図13　フォームオブジェクトが保存された

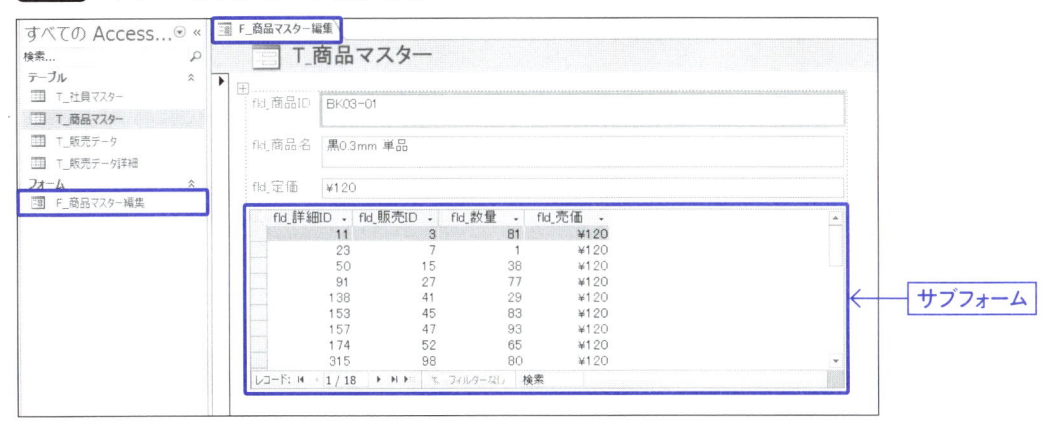

さて、それでは作成されたフォームの詳細を見てみましょう。**図7**で示した通り、「T_商品マスター」は「T_販売データ詳細」とリレーションシップが張られているため、ここでは「サブフォーム（フォーム内のフォーム）」というコントロールの中に「T_販売データ詳細」の関連データも表示されています。

　このフォームでは「T_商品マスター」の情報のみ編集できればよいので、サブフォームは削除します。「T_販売データ詳細」の関連データをクリックして選択します。左上に表示される⊞マークをクリックして[Delete]キーを押してください（**図14**）。

図14　サブフォームの削除

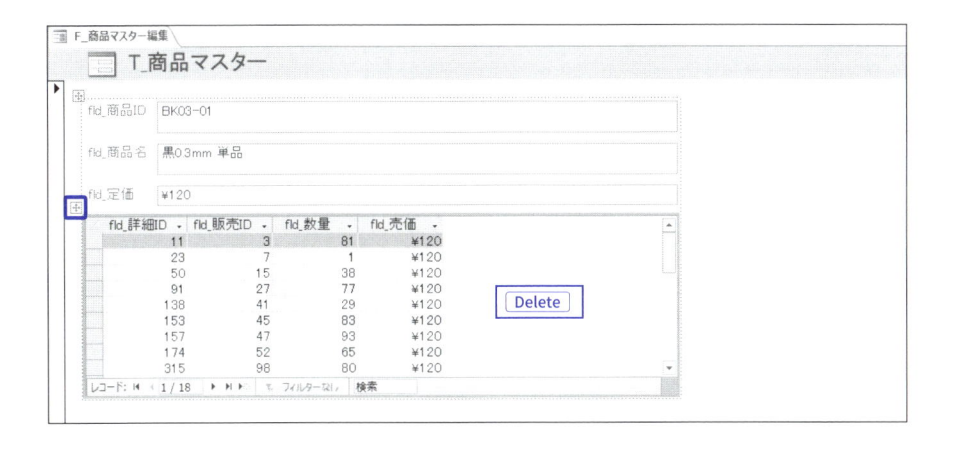

　続いて、自動作成されたままのフォームはテキストボックスの大きさなどがバラバラなので、整えましょう。「デザイン」タブの「表示」から、または右下のアイコンをクリックして、**デザインビュー**という詳細編集モードに切り替えます（**図15**）。

CHAPTER
3

図15 デザインビューへ切り替える

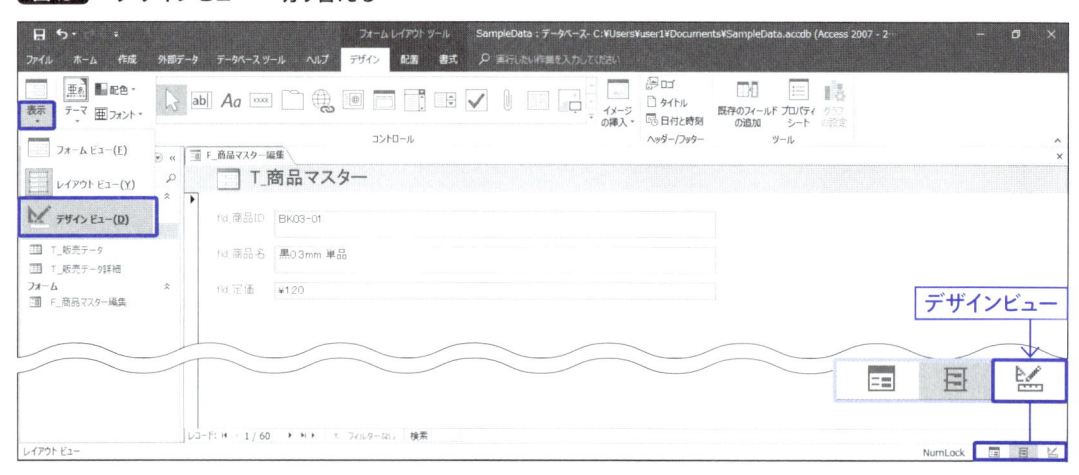

　タイトルと、「詳細」セクションにあるコントロールの幅を縮めます。タイトルのラベルコントロールと「詳細」にあるラベルコントロールをクリックして選択します。選択状態になると、オレンジの枠が表示されます。その状態で右端をドラッグして幅を縮めます（図16）。

　フォーム自体の幅も縮めることができます（図17）。

図16 コントロール幅を縮める

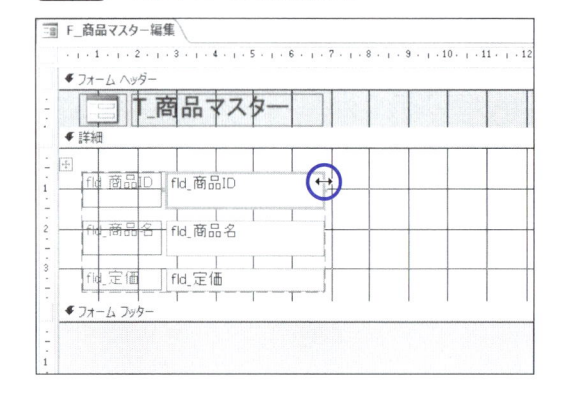

図17 フォーム幅を縮める

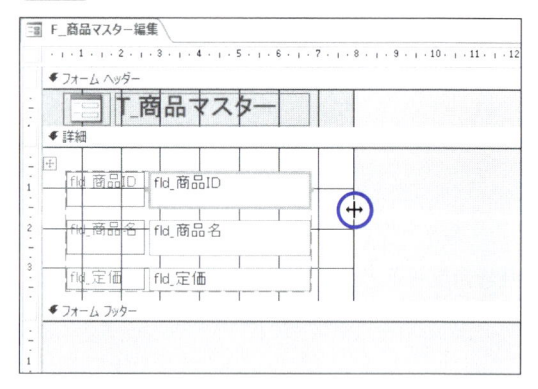

　「詳細」セクションにあるコントロールの1つを選択すると ⊞ マークが出ますが、この場合、複数のコントロールが関連付けられている（レイアウト設定されている）ことを意味します。このマークをクリックして、「配置」タブの「サイズ間隔」で「低いコントロールに合わせる」をクリックすると、レイアウト設定されたコントロールすべてに適用されます（図18）。

図18 低いコントロールに合わせる

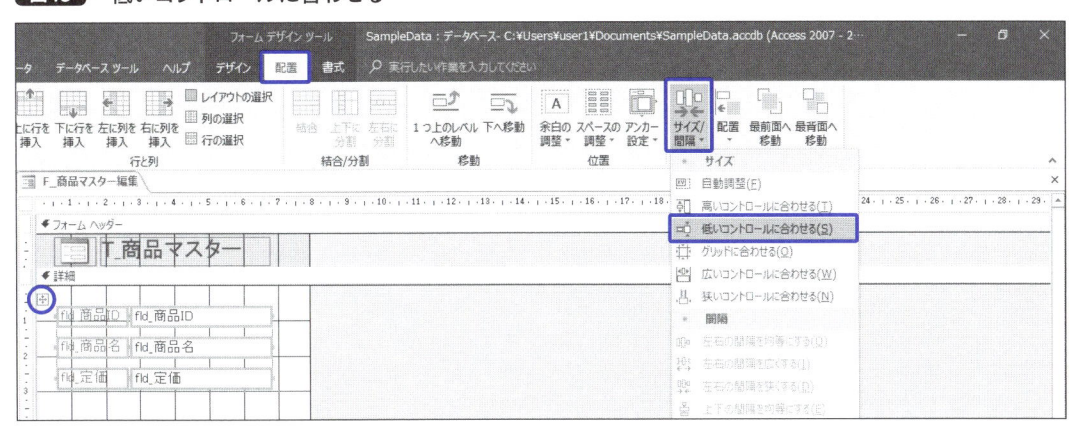

続けて「スペースの調整」を「狭い」をクリックしましょう（**図19**）。

図19 スペースを狭くする

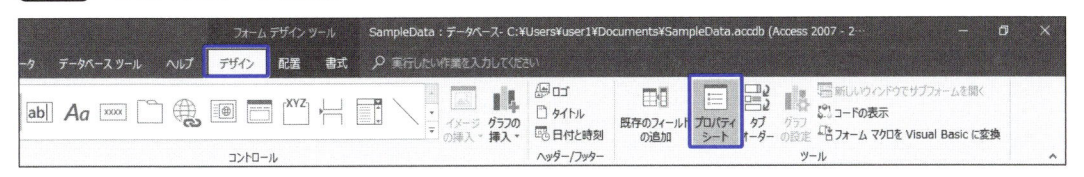

　さて、おおまかには整ってきた感じがしますが、大切なことを忘れてはなりません。**3-1-2**（54ページ）で示した命名規則にしたがって、このフォーム上のコントロールに名前を付けましょう。「デザイン」タブの「プロパティシート」をクリックします（**図20**）。

図20 プロパティシートを表示

　タイトルが表示されているコントロールをクリックしてみると、それに関するプロパティ（属性）が表示されます。自動作成されたフォームでは、「標題」や「名前」も自動で作られたものなので、修正します。

　「標題」は使う人が見るものなので、「T_」などは不要です。また、ここはタイトルなので使い勝手を考えて「商品マスター編集」などにしておくのもよいでしょう。「名前」は、コントロールの種類（ラベル）と合わせて「lbl_商品マスター編集」としておきます（図21）。

図21 タイトル（ラベルコントロール）の名前と標題を編集

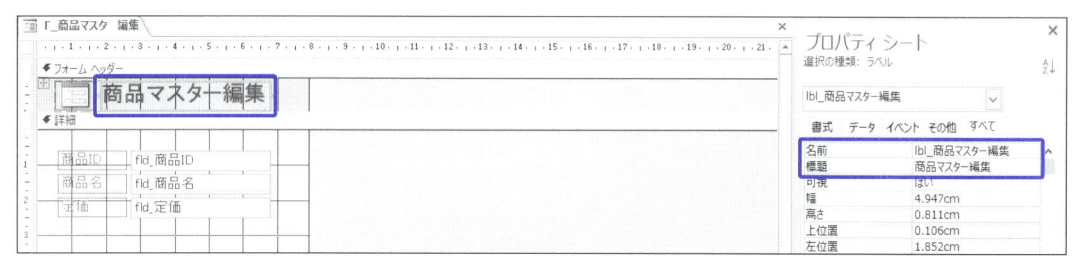

　その他のコントロールについても**図22**と**表2**を参考にプロパティを設定してください。

図22 「F_商品マスター編集」フォーム

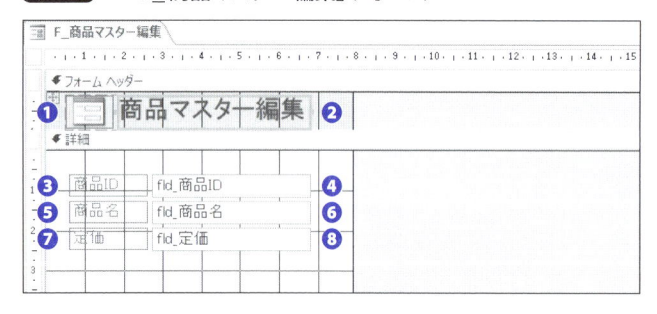

表2 「F_商品マスター編集」フォーム上のコントロール

図22中の番号	種類	標題	名前
❶	イメージ	-	img_ロゴ
❷	ラベル	商品マスター編集	lbl_商品マスター編集
❸	ラベル	商品ID	lbl_商品ID
❹	テキストボックス	-	txb_商品ID
❺	ラベル	商品名	lbl_商品名
❻	テキストボックス	-	txb_商品名
❼	ラベル	定価	lbl_定価
❽	テキストボックス	-	txb_定価

同じ手順で「T_社員マスター」テーブルを元にしたフォームも、**図23**と**表3**を参考に作ってみましょう。フォームの「名前」は「F_社員マスター編集」にします。

図23　「F_社員マスター編集」フォーム

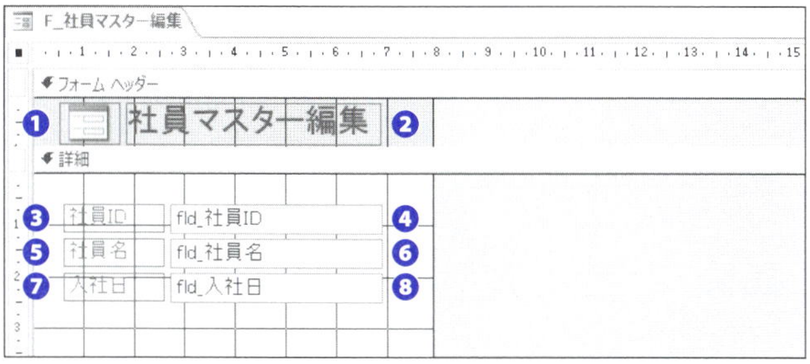

表3　「F_社員マスター編集」フォーム上のコントロール

図23中の番号	種類	標題	名前
❶	イメージ	-	img_ロゴ
❷	ラベル	社員マスター編集	lbl_社員マスター編集
❸	ラベル	社員ID	lbl_社員ID
❹	テキストボックス	-	txb_社員ID
❺	ラベル	社員名	lbl_社員名
❻	テキストボックス	-	txb_社員名
❼	ラベル	入社日	lbl_入社日
❽	テキストボックス	-	txb_入社日

3-2-2　連結フォームの使い方

フォームを実際に使う場合、**フォームビュー**という画面で行います。フォームが閉じている場合はナビゲーションウィンドウから、すでに開いている場合は「デザイン」タブの「表示」、または右下のアイコンからビューを切り替えることができます（**図24**）。

図24 フォームビューで開く

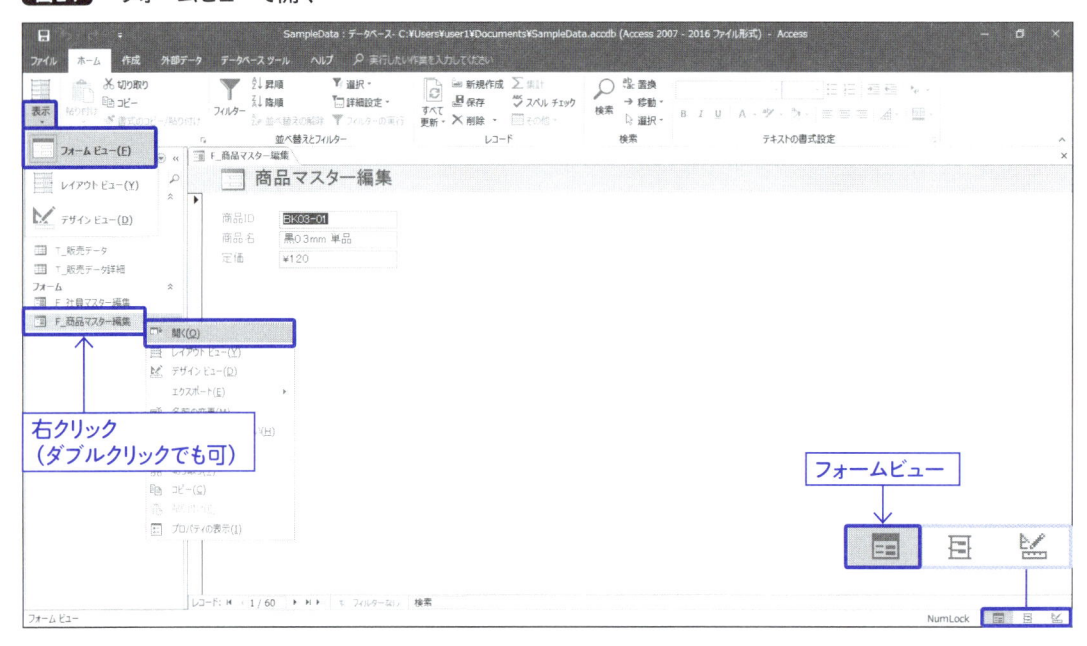

　フォームビューでは、元になっているテーブルの内容が1レコードごとにテキストボックスの中に表示され、自由に書き換えることができます。フォーム上で書き換えたものは、そのままテーブルのフィールドへ反映されます（**図25**）。

図25 連結フォームとレコードソーステーブル

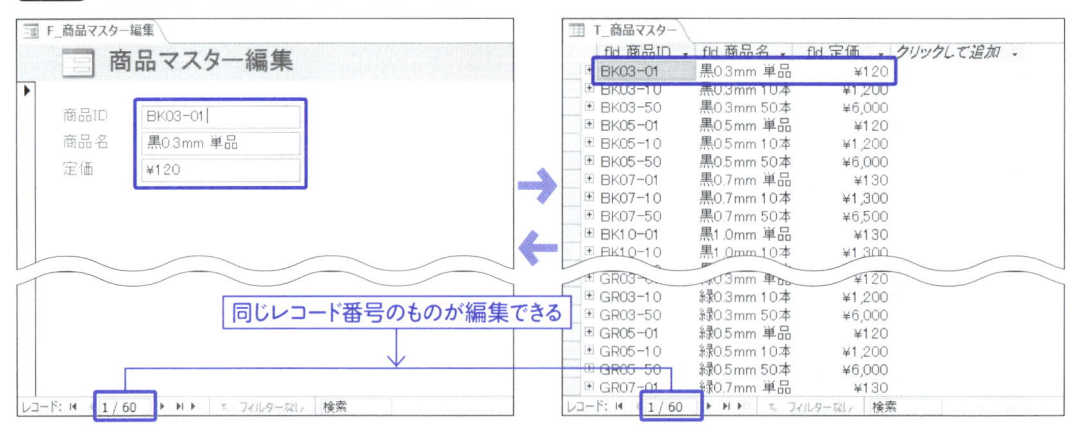

　テーブルでレコードを更新するときと同じく、**編集中は鉛筆マークが表示**されます。このとき[Esc]キーを押すと編集前の状態に戻すことができます。編集したレコードは、リボンの「保存」ボタンをクリックするか、フォームを閉じる、レコードを移動することで確定します（**図26**）。

図26 フォームビューの使い方

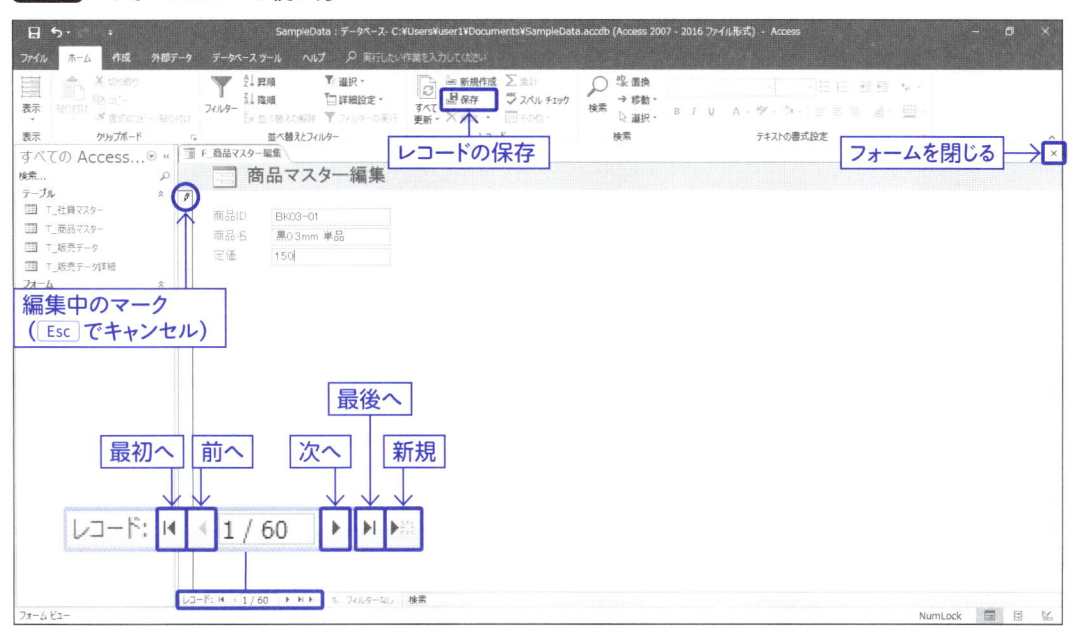

レコードの削除は、該当のレコードで「レコードセレクタ」を選択して、「削除」ボタンもしくは Delete キーを押します（図27）。

図27 レコードの削除

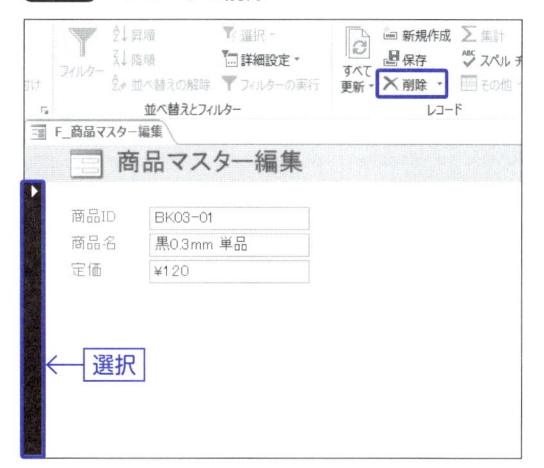

なお、連結フォームに対して元になっているテーブルやクエリのことを**レコードソース**と呼ぶと説明してきましたが、さらにその中で、コントロールの値の元になるフィールドのことを、**コントロールソース**と呼びます（**図28**）。

CHAPTER
3

図28 レコードソースとコントロールソース

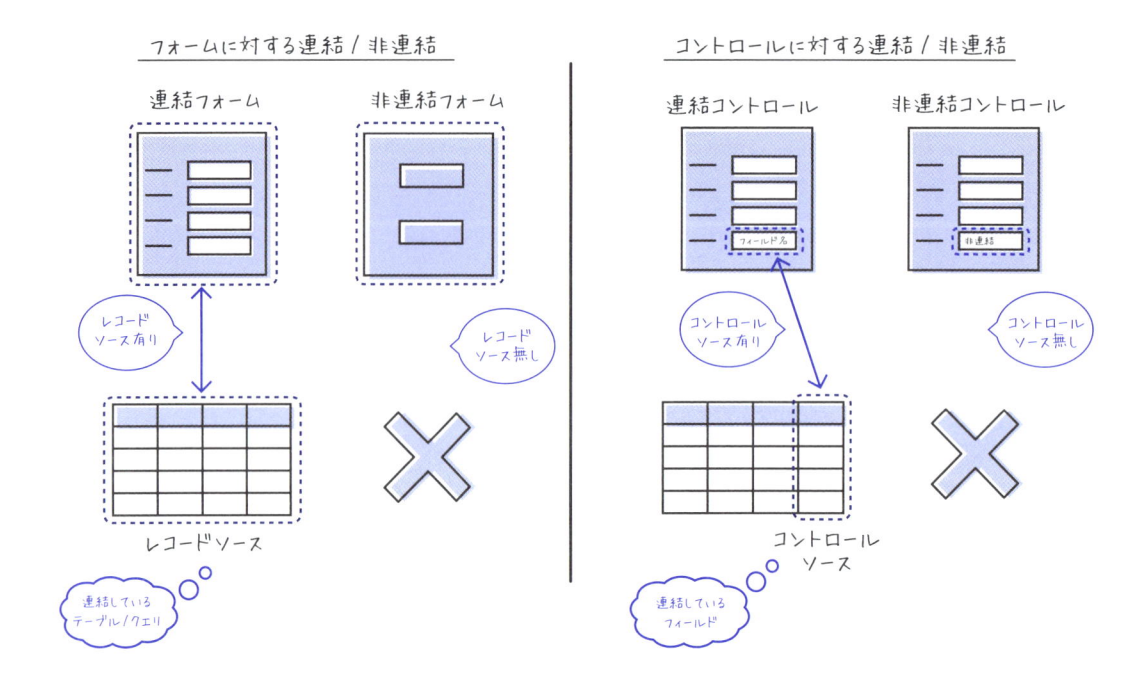

　フォームビュー、レイアウトビューの場合は、フィールドの「値」が表示されますが、デザインビューの場合のみ、コントロールソースとなるフィールドの「名前」が表示され、コントロールソースを持たない場合は、「非連結」と表示されます。

3-3

複雑なフォームの作成
親子フォーム

3-2では1つのフォームに対して1つのテーブルというシンプルな形を作りましたが、1つのフォームで2つのテーブルを入力するフォームも作ってみましょう。

3-3-1 親子フォームの作り方

3-2-1（58ページ）で紹介した「T_商品マスター」「T_社員マスター」テーブルを元にフォームを作成したとき、「サブフォーム」というコントロールの中に関連テーブルの情報が表示されていました。これは、**テーブル同士にリレーションシップが張ってある、1対多の関係性を持つ1側のテーブルをフォーム化した場合に起こります。**

今回のテーブル構造の中では「T_販売データ」がその使い方に適していて、自動でフォーム化すると図29のようになります。1件の販売に対して複数アイテムの売上があるという構造ですね。こういった、1つのフォームで1対多の関係を一度に処理できるフォームを**親子フォーム**と呼びます。

図29 自動作成した親子フォーム

自動フォーム化したものでも使えるのですが、サブフォームの中に表示されているのは必要最低限の情報しか持たないテーブルなので、フォームとして使うのには少々物足りない気もします。「商品名」や「小計」、「合計」などもあると便利ですよね。

そのような情報を追加した実用的な「親子フォーム」を作ってみましょう。「作成」タブから「フォームウィザード」を起動します（図30）。

図30 フォームウィザードを起動

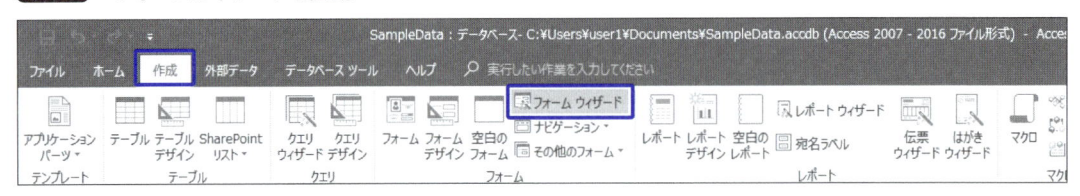

「フォームウィザード」が表示されるので、図31のように2つのテーブルから、それぞれフィールドを選択し、「次へ」をクリックします。次に図32にて「サブフォームがあるフォーム」を選択して「次へ」をクリックします。続いて図33にて「表形式」を選択して「次へ」をクリックします。最後に図34のように名前を付けて、「完了」をクリックします。

図31 フィールドの選択

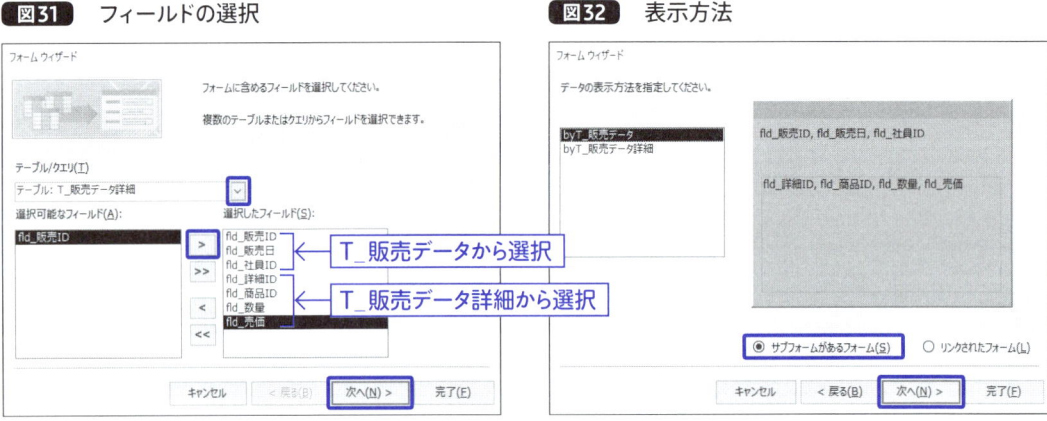

図32 表示方法

図33 レイアウトを指定

図34 フォーム名の指定

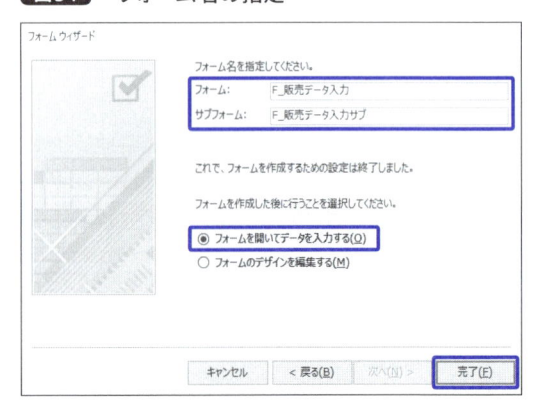

　フォームが作成されて、ナビゲーションウィザードに2つのフォームが追加されます。名前がそれぞれ、「F_販売データ入力」と「F_販売データ入力サブ」になっていることを確認しておきましょう（**図35**）。

図35 親子フォームが作成された

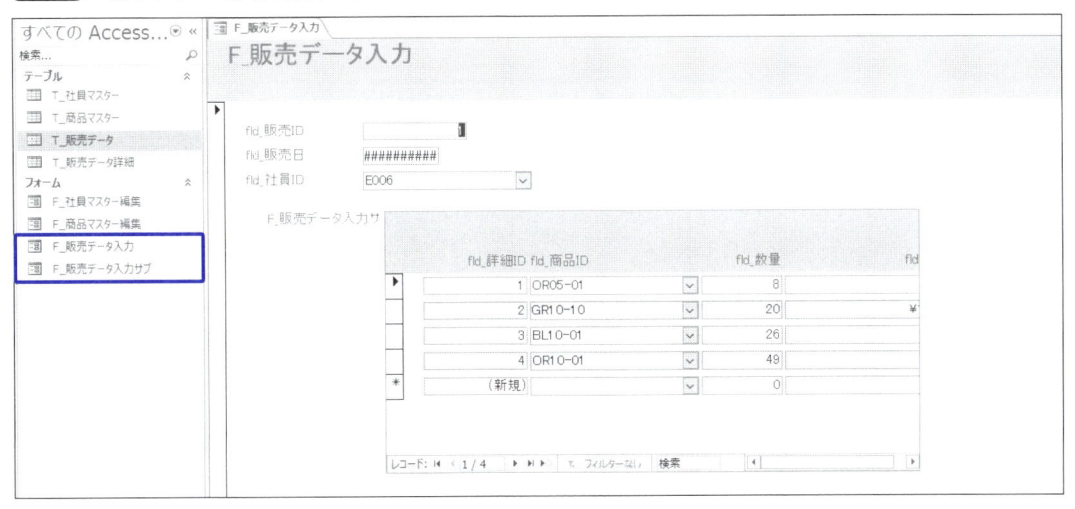

　おおまかな形はできたので、デザインビューに切り替えてさらに作り込んでいきます。独立したコントロールを規則的に並べたい場合、Shiftキーを押しながら該当のものをすべて選択して、「配置」タブの「集合形式」でレイアウト設定すると便利です（**図36**）。またサブフォームのラベルは削除しておきます。

図36 「集合形式」レイアウトを設定

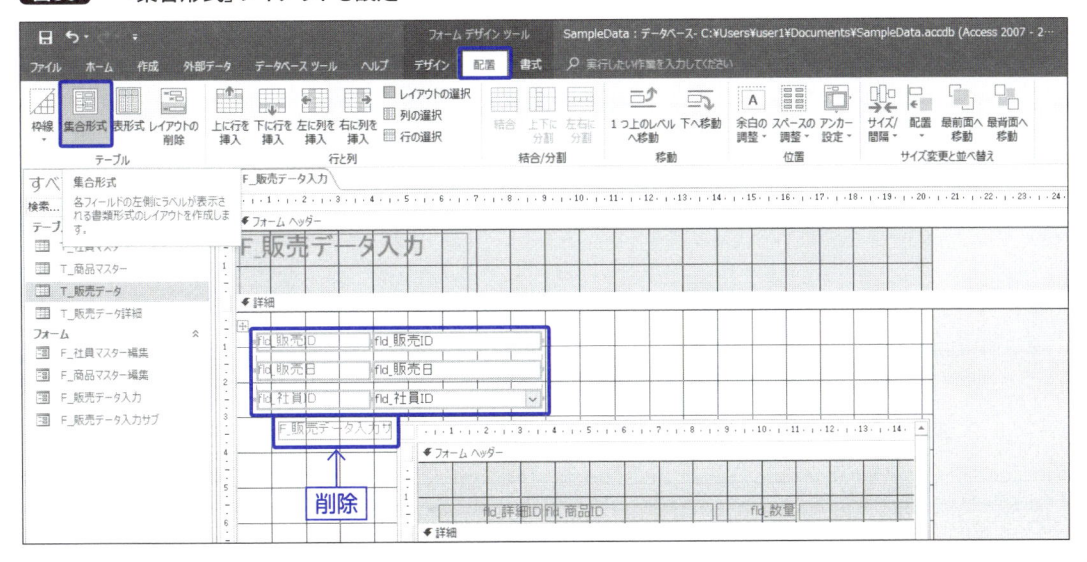

各コントロールの大きさ、スペースの調整やヘッダーの高さ変更を行います（**図37**）。また余分なスペースも詰めておきましょう。

図37 大きさや位置などの調整

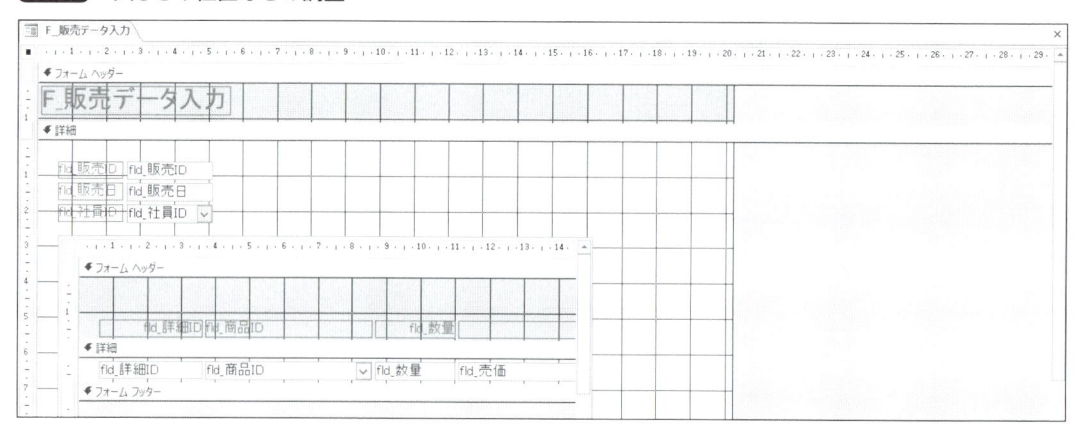

プロパティシートを表示し、**図38**と**表4**を参考に、「標題」と「名前」を変更します。なおサブフォームの「名前」の変更は、プロパティシートの「選択の種類」が「サブフォーム／サブレポート」になっていることを確認してから、行ってください。

図38 「F_販売データ入力」フォーム

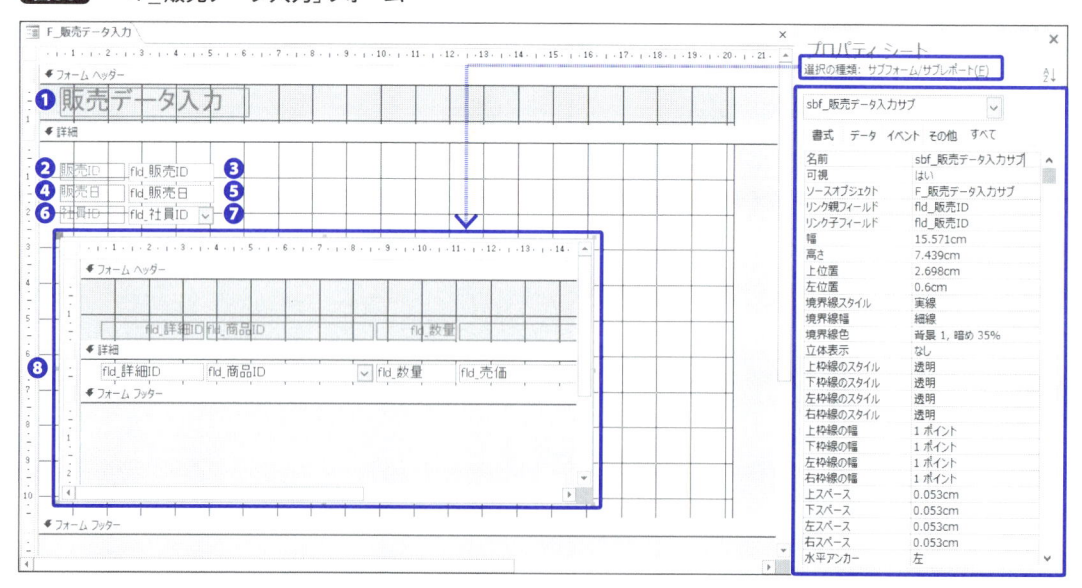

表4 「F_販売データ入力」フォーム上のコントロール

図38内の番号	種類	標題	名前
❶	ラベル	販売データ入力	lbl_販売データ入力
❷	ラベル	販売ID	lbl_販売ID
❸	テキストボックス	-	txb_販売ID
❹	ラベル	販売日	lbl_販売日
❺	テキストボックス	-	txb_販売日
❻	ラベル	社員ID	lbl_社員ID
❼	コンボボックス	-	cmb_社員ID
❽	サブフォーム	-	sbf_販売データ入力サブ

ここで変更を行った親子フォームを上書き保存していったん閉じます。

ナビゲーションウィンドウの「F_販売データ入力サブ」フォームを右クリックして、デザインビューで開きます（**図39**）。

コントロールをすべて選択して、「配置」タブの「表形式」レイアウトを設定します（**図40**）。フォーム上のコントロールをすべて選択したい場合は、Ctrl + Aキーのショートカットが便利です。

図39 サブフォームの編集

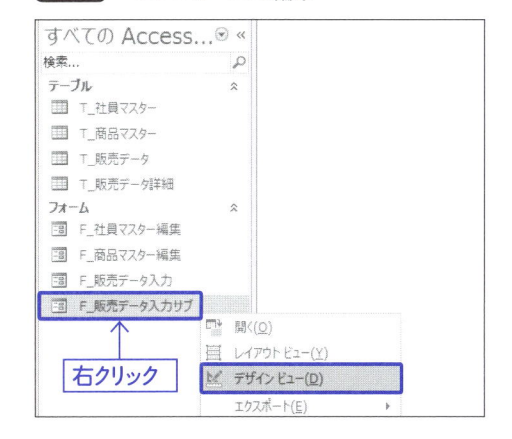

図40 「表形式」レイアウトを設定

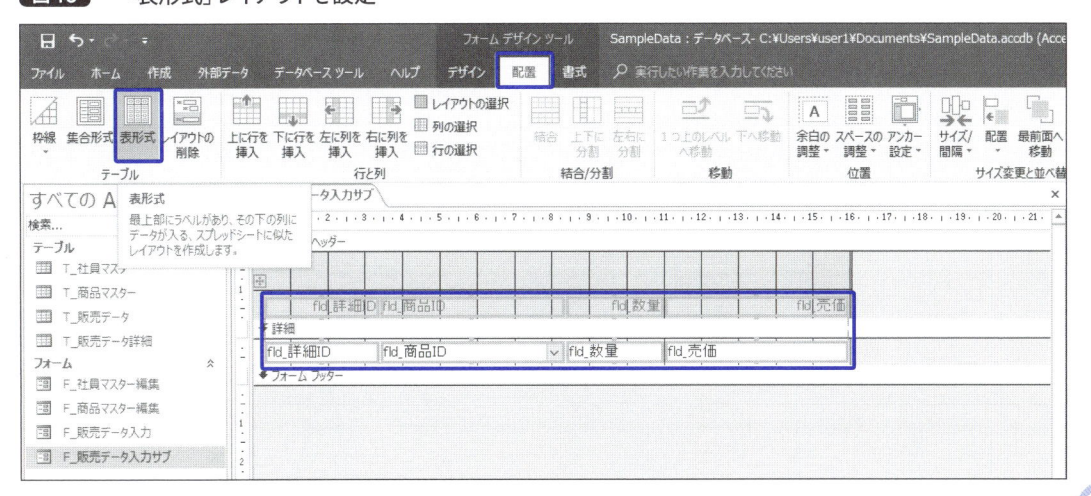

フォームヘッダーの任意のコントロールを1つ選択、ドラッグして上の余白を詰めます（図41）。

図41 コントロールを移動

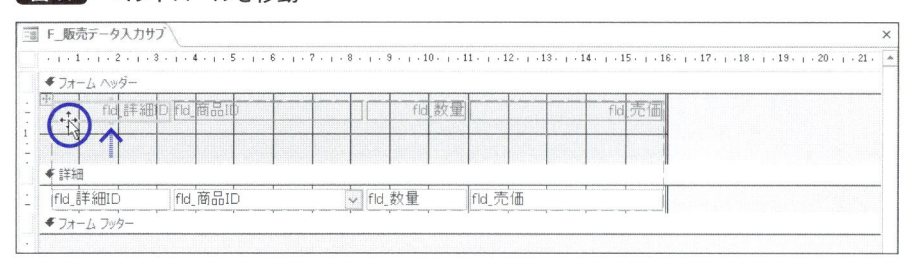

ヘッダーセクションの高さも縮めます（図42）。

図42 セクションの高さを調整する

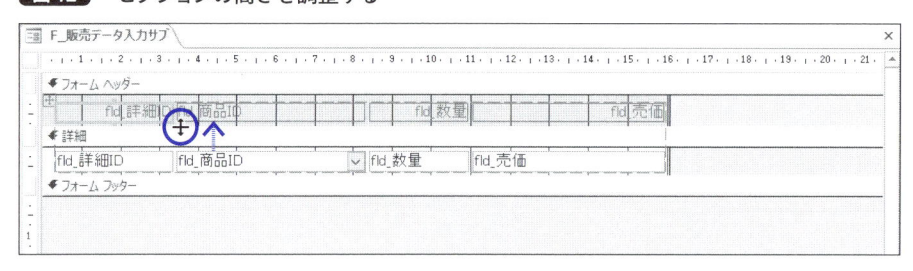

ナビゲーションウィンドウ上にて「F_販売データ入力サブ」を右クリックして、「レイアウトビュー」を選択します。**レイアウトビューに切り替えるとフィールドの値を見ながら幅を変更できます**。ここで、コントロールの「名前」を整備しましょう。**図43**と**表5**を参考に、プロパティシートで設定し直し、幅も調整しておきます。

図43 「F_販売データ入力サブ」フォーム

表5 「F_販売データ入力サブ」フォーム上のコントロール

図43内の番号	種類	標題	名前
❶	ラベル	詳細ID	lbl_詳細ID
❷	テキストボックス	-	txb_詳細ID
❸	ラベル	商品ID	lbl_商品ID
❹	コンボボックス	-	cmb_商品ID
❺	ラベル	数量	lbl_数量
❻	テキストボックス	-	txb_数量
❼	ラベル	売価	lbl_売価
❽	テキストボックス	-	txb_売価

それぞれ適切な幅にしたら、「デザイン」タブから「テキストボックス」を選択し、「商品ID」と「数量」の間、図44のような状態でクリックします。

図44 テキストボックスを挿入

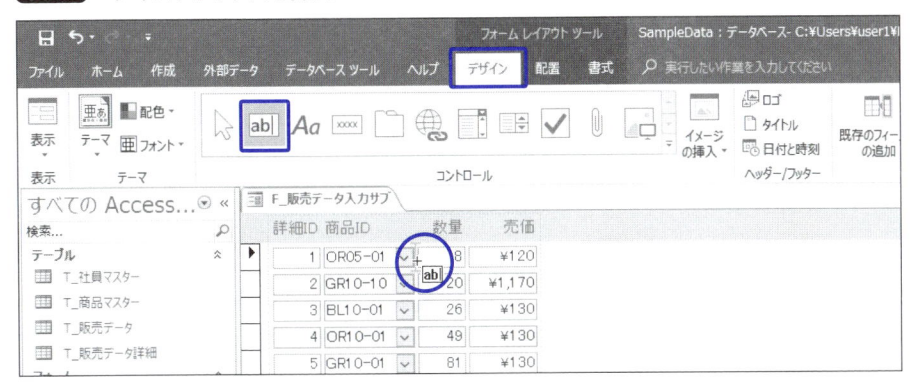

環境によってはテキストボックスウィザードが表示されますが、ここでは必要ないので、キャンセルをクリックします（図45）。

図45 テキストボックスウィザード

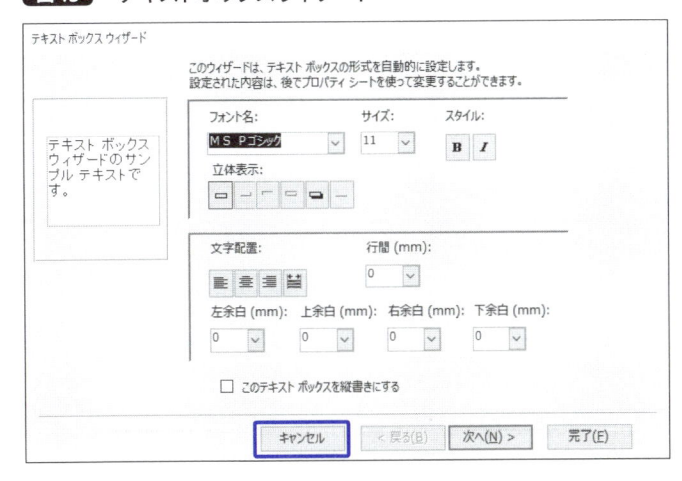

挿入されたテキストボックスとラベルが両方選択された状態なので、テキストボックスのみを選択し直し、「コントロールソース」の[...]ボタンをクリックします（図46）。

図46 コントロールソースの設定

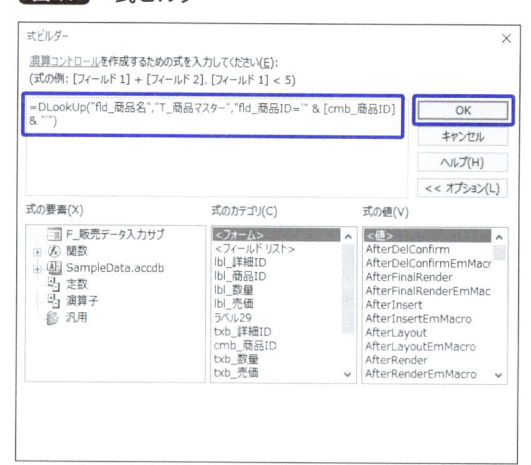

表示された式ビルダーの中に**コード1**を入力します（**図47**）。

コード1 特定のデータを求める

```
=DLookUp("fld_商品名","T_商品マスター","fld_商品ID='" & [cmb_商品ID] & "'")
```

これは特定のデータを求める式で、「DLook Up（フィールド, テーブル, 条件）」というルールで記述します。「"（ダブルクォーテーション）」と「'（シングルクォーテーション）」を「&（アンパサンド）」で接続しているのでやや複雑ですが、正しく入力すると商品IDに対応する商品名を取得できます。ここでも幅を適切な大きさにして、「名前」と「標題」を**図48**のように変更しておきましょう。

図47 式ビルダー

図48 追加されたラベルとテキストボックスの設定

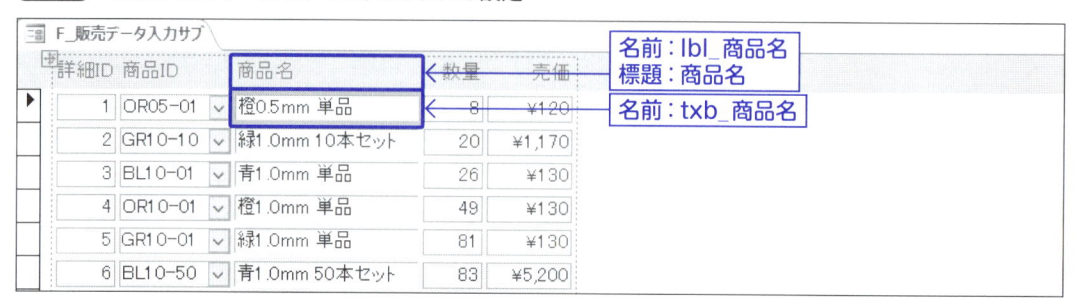

今度は右端にテキストボックスを挿入します(図49)。

先ほどと同じ要領で「コントロールソース」に今度は**コード2**を入力し、フィールド2つを乗算した式にします(図50)。

コード2 小計を求める

```
=[fld_売価]*[fld_数量]
```

図49 新たにテキストボックスを挿入

図50 式ビルダー

「書式」タブの「通貨の形式を適用」をクリックし、幅も適当な広さに調整します。また、**図51**のように「名前」も変更しましょう。

図51 形式、名前、標題を変更

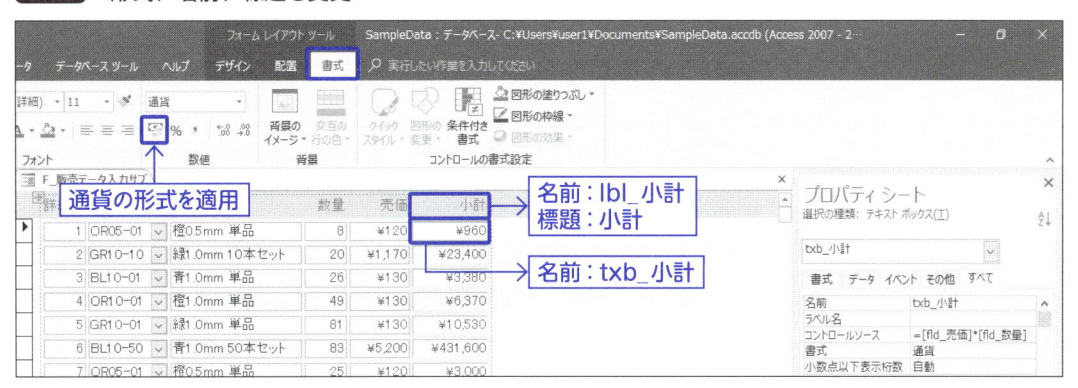

デザインビューへ切り替え、「フォームフッター」を**図52**のように引き出します。

図52 フォームフッターを引き出す

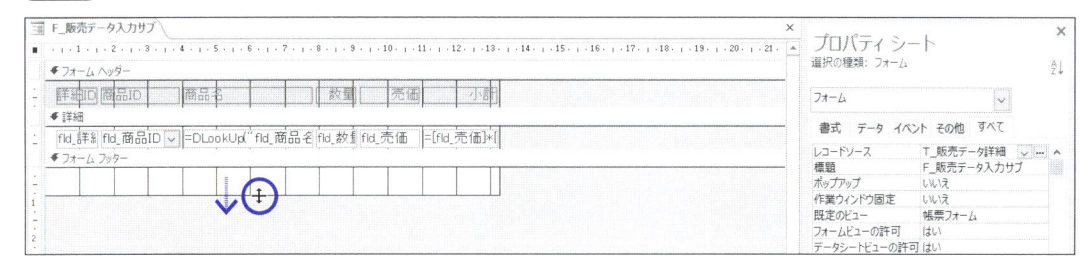

引き出したフッターセクションにテキストボックスを配置します（図53）。ウィザードが起動したらキャンセルします。

図53 テキストボックスの配置

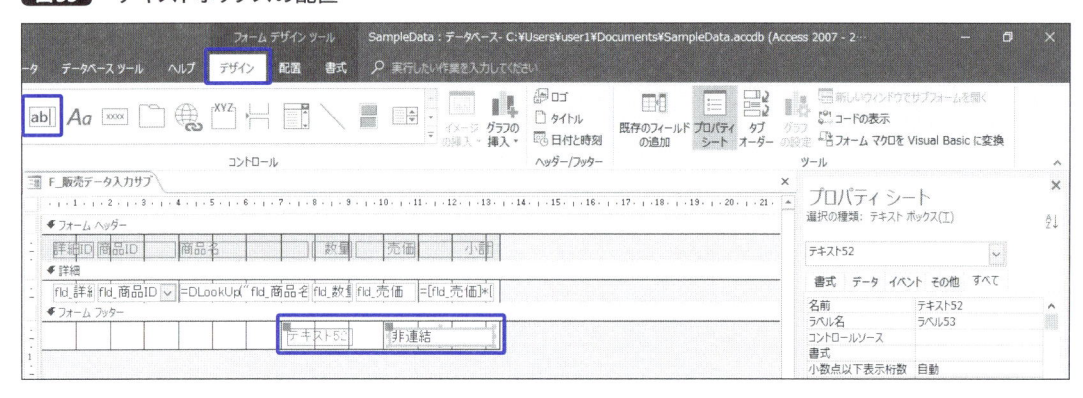

レイアウトビューに戻ってテキストボックスの「コントロールソース」に「=SUM（[fld_売価]*[fld_数量]）」と入力し（図54）、小計の結果をさらに集計する形にします。

図54 コントロールソースの設定

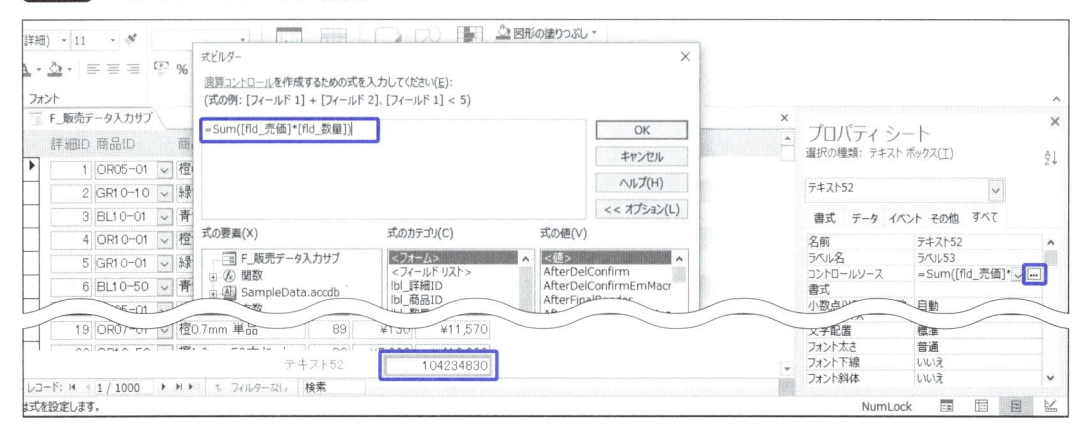

　このコントロールに対しても「書式」タブの「通貨の形式を適用」をして、**図55**のように「名前」を変更し、位置や大きさを整えます。これで「F_販売データ入力サブ」フォームの編集は終了ですので、保存して閉じます。

図55　形式、名前、標題を変更

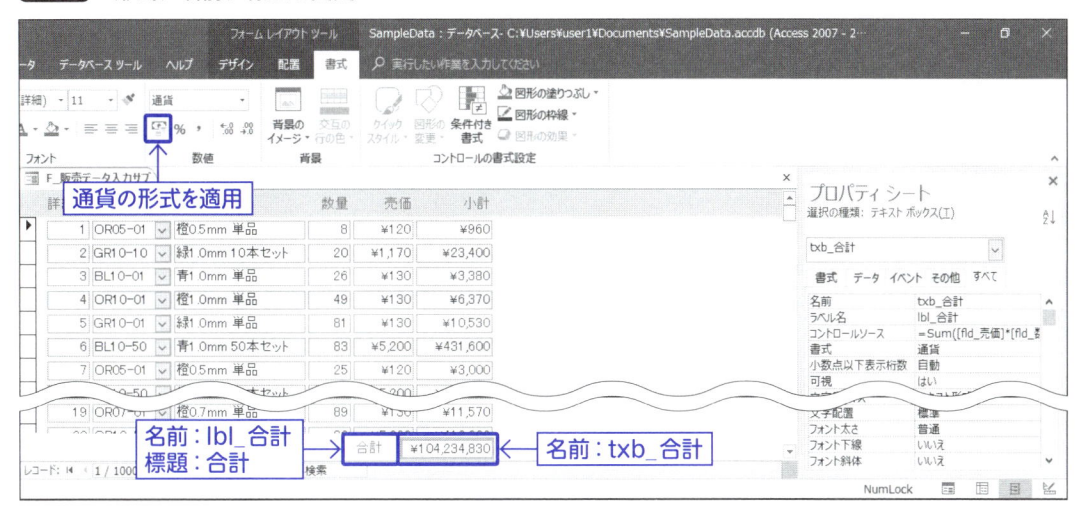

　「F_販売データ入力」フォームをレイアウトビューで開きます（**図56**）。

図56　フォームをレイアウトビューで開く

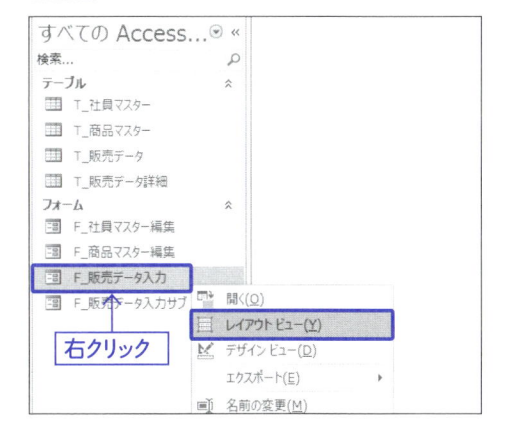

　サブフォームコントロールの幅を整えます（**図57**）。多側の情報が多い場合、スクロールバーが出る場合もあるので、少し余裕を持たせておくとよいでしょう。

図57 サブフォームの幅を変更

　サブフォーム内ではレコードがすべて見えているので、レコード移動ボタンが不要です。非表示にするには、最初にサブフォームの中をクリックして、サブフォーム内の「フォーム」にフォーカスがある状態にします。それから、プロパティシートで「フォーム」を選択して「移動ボタン」を「いいえ」にします（図58）。

図58 サブフォームの移動ボタンを非表示にする

　適宜、上書き保存をしながら、デザインビューに切り替えてセクションの幅や高さを調節したら完成です（図59）。

図59　デザインビューで幅と高さを調節

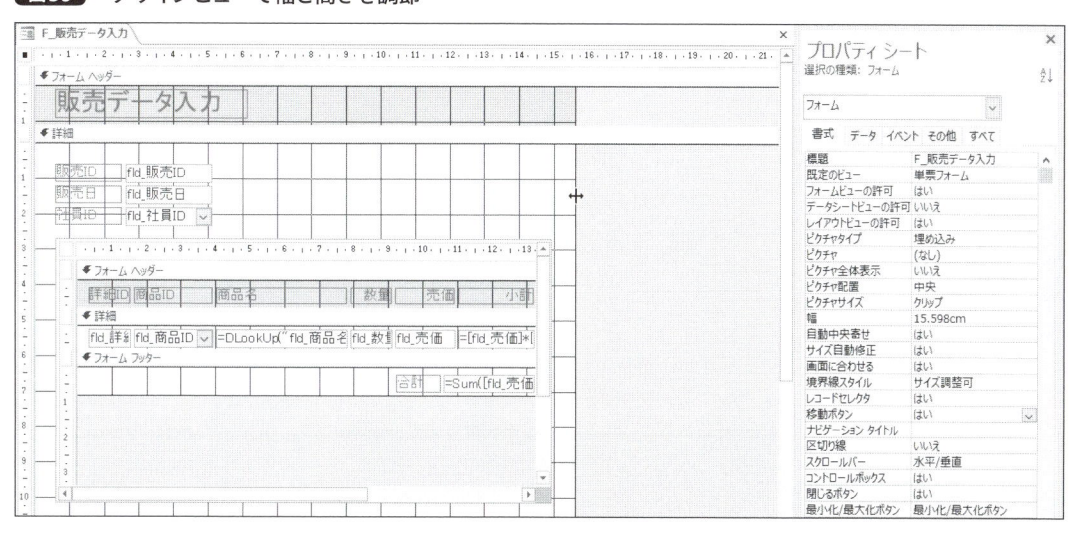

3-3-2 親子フォームの使い方

　実際に使用する場合は、親フォームである「F_販売データ入力」のほうを、フォームビューで開きます。使い方は**3-2-2**（65ページ）で紹介したものと同じで、親に対して1つ、子に対して複数のレコードセレクタが表示されています（**図60**）。

図60　フォームビューで開いたところ

　ただし、ひとつ注意しなければならないことがあります。**図61**のように親子ともに新規の販売情報を作成する画面にしたとき、現状のままだと親レコードが未入力（親IDがない）状態で、子レコードの入力ができてしまうのです。

図61 現状の注意事項

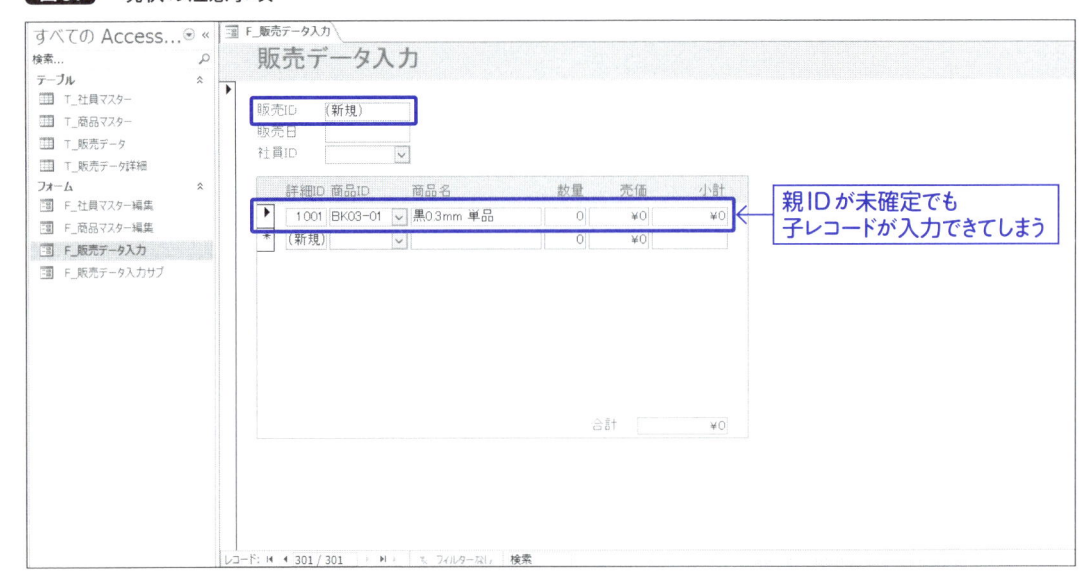

「T_販売データ詳細」を見てみると、「fld_販売ID」が空のままのレコードが存在しています。このままでは、**このデータは親IDを持たない宙ぶらりんな状態になってしまいます**（図62）。

図62 テーブルを確認

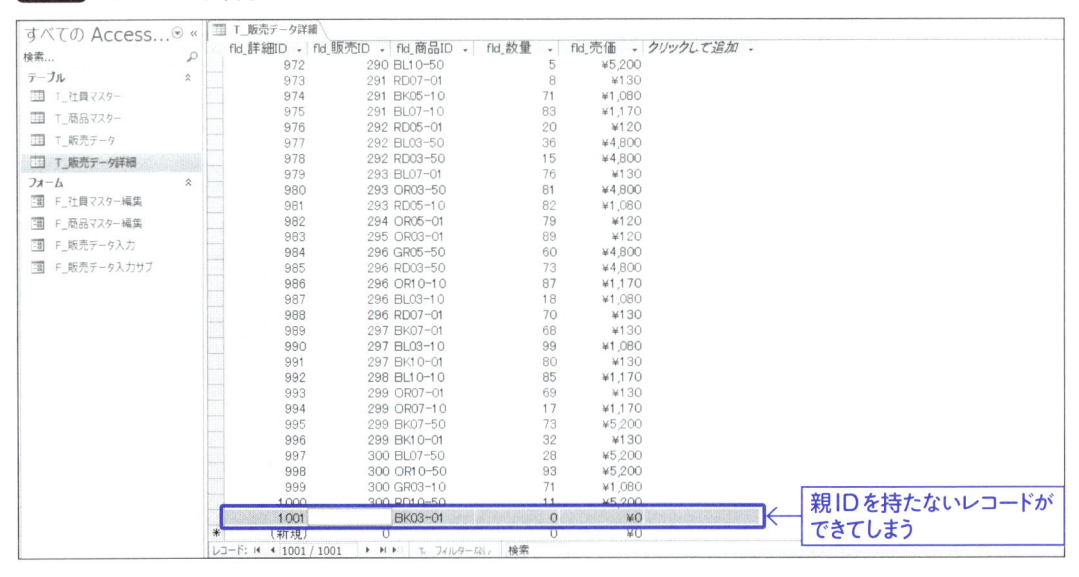

この場合、親IDが確定していないならば、子レコードの入力ができない状態にすべきです。そのような対策もVBAでできるので、具体的な実装方法に関しては**6-2-2**（160ページ）で解説しています。なお、この**3-3-2**の操作はサンプルには収録されていません。

3-4 プログラムをフォームから起動 イベントプロシージャ

ここまでで、テーブルを元にした「連結フォーム」の作成方法を学びましたので、今度は「非連結」のフォームを作ります。非連結フォームを「メニュー」として使い、VBAで連結フォームと連携させてみましょう。

3-4-1 非連結フォームの作り方

非連結フォームは、「作成」タブの「フォームデザイン」をクリックすると空のフォームがデザインビューで、「空白のフォーム」をクリックするとレイアウトビューで、それぞれ開きます。どちらでも構いませんが、デザインビューのほうがコントロールの配置の自由度が高いので、ここでは「フォームデザイン」でやってみましょう（図63）。

図63 新しい空のフォームを作成する

何も配置されていないフォームが開きました。ここへ「ボタン」を配置してみましょう。「デザイン」タブで「ボタン」コントロールを選択して、任意の位置でクリックします（図64）。

図64 「ボタン」コントロールの挿入

コマンドボタンウィザードが開いた場合、キャンセルします（図65）。これはボタンに対してかんたんなマクロを設定できる機能なので、VBAを使いたい場合には不要です。

図65 コマンドボタンウィザード

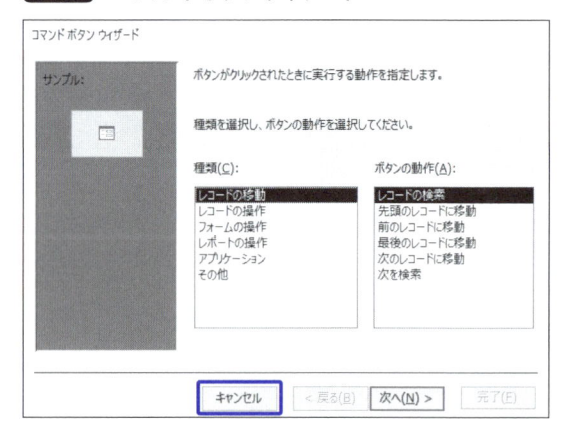

ボタンの大きさ、「名前」、「標題」などを編集します。このボタンからは「F_商品マスター編集」フォームを開く想定にしてみましょう（図66）。

図66 大きさ、名前、標題の変更

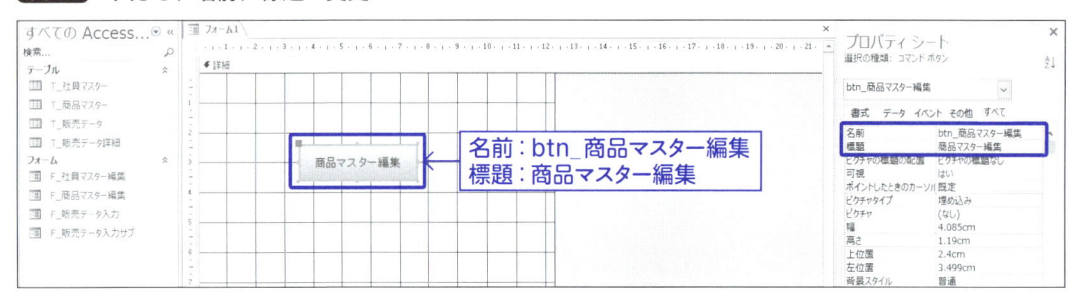

もう2つボタンを追加します。同じ手順でコントロールを追加してもよいですし、1つ目のボタンをコピー＆ペーストして「名前」や「標題」を変更する方法でも構いません（図67）。

図67 ボタンを2つ追加

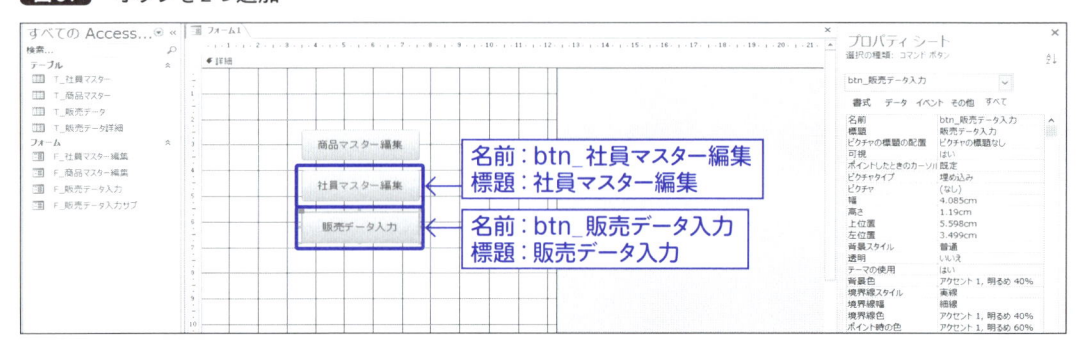

レイアウトビューへ切り替えて確認してみます。このフォームは非連結で、どのレコードともつながっていないので、プロパティシートで「フォーム」を選択して、「レコードセレクタ」と「移動ボタン」は「いいえ」に設定し非表示にしておきましょう（**図68**）。

図68 「レコードセレクタ」と「移動ボタン」の非表示

保存して名前を付けます。「F_メニュー」というフォームにしてみましょう（**図69**）。

図69 名前を付けて保存

さて、これで完成なのですが、もうひと手間かけてみましょう。現在5つのフォームがあるわけですが、この「メニュー」フォームはそのうちの「玄関」のような役割となります。日々の業務でこのAccessファイルを開くたびに「メニュー」フォームが自動で開いていたら便利だと思いませんか？

2-2-5（**38ページ**）の「AutoExec」を使ってもできますが、「特定のフォームを開く」という内容であれば、もっとかんたんな方法がありますので、そちらでやってみましょう。

「ファイル」→「オプション」をクリックして（**図70**）、「現在のデータベース」項目の「フォームの表示」で「F_メニュー」フォームを指定して「OK」をクリックします（**図71**）。

図70 オプションの表示

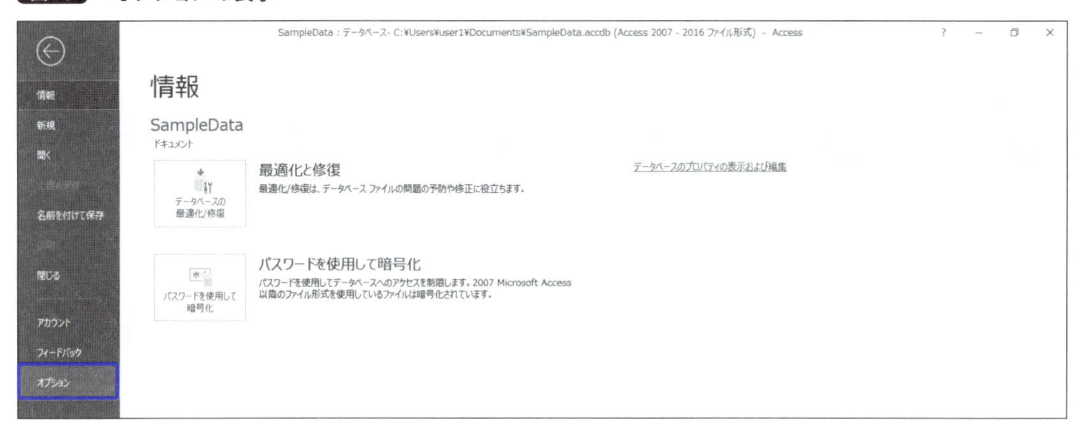

図71 オプションの設定

　図72のようなメッセージが表示されますので、一度このAccessファイルを閉じて、開き直してみましょう。

図72 確認メッセージ

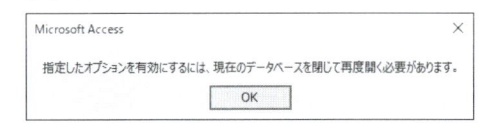

すると、ファイルが開いた時点で、何もしなくても「F_メニュー」フォームが、フォームビューで開きました（図73）。このように、必ず最初に開いておいてほしいフォームを設定すると便利です。

図73　自動で「F_メニュー」フォームが開く

3-4-2　ボタンから別のフォームを開く

さて、これでフォームの準備ができましたので、いよいよVBAを使って、この「F_メニュー」フォームの「ボタン」から別のフォームを開く設定をしてみましょう。

「F_メニュー」フォームをデザインビューで開き、「btn_商品マスター編集」を選択し、プロパティシートの「イベント」タブの「クリック時」項目の … ボタンをクリックします（図74）。

図74　ボタンの「クリック時」イベントの設定

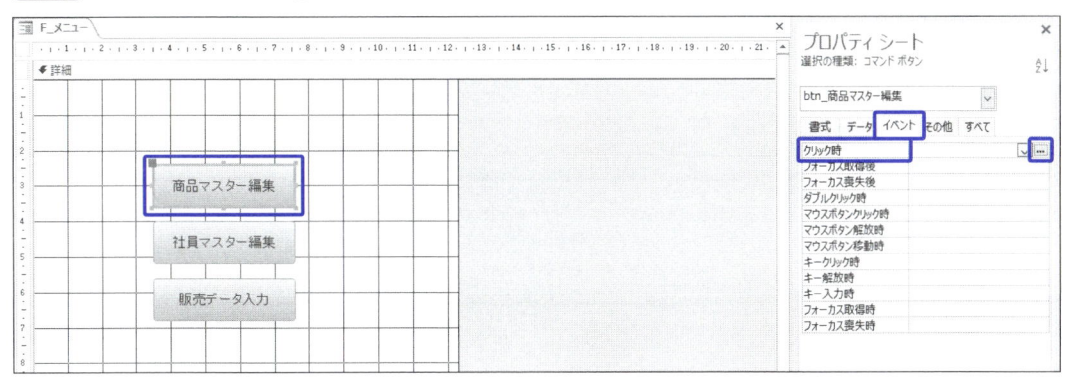

「ビルダーの選択」ウィンドウが開くので、「コードビルダー」を選択して「OK」ボタンをクリックします（図75）。

図75 ビルダーの選択

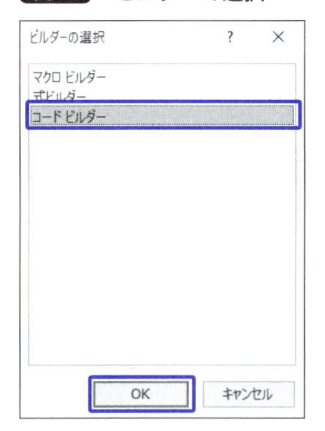

すると、VBEが開き、**図76**のような画面になります。「モジュール」と「プロシージャ」が、自動で作成されていますね。

図76 モジュールとプロシージャが作成されているVBEが開いた

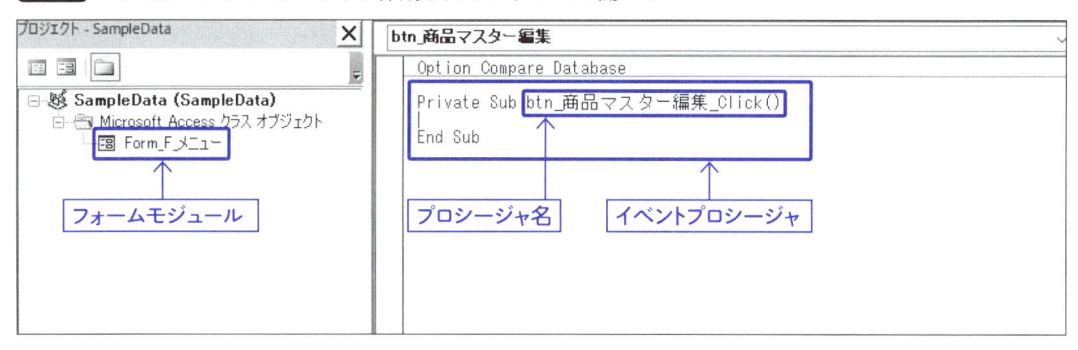

ここでおさらいですが、**CHAPTER 2**では「標準モジュール」を自分で挿入し、その中の「プロシージャ」も自分で作りましたよね。「標準モジュール」とは、他のオブジェクトに依存しないモジュールなので、その中に作ったプロシージャは、いつどのタイミングで動かすのか、自分で指定しなければ動きません。この種類のプロシージャは**ジェネラルプロシージャ**と呼ばれます。

今回は、「Form_F_メニュー」モジュールの中に、「btn_商品マスター編集_Click」プロシージャが自動で作成されました。これは、「F_メニュー」フォーム上にある「btn_商品マスター編集」ボタンを「クリックしたとき」に、自動で実行されるプロシージャです。

このように、特定のフォームに依存するモジュールのことを**フォームモジュール**と呼び、その上に存在するコントロールのイベントをきっかけにして起動するプロシージャのことを、**イベントプロシージャ**と呼びます（**図77**）。

　フォームモジュールは「Form_ フォーム名」、イベントプロシージャは「コントロール名_ イベント」という命名規則があります。なお、フォームモジュールの中にあっても、**命名規則から外れる名称のプロシージャは、ジェネラルプロシージャ**となります。

図77　ジェネラルプロシージャとイベントプロシージャ

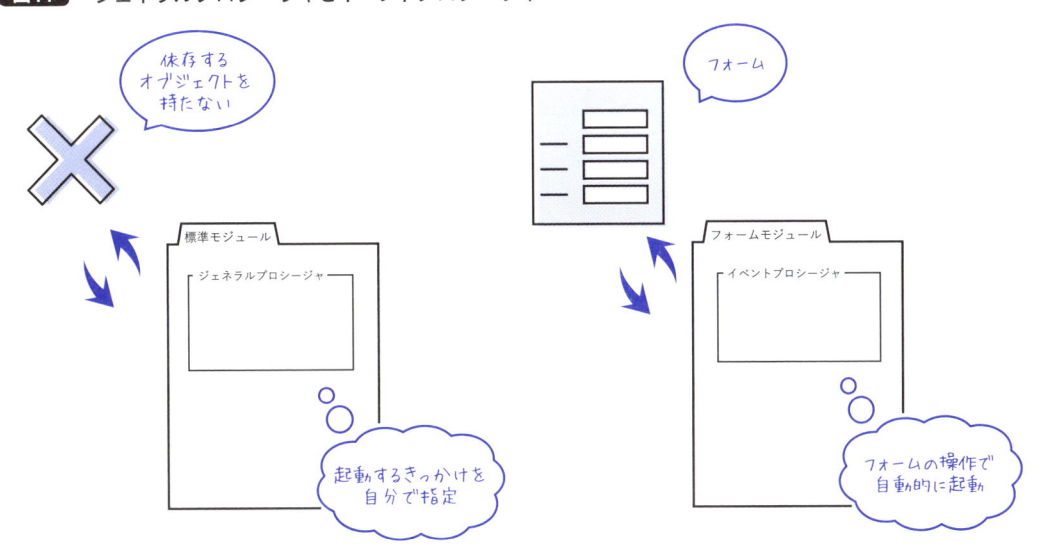

CHAPTER
3

　それではこのイベントプロシージャの中にコードを書きましょう。まず Tab キーでインデントしてから「DoCmd」と入力してみてください。これは、Accessの「フォーム」や「レポート」などを操作したい場合に、あらかじめいろんな命令がひとまとめになっている「命令群」オブジェクトです。「これからAccessに命令をしますよ」というようなニュアンスです（**コード3**）。

コード3　DoCmdの入力

```
01  Private Sub btn_商品マスター編集_Click()
02      DoCmd
03  End Sub
```

　「DoCmd」のあとに「.（ドット）」を入力すると、入力支援機能（自動メンバー表示 **44ページ**）により、使える命令の候補が出ます。今回は「OpenForm」という命令を使いたいので、「o」とだけ入力すると、その頭文字で始まる位置へ移動するので ↑↓ キーで選んで Tab キーを押すと確定します（**図78**）。

図78　入力支援機能を利用する

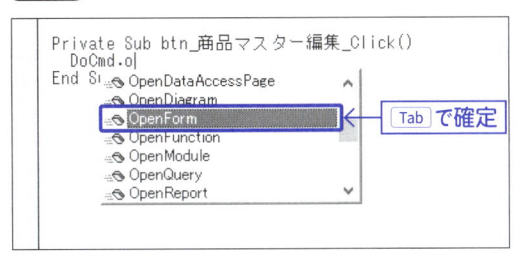

これが「フォームを開く」というコードです。これを半角スペースで区切って「引数」である「対象フォームの名前」をダブルクォーテーションで括って入力します（**コード4**）。

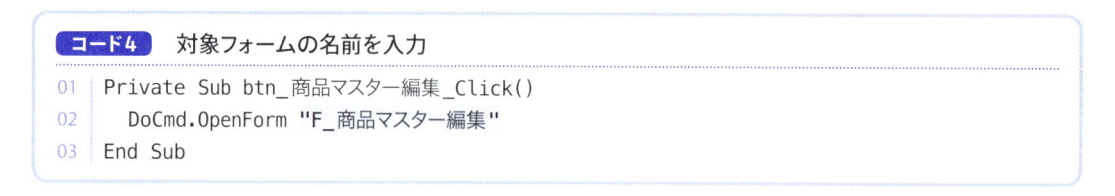

コード4 対象フォームの名前を入力

```
01  Private Sub btn_商品マスター編集_Click()
02      DoCmd.OpenForm "F_商品マスター編集"
03  End Sub
```

これでコードの入力は完了です。VBEを上書き保存して、Access画面へ移動してください。画面の移動は、[Alt] + [Tab] キーが便利です。

「F_メニュー」を「フォームビュー」に切り替え、「btn_商品マスター編集」ボタンをクリックしてみましょう（**図79**）。

図79 フォームビューで該当ボタンをクリック

すると、別タブで「F_商品マスター編集」フォームが開きました（**図80**）。先ほど書いたイベントプロシージャが動作した結果です。

図80 イベントプロシージャが動作した

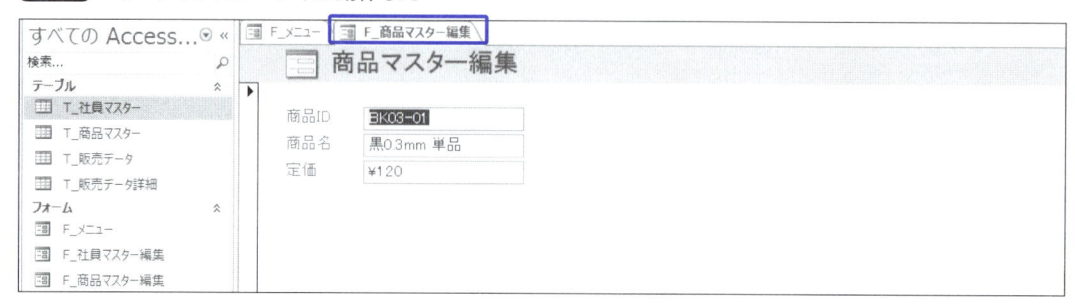

なお、作成したフォームモジュールを削除したい場合、Access側のプロパティシートで「フォーム」を選択した状態で、「その他」タブの「コードの保持」を「いいえ」にします（**図81**）。この操作で、VBEのモジュールが削除されます。

図81 フォームモジュールの削除

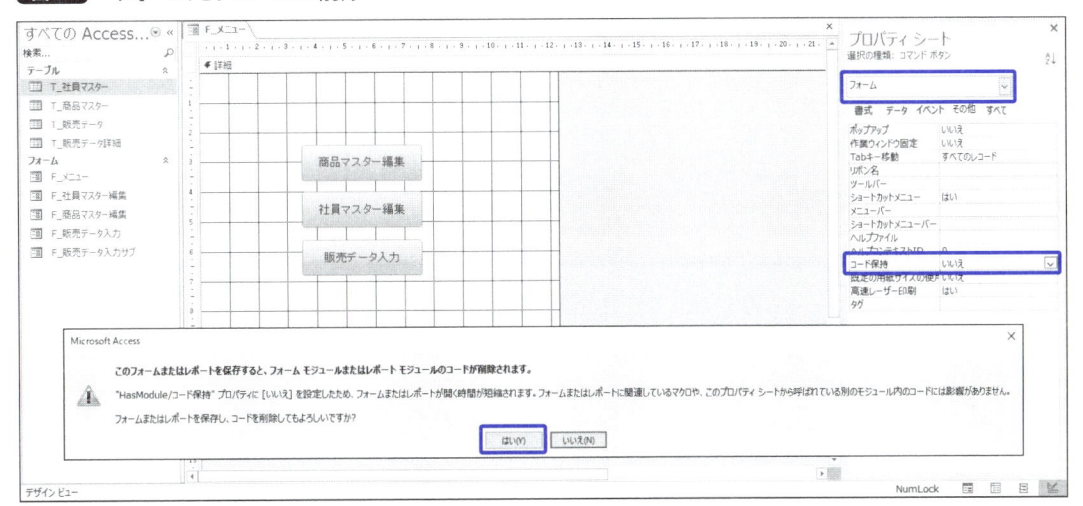

ここでは方法の紹介だけを行っています。本書付属CD-ROMのAfterフォルダーに収録されているサンプルではモジュールは削除されていません。

3-4-3 引数を追加する

先ほど書いた「DoCmd.OpenForm」では、開く対象となる「フォーム名」しか引数に指定しませんでしたが、この命令に指定できる引数は、他にもたくさんあります。先ほどは言及しませんでしたが、引数入力の際に**図82**のような表示が出ませんでしたか？

図82 入力支援機能による引数のヒント

```
Private Sub btn_商品マスター編集_Click()
  DoCmd.OpenForm |
End Sub  OpenForm(FormName, [View As AcFormView = acNormal], [FilterName], [WhereCondition], [DataMode As AcFormOpenDataMode =
         acFormPropertySettings], [WindowMode As AcWindowMode = acWindowNormal], [OpenArgs])
```

これも入力支援機能のひとつ（自動クイックヒント 44ページ）で、その命令が持つ引数の「ヒント」が表示されます。この中で、［ ］で囲まれているのは「省略可能」な引数です。何も書かなければ、適用なし、または既定値が適用されます。

「DoCmd.OpenForm」の引数の概要を**表6**にまとめました。

表6　DoCmd.OpenFormの引数一覧

名称	概要	既定値
FormName	開く対象のフォーム名（必須）	なし
View	ビューモード（省略可）	フォームビュー
FilterName	適用したいフィルター名（省略可）	なし
WhereCondition	適用したい条件（省略可）	なし
DataMode	データ入力モード（省略可）	フォームのプロパティの値にしたがう
WindowMode	ウィンドウモード（省略可）	標準モード
OpenArgs	任意の値を与える（省略可）	なし

　ためしに、5番目の引数の、ウィンドウモードを規定値から変えてみましょう。引数は、その値のみを順番通りに入力します。

　先ほどは「2番目移行をすべて省略」したので、1番目の「フォーム名」だけの指定でよかったのですが、今度は「1番目と5番目」です。この場合の「2〜4番目」は、値は省略できても順番は飛ばせないので、「,（カンマ）」を打って引数の順番だけを指定します。5番目の位置に来たら、入力支援の「acDialog」を選択して Tab キーで確定します（図83）。

図83　「WindowMode」引数の指定

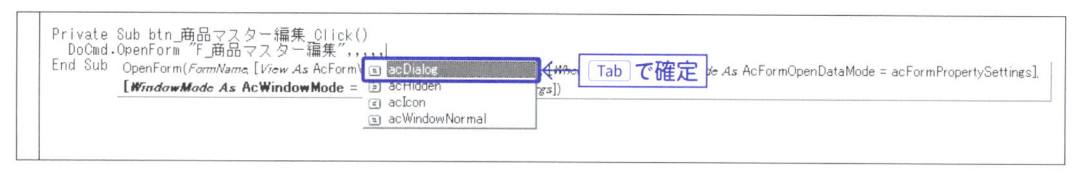

```
Private Sub btn_商品マスター編集_Click()
  DoCmd.OpenForm "F_商品マスター編集",,,,,
End Sub       OpenForm(FormName, [View As AcForm...    acDialog          ...de As AcFormOpenDataMode = acFormPropertySettings],
          [WindowMode As AcWindowMode =  ...    acHidden                    gs])
                                           acIcon
                                           acWindowNormal
```

　VBEは、入力後に違う行にカーソルを移動すると、大文字・小文字、スペースなどの補完をしてくれる「自動整形機能」があるため、見た目が整います（図84）。

図84　自動整形機能によるスペースの補完

```
Private Sub btn_商品マスター編集_Click()
  DoCmd.OpenForm "F_商品マスター編集",,,,,acDialog
End Sub
```

　上書き保存して、Access側から再度「btn_商品マスター編集」ボタンをクリックしてみると、フォームが別ウィンドウのダイアログモードで開きました（図85）。ダイアログモードは、そのフォームが閉じられるまで他のウィンドウ操作ができなくなるので、ユーザーによるフォームの「開きっぱなし」を防ぐことができます。

図85　ダイアログモードでフォームが開く

　なお、ダイアログモードのウィンドウを画面中央に表示したい場合は、該当フォームのプロパティシートで「自動中央寄せ」を「はい」にしておきます（**図86**）。

図86　「自動中央寄せ」の設定

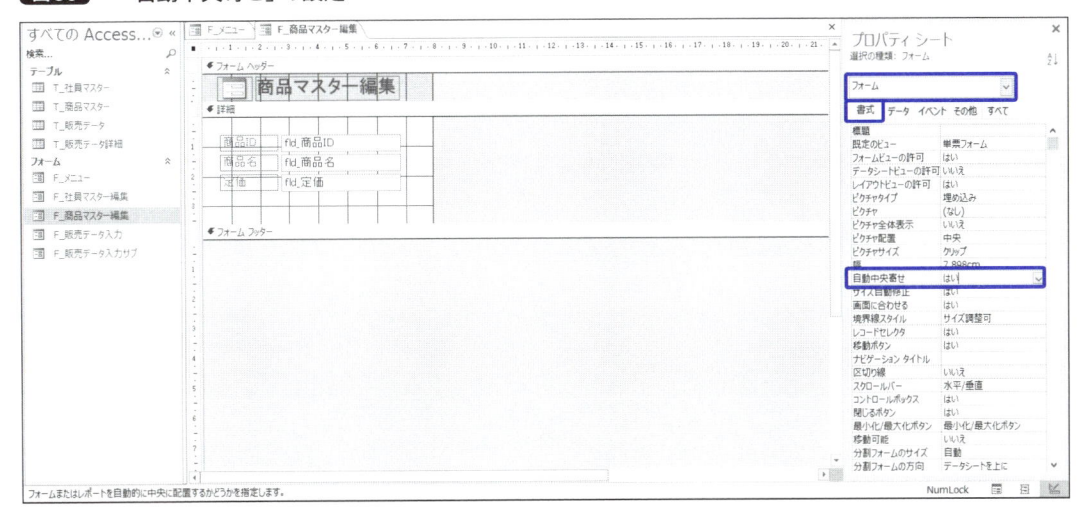

　ではここまでを参考に、残り2つのボタンからも、それぞれのフォームが開くように設定しましょう。
　先ほどはプロパティシートの「イベント」タブの「クリック時」という、明確なイベント名を指定してプロシージャを作成しましたが、「ボタン」コントロールは「クリック時」が「規定のイベント」なので、次のような手順でも作成できます。
　「F_メニュー」フォームをデザインビューで開き、コントロールを選択して右クリックから「イベントのビルド」を選択します（**図87**）。

図87 イベントのビルド

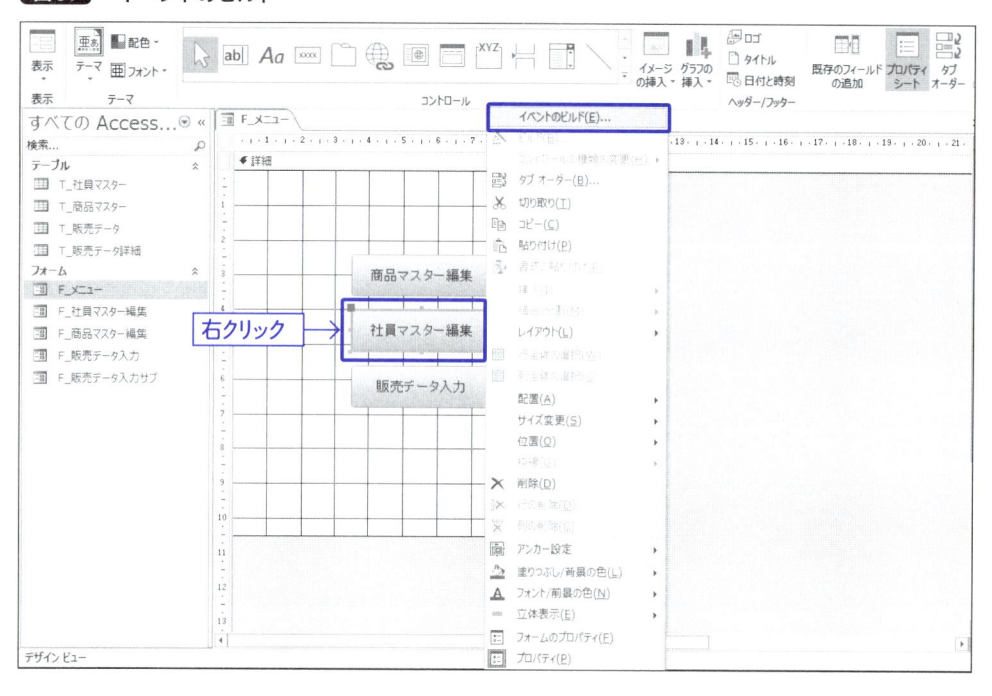

「ビルダーの選択」では、先ほどと同様に「コードビルダー」を選択します（図88）。

図88 ビルダーの選択

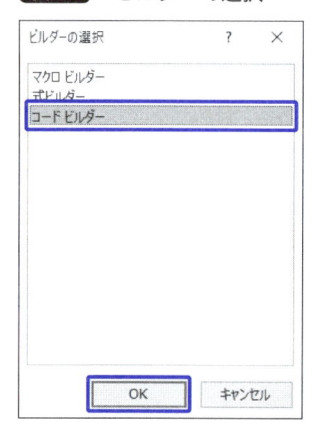

「btn_社員マスター編集_Click」プロシージャが作成されました。このように、「イベントのビルド」から操作すると、そのコントロールの「規定のイベント」でプロシージャが作成されます（図89）。

図89 「規定のイベント」を利用して作成したイベントプロシージャ

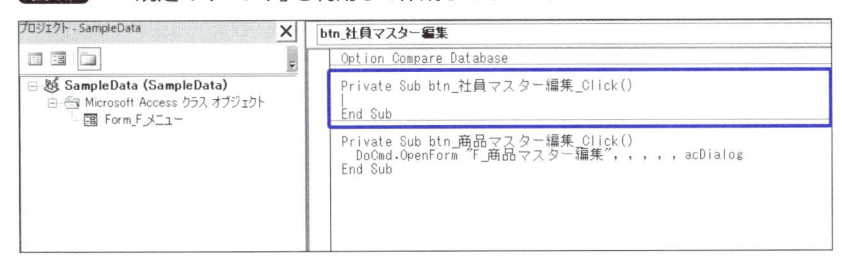

もう1つ、「btn_販売データ入力」ボタンクリック時のイベントプロシージャも作成して、それぞれ対応したフォームを開くコードを書きます（**コード5**と**図90**）。

コード5 3つのプロシージャにフォームを開くコードを書く

```
01  Private Sub btn_社員マスター編集_Click()
02    DoCmd.OpenForm "F_社員マスター編集", , , , , acDialog
03  End Sub
04
05  Private Sub btn_商品マスター編集_Click()
06    DoCmd.OpenForm "F_商品マスター編集", , , , , acDialog
07  End Sub
08
09  Private Sub btn_販売データ入力_Click()
10    DoCmd.OpenForm "F_販売データ入力", , , , , acDialog
11  End Sub
```

図90 3つのプロシージャ

```
Option Compare Database

Private Sub btn_社員マスター編集_Click()
  DoCmd.OpenForm "F_社員マスター編集", , , , , acDialog
End Sub

Private Sub btn_商品マスター編集_Click()
  DoCmd.OpenForm "F_商品マスター編集", , , , , acDialog
End Sub

Private Sub btn_販売データ入力_Click()
  DoCmd.OpenForm "F_販売データ入力", , , , , acDialog
End Sub
```

CHAPTER **3**

これで、それぞれのボタンから、別のフォームが開くVBAの作成ができました（**図91**）。

図91 完成

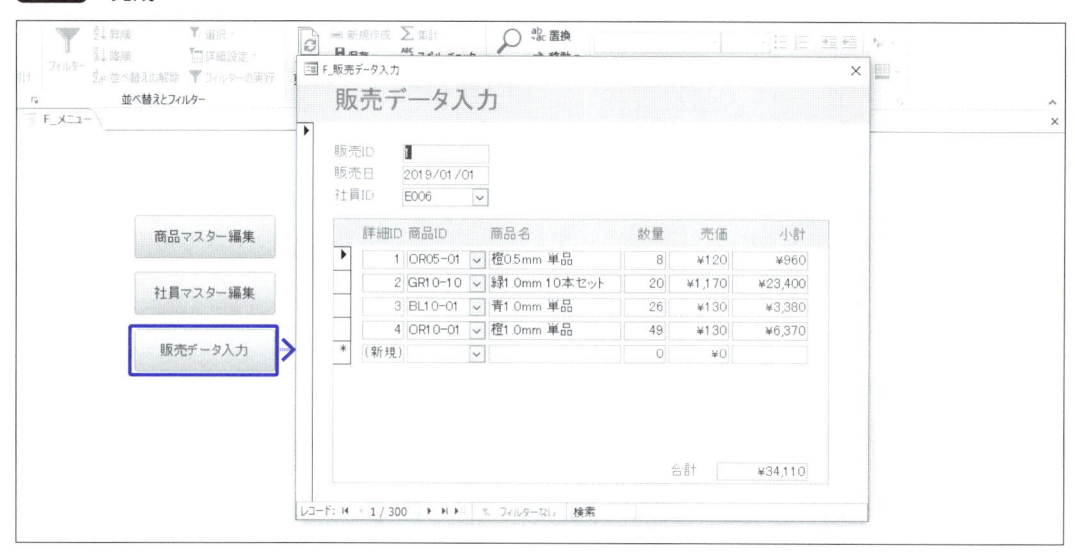

条件分岐
動きにバリエーションを付ける

4-1 フォームの動きに変化を付ける If

ここまで書いてきたコードは、いつでも同じ動きをするものです。しかしながら、実際の業務ではもっと多様な動きをする柔軟性があったほうが便利です。

4-1-1 チェックボックスを設置する

柔軟性と書きましたが、実のところ、**プログラムは書いてあるコードを上から1行ずつ順番に実行していくのが基本ルール**で、本当はとても単純なものです。それをどうやって、柔軟に動かせというのでしょうか？

VBAに限らず、プログラムには**このときだけ、このコードを実行する**という書き方があります。それを上手に使うことで、多様な動きをしているように見せているのです。

それでは実際にやってみましょう。本書付属CD-ROMのCHAPTER 4→Beforeフォルダーから、SampleData4-1.accdbを開いてみてください。「F_サンプルフォーム」をダブルクリックしてフォームビューで開くとボタンがあり、クリックするとメッセージが開きます（図1）。

図1 サンプルの動作確認

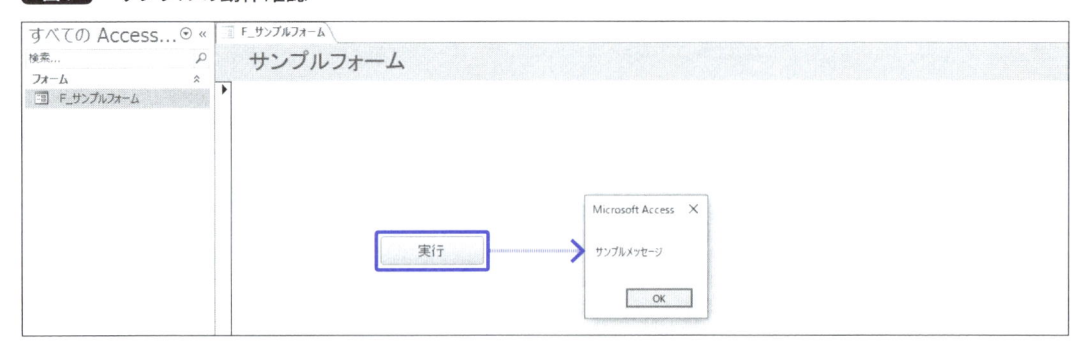

Alt + F11 キーでVBEを表示し、フォームモジュールをダブルクリックして中身を見てみると、ボタンのクリックイベントでプロシージャが作られています（図2）。ここまでは、**CHAPTER 2** と **CHAPTER 3**の応用ですね。

図2　VBE の確認

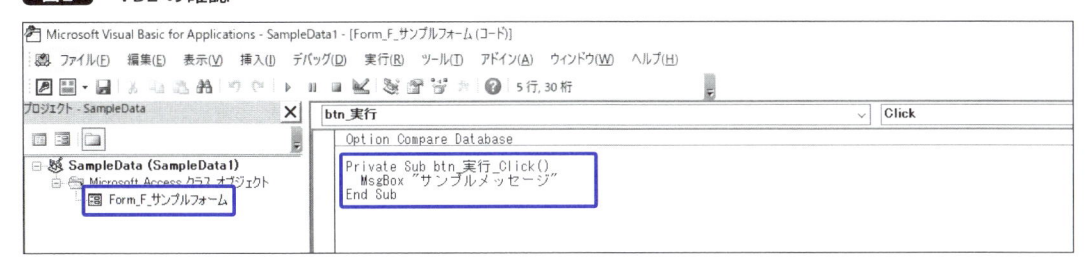

　では、このボタンをクリックしたときに、**ある条件のときだけメッセージを表示する**という仕様に変更してみましょう。**条件**はさまざまな方法が考えられますが、ここではチェックボックスを1つ設置し、それに「チェックが入っていたら」という条件ではいかがでしょうか。

　「F_サンプルフォーム」をデザインビューに切り替え、「デザイン」タブから「チェックボックス」を選択し、任意の位置でクリックします（**図3**）。

CHAPTER
4

図3　チェックボックスを設置

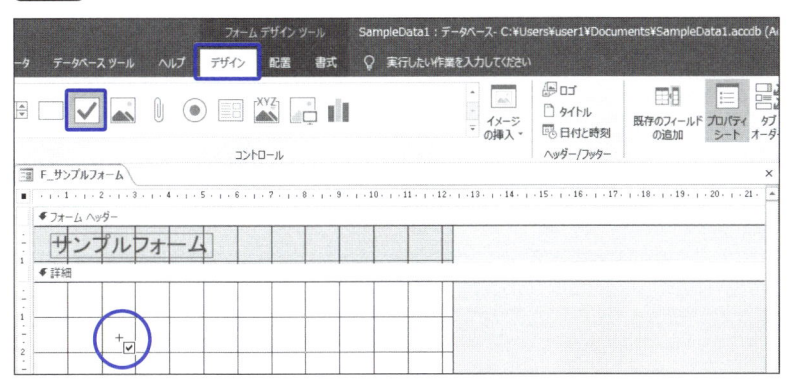

　チェックボックスコントロールと、それに付随するラベルが作成されるので、**図4**のように「標題」と「名前」を変更します。

図4　標題と名前の変更

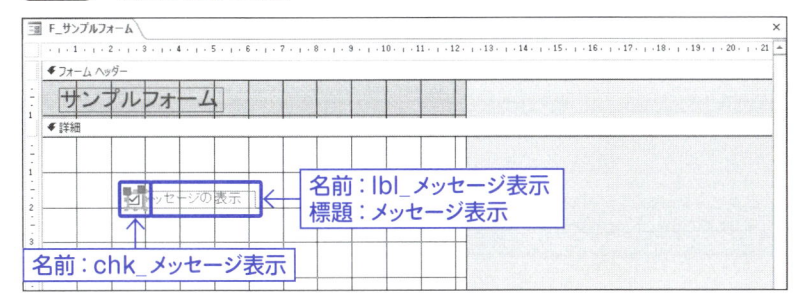

4-1-2 IF文の作成

VBEに移動して、既存のイベントプロシージャに「条件」を追加してみましょう。条件は、「If構文」と呼ばれる形で書きます（**図5**）。

図5 If構文の書き方

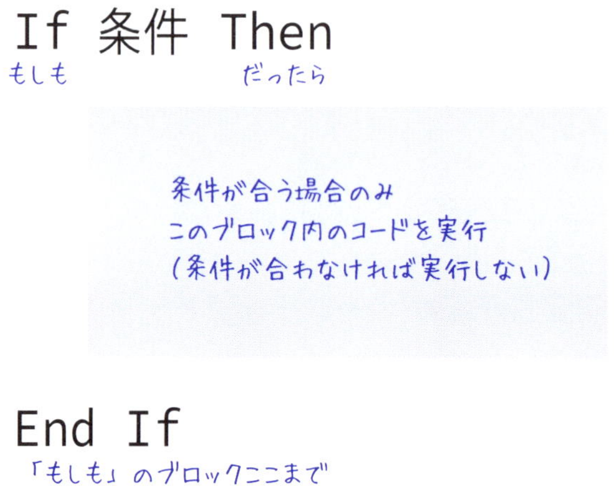

If 条件 Then
もしも　　　　　だったら

条件が合う場合のみ
このブロック内のコードを実行
（条件が合わなければ実行しない）

End If
「もしも」のブロックここまで

これをふまえて、既存のコードへIf構文を追記してみましょう。MsgBoxのコードの上へ1行追加し、「If」と入力します（**コード1**）。

コード1 Ifの入力

```
01  Private Sub btn_実行_Click()
02      If
03      MsgBox "サンプルメッセージ"
04  End Sub
```

半角スペースを空けて、条件を書きます。条件は「チェックボックスコントロールにチェックが入っていたら」ですよね。これはプログラムらしく解釈すると、**チェックボックスの値がTrue（真）と等しいか**という書き方になります。

コントロールは、フォームモジュール名から詳しく指定しなくてはならないので、まずは「Form_F_サンプルフォーム」と入力します（**コード2**）。

コード2 フォームモジュール名の入力

```
01  Private Sub btn_実行_Click()
02    If Form_F_サンプルフォーム
03    MsgBox "サンプルメッセージ"
04  End Sub
```

続けて「.（半角）」を打つと、候補が現れます。「c」と入力すると先ほど作ったチェックボックスの名前が挙がってくるので、↑キーと↓キーで選択して Tab キーで確定します（**コード3**）。

コード3 コントロール名の入力

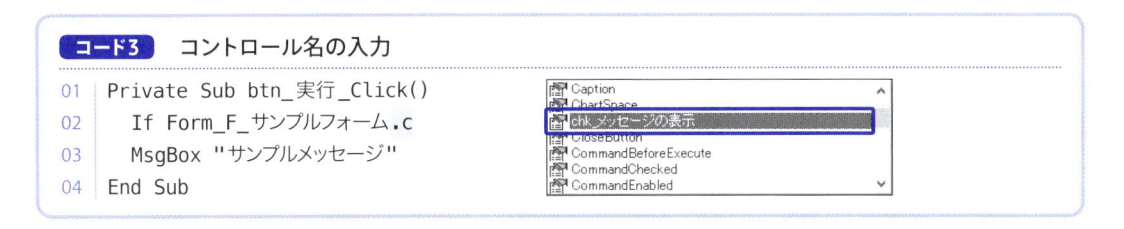

```
01  Private Sub btn_実行_Click()
02    If Form_F_サンプルフォーム.c
03    MsgBox "サンプルメッセージ"
04  End Sub
```

CHAPTER
4

「F_サンプルフォーム」上の「chk_メッセージ表示」の指定に続けて、さらに「.」を打ちます。「v」と入力し、「Value」を選択して確定します（**コード4**）。これが、各種コントロールの「値」という意味になります。

コード4 プロパティ名の入力

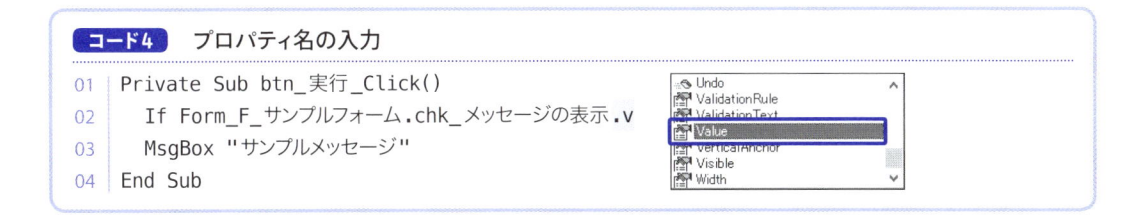

```
01  Private Sub btn_実行_Click()
02    If Form_F_サンプルフォーム.chk_メッセージの表示.v
03    MsgBox "サンプルメッセージ"
04  End Sub
```

ここで半角スペースを空けて、「=」を入力します（**コード5**）。

コード5 等号(=)の入力

```
01  Private Sub btn_実行_Click()
02    If Form_F_サンプルフォーム.chk_メッセージの表示.value =
03    MsgBox "サンプルメッセージ"
04  End Sub
```

半角スペースを空けて「True」と入力すると、「チェックボックスの値がTrue（真）と等しいか」という条件式の完成です（**コード6**）。

コード6 条件式の完成

```
01  Private Sub btn_実行_Click()
02    If Form_F_サンプルフォーム.chk_メッセージの表示.value = True
03    MsgBox "サンプルメッセージ"
04  End Sub
```

　条件式は完成しましたが、これはIf構文としては未完成です。半角スペースを空けて「Then（〜だったら）」を入力して、「If 条件式 Then」という形にします（**コード7**）。

コード7 Thenの入力

```
01  Private Sub btn_実行_Click()
02    If Form_F_サンプルフォーム.chk_メッセージの表示.value = True Then
03    MsgBox "サンプルメッセージ"
04  End Sub
```

　最後に、このIf構文を適用させる範囲を決めるために、If文の終わりを指定します。あらかじめ書いてあったMsgBoxの下へ「End If」と入力し、Ifブロックを作りましょう。MsgBoxはブロックの中へ入ったことになるので、インデントしておくと見た目がわかりやすくなります（**コード8**）。

コード8 Ifブロックを終了させる

```
01  Private Sub btn_実行_Click()
02    If Form_F_サンプルフォーム.chk_メッセージの表示.value = True Then
03      MsgBox "サンプルメッセージ"
04    End If
05  End Sub
```

　これでIf構文を使ったコードの完成です。このIf構文の条件式に状況が一致しているときのみ、Ifブロック内に書かれたコードが実行されます。
　つまり、「チェックボックスにチェックが入っているときだけ」「メッセージボックスを表示する」という動きになるわけです。

　なお、条件式には他のフォームのコントロールを指定することもできるため、モジュール名を含めた指定が必要ですが、今回のように「現在地のモジュール」を指定する場合は**Me**と置き換えることができます（**コード9**）。

コード9 モジュール名をMeへ置き換える

```
01  Private Sub btn_実行_Click()
02    If Me.chk_メッセージの表示.value = True Then
03      MsgBox "サンプルメッセージ"
04    End If
05  End Sub
```

このほうがコードは短く済むので、「Me」に書き直して進めてみましょう。

4-1-3 動作確認

　それでは、動かして確認してみましょう。VBEを上書き保存して、Access画面で「F_サンプルフォーム」をフォームビューに切り替えます。すると、作成したチェックボックスはオンでもオフでもない図6のような状態になっていますね。

図6 チェックボックスの初期状態

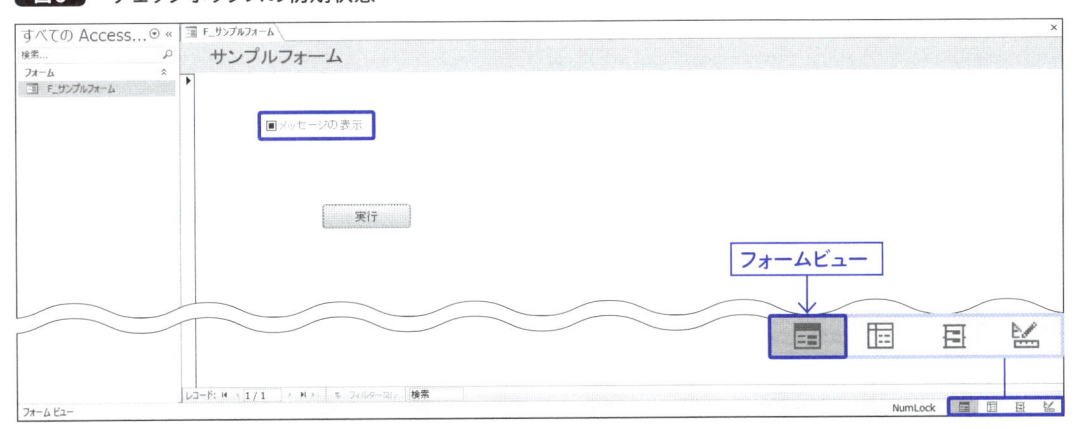

　実はチェックボックスは、**チェックが入っているオン（True）、入っていないオフ（False）**以外に、**何も示さないNull**という値が存在するのです。チェックボックスの初期は、Nullの状態です。設置はしてあるけれど何もしていない、未使用状態のときにこのような表示になります（図7）。

図7 チェックボックスの値は3つ存在する

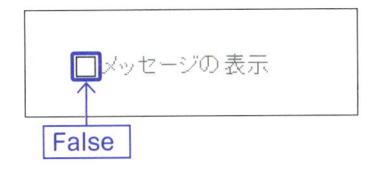
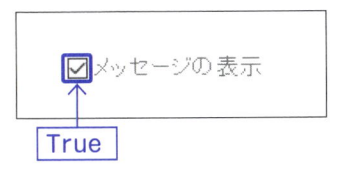
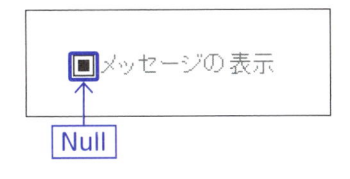

　この状態を回避するには、デザインビュー（もしくはレイアウトビュー）にてプロパティーシートの「データ」タブの「既定値」という項目に、「最初に表示しておきたい値」を入力しておきます。ここでは「False」と入力して、チェックの入っていない状態をデフォルトとします（図8）。

図8 規定値の設定

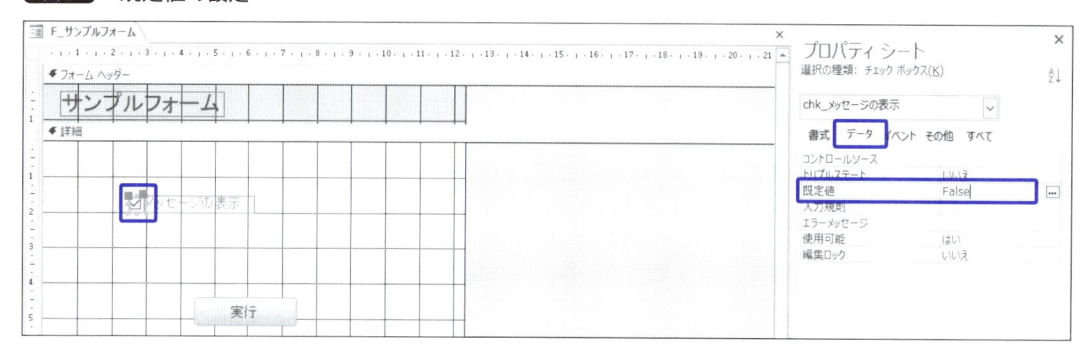

　フォームビューで開き直すと、デフォルトで「False」の状態になります。
　さて、それでは「実行」ボタンをクリックしてみましょう。チェックが入っていない状態だと、何も起こりませんね（図9）。
　今度はチェックを入れてからボタンをクリックすると、メッセージボックスが表示されました（図10）。If構文がきちんと働いているのがわかります。

図9 チェックなしの場合の動作

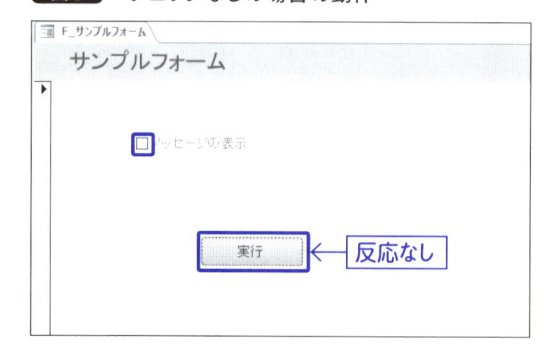

図10 チェックありの場合の動作

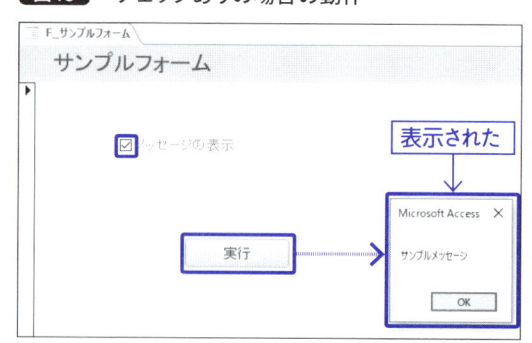

　If構文は、コードの動きを1行ずつ確認していくとよくわかります。VBEのコードウィンドウにて、Ifブロックの条件式がある行の左側をクリック、または行にカーソルを合わせて F9 キーを押してみましょう。図11のように赤く表示されました。これを**ブレイクポイント**と呼び、

図11 ブレイクポイントの設置

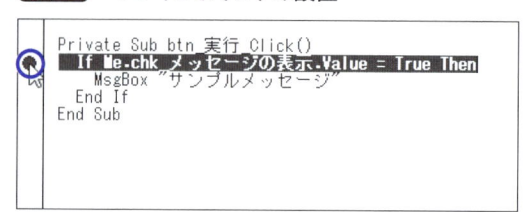

```
Private Sub btn_実行_Click()
    If Me.chk_メッセージの表示.Value = True Then
        MsgBox "サンプルメッセージ"
    End If
End Sub
```

プログラムをここで一時停止することができます。

　この状態でAccess画面へ移動して、「実行」ボタンをクリックするとVBEに切り替わり、ブレイクポイントのある行が黄色でハイライトされて止まります（図12）。これがプログラムの「一時停止」状態です。

図12　一時停止

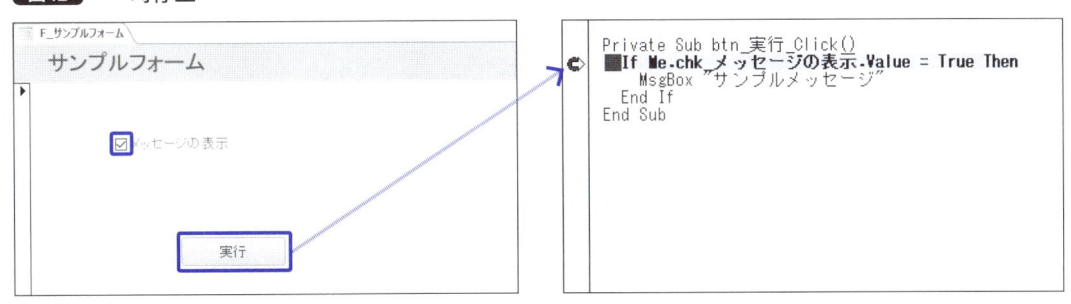

　黄色でハイライトされている部分がこれから実行されるコードです。この状態で F8 **キーを押すと、1行だけコードを実行して次の場所で一時停止**してくれるので、どのように動いているのか見ることができます。

　実際に F8 キーを押して1行だけ実行してみましょう。すると、ハイライトがIfブロックの中に入り、MsgBoxの行で止まりました（図13）。現在、チェックボックスの値はTrue（チェックが入っている）状態なので、Ifの条件式と一致し、Ifブロックの中に入ったことがわかります。

図13　Ifブロックの中に入った

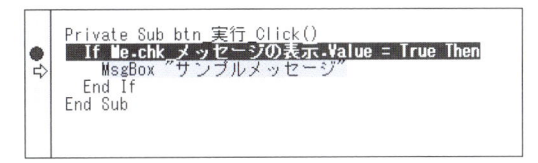

　もう一度 F8 キーを押すと、MsgBoxの行が実行され、Access画面に切り替わってメッセージボックスが表示されます（図14）。

図14　いったんAccess側の画面へ

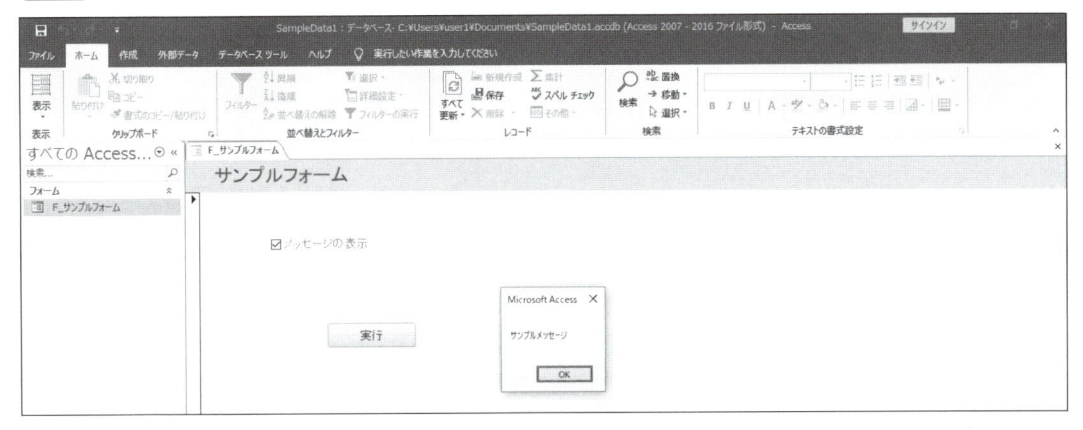

メッセージボックスを閉じるとまたVBEへ切り替わり、今度は「End If」の行で止まっています（**図15**）。プログラムが1行ずつ順番に実行されているのだということがわかりますね。

図15 実行されたあと次の行へ

```
Private Sub btn_実行_Click()
    If Me.chk_メッセージの表示.Value = True Then
        MsgBox "サンプルメッセージ"
⇨    End If
End Sub
```

再度 F8 キーを押して進めます。1行進み、「End Sub（プロシージャの終了）」のコードを実行することになります（**図16**）。

図16 終了行を実行

```
Private Sub btn_実行_Click()
    If Me.chk_メッセージの表示.Value = True Then
        MsgBox "サンプルメッセージ"
    End If
⇨ End Sub
```

F8 キーを押して進めると、ハイライトが消えました（**図17**）。プロシージャの実行が終了したことを意味します。

図17 プロシージャの終了

```
Private Sub btn_実行_Click()
    If Me.chk_メッセージの表示.Value = True Then
        MsgBox "サンプルメッセージ"
    End If
End Sub
```

次は、チェックを外して「実行」ボタンをクリックしてみましょう。先ほどと同じように、ブレイクポイントのある部分でプログラムが一時停止します（**図18**）。

図18 チェックなしの場合

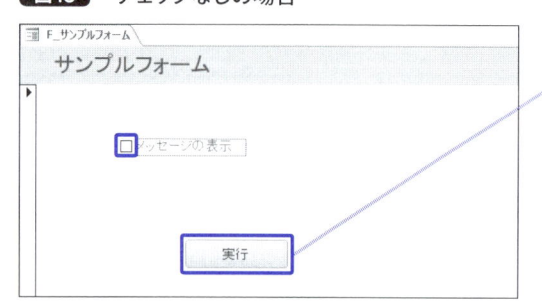
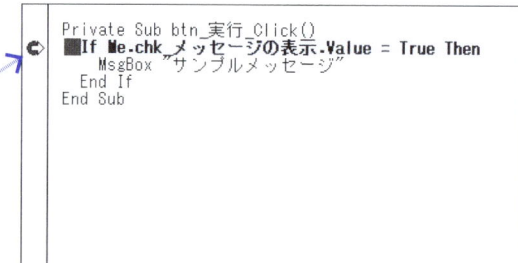

F8 キーを押すと、今度はハイライトが「End If」の位置に移動します（**図19**）。条件式に一致しない（チェックボックスの値がTrueではない）ので、Ifブロックの中身をスルーして「End If」までジャンプするのです。その後の動きは同様です。

図19 Ifブロックをジャンプする

```
Private Sub btn_実行_Click()
    If Me.chk_メッセージの表示.Value = True Then
        MsgBox "サンプルメッセージ"
⇨    End If
End Sub
```

　いかがでしょうか。こうやって見てみると、条件によって違う動きをするからくりが見えてきますよね。

　ちなみに、Ifブロック内の処理が1行で済む場合のみ、End Ifを省略して**コード10**のように1行で書くこともできます。

コード10　End Ifを省略できる場合

```
01 | Private Sub btn_実行_Click()
02 |     If Me.chk_メッセージの表示.Value = True Then MsgBox "サンプルメッセージ" ←── 処理部分
03 | End Sub
```

CHAPTER
4

4-2 2択の動きを付ける If〜Else

4-1（98ページ）で学んだ方法は、「○○のときだけ」というとても単純なものです。この条件の選択肢を増やすと、さらにできることが増えていきます。ここでは2択の動きを実装してみましょう。

4-2-1 If〜Else構文

If構文には他にも種類があって、**If〜Else構文**というものがあります。図20のように書くことで**条件に一致したときに実行するブロック**と**条件に一致しなかったときに実行するブロック**を持つことができます。

図20 If〜Else 構文の書き方

```
If 条件 Then
もしも      だったら

    条件が合う場合に実行するブロック

Else
それ以外のとき

    条件が合わなかった場合に実行するブロック

End If
「もしも」のブロックここまで
```

これを使って、チェックボックスが「True」のとき、「それ以外」のとき、それぞれ違う動きをするプログラムを作ってみましょう。

先ほどのコードへ変更を加えます。図のように「End If」の上に「Else」を入れて、「それ以外の場合」のブロックを作ります（**コード11**）。

コード11　Elseブロックの追加

```
01  Private Sub btn_実行_Click()
02    If Me.chk_メッセージの表示.Value = True Then
03      MsgBox "サンプルメッセージ"
04    Else
05                                    ← 条件に合わない場合
06    End If
07  End Sub
```

それぞれ、違うメッセージを表示させてみましょう（**コード12**）。

コード12　Elseブロック内のコードを記述

```
01  Private Sub btn_実行_Click()
02    If Me.chk_メッセージの表示.Value = True Then
03      MsgBox "チェックが入っています"    ← 条件に合う場合
04    Else
05      MsgBox "チェックが入っていません"  ← 条件に合わない場合
06    End If
07  End Sub
```

今回の例の場合、Ifの条件は「True（チェックが入っている）」ですが、**Elseに該当するのは「False（チェックが入っていない）」だけでは**ないということに注意してください。Elseは条件に一致しなかったときなので、ここには前述した「Null（何も示さない）」の場合も含まれるのです。

既定値であらかじめFalseにしている場合はNullになることはありませんが、こういった「想定外の値」の処理が抜け落ちて、バグの原因となることは少なくありません。

4-2-2　動作確認

フォームビューにして確認すると、チェックの有無で違うメッセージが現れます（**図21**）。

図21　状態を変えて動作確認

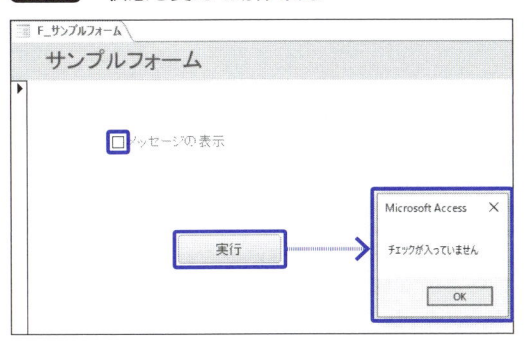
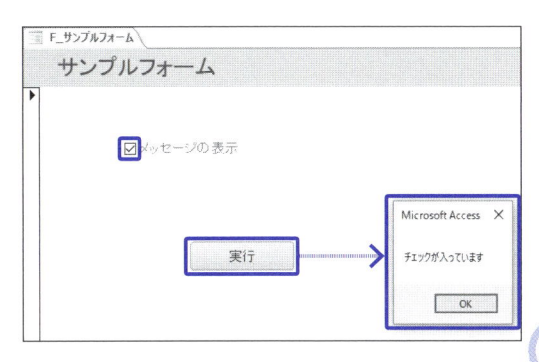

それでは **4-1-3**（104ページ）と同じようにブレイクポイントを設置して動きを見てみましょう（図22）。

図22 ブレイクポイントの設置

```
Private Sub btn_実行_Click()
    If Me.chk_メッセージの表示.Value = True Then
        MsgBox "チェックが入っています"
    Else
        MsgBox "チェックが入っていません"
    End If
End Sub
```

チェックが入っていた場合は、図23のような動きになります。

図23 チェックが入っていた場合の動き

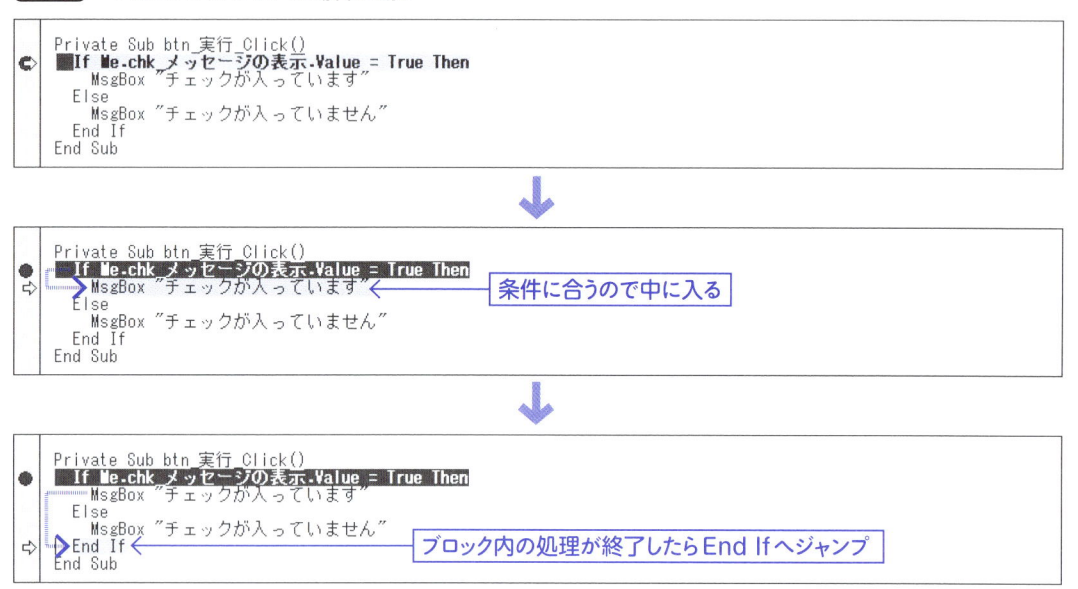

チェックが入っていなかった場合は、図24のように動きます。

図24 チェックが入っていなかった場合の動き

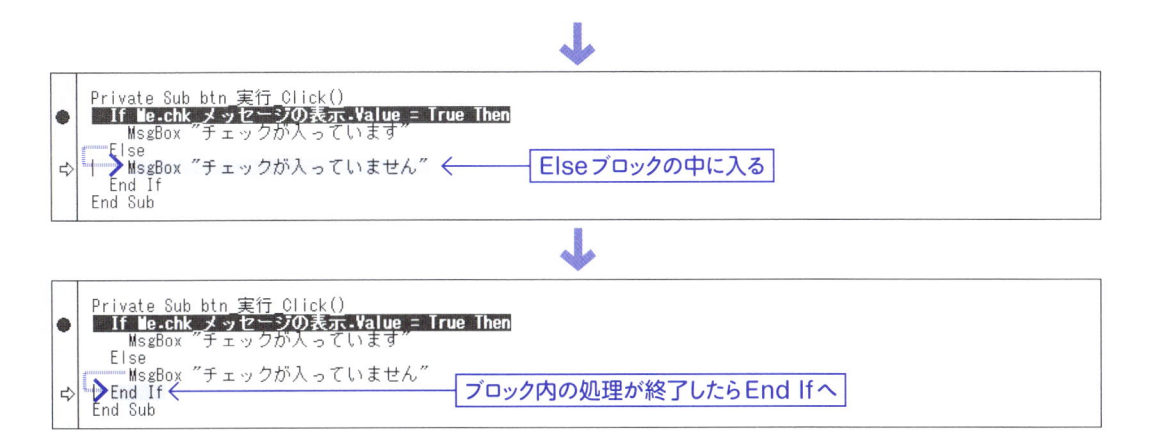

それぞれ、該当するブロック内に入り、該当しないブロックはジャンプしています。このようにIf を使うとプログラムの動きにバリエーションを付けることができるのです。

4-3

3択以上の動きを付ける
If〜ElseIf

Elseを使った「それ以外」という条件分岐を学びましたが、他にもIf構文には「それ以外にもしも」という使い方があります。これを使うと3択以上に条件を増やすことができます。

4-3-1 オプションボタンを設置する

本書付属CD-ROMのCHAPTER 4→Beforeフォルダーから、SampleData4-2.accdbを開いてみてください。これは**CHAPTER 3**で作成したものと同じなので、そちらを使っていただいても構いません。おさらいですが、ここにはボタンクリックのイベントプロシージャを3つ用意して、それぞれ別のフォームを開くコードを書きました。

このフォームを改造して、3つのオプションボタンと1つのコマンドボタンで、選択したフォームのいずれかを開くコードに変更してみましょう（**図25**）。

図25 完成図

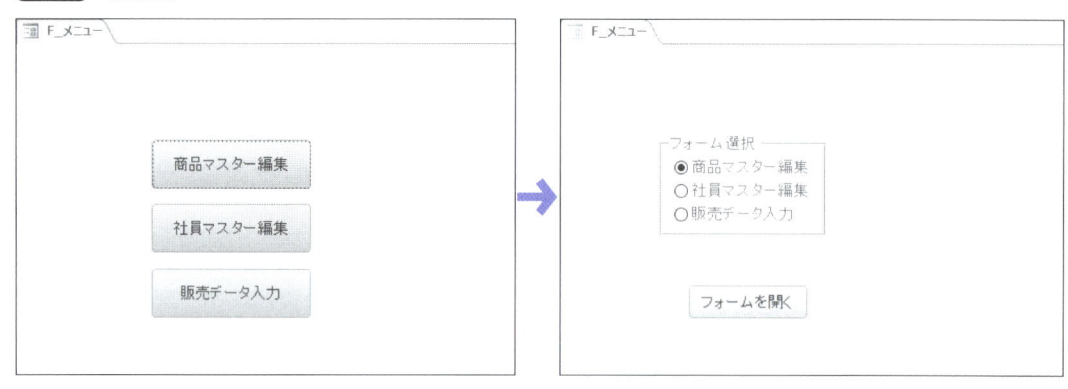

まず、すでに作ってある3つのボタンとそれぞれのイベントプロシージャは今回使用しないので、削除してください（**図26**）。

図26　不要なコントロールとプロシージャを削除

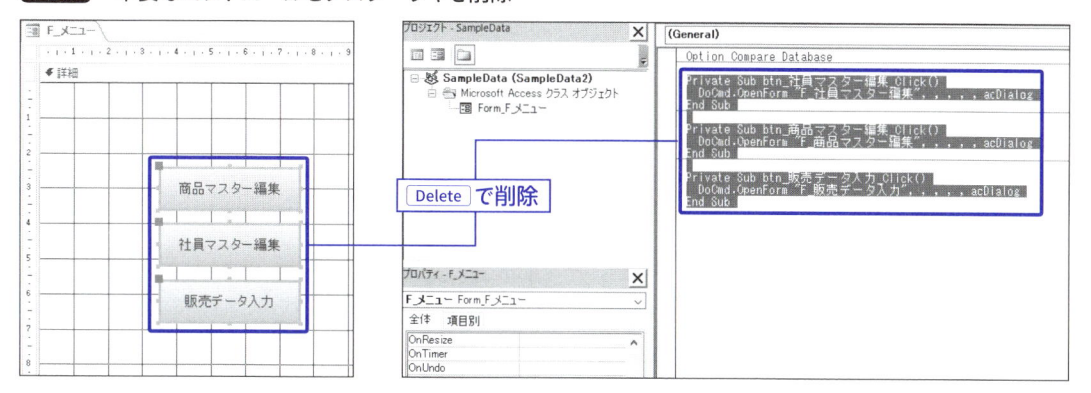

「デザイン」タブの「コントロール」にて「コントロールウィザード」がアクティブになっているのを確認して、「オプショングループ」を選択し、任意の場所でクリックします（図27）。

CHAPTER
4

図27　オプショングループを作成

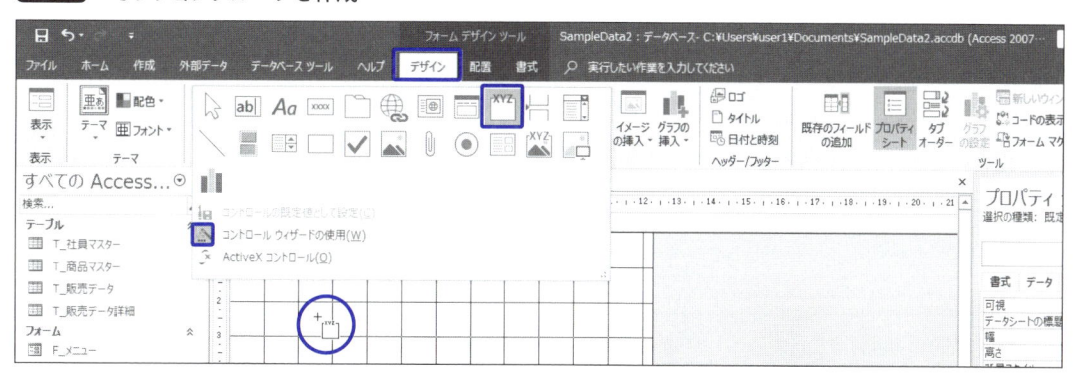

「オプショングループウィザード」が開きます。ここに3つの選択肢となるラベルの標題を入力し、「次へ」をクリックします（図28）。

図28　選択肢の標題を設定

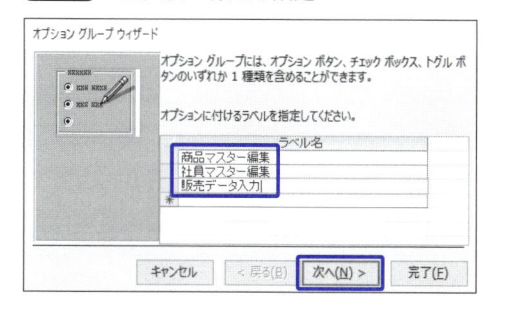

　既定のオプションを設定しておくと、フォームビューで表示したときにあらかじめ1つの項目が選択された状態となります。ここでは一番使用頻度が高いと想定される「販売データ入力」を規定値としておきます（図29）。

　次に各ボタンの値を設定します（図30）。どのボタンが選択されているかは、この値を参照することになります。特別な理由がない限りは、連番の数値でよいでしょう。

　次の画面ではグループに含めるコントロールの種類や、装飾の種類が選べます。「複数のうちいずれか1つ」を選択するのであればオプションボタンがおすすめです（図31）。

　最後にこのグループの「標題」を設定します。ここでは「フォーム選択」として、「完了」をクリックします（図32）。

図29 規定値の設定

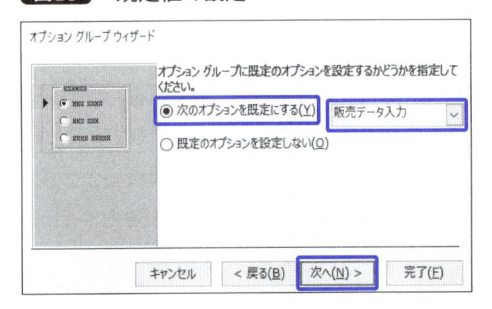

図30 値を設定

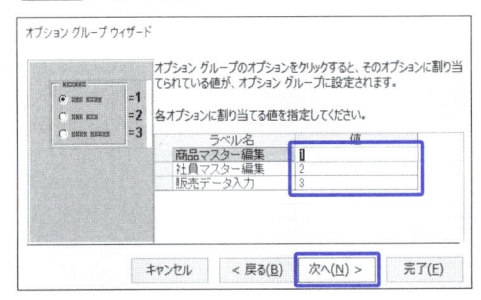

図31 コントロールの種類や装飾の設定

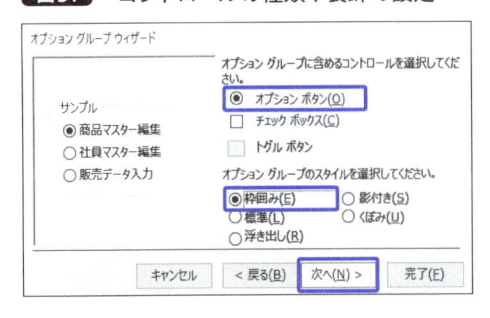

図32 グループの標題の設定

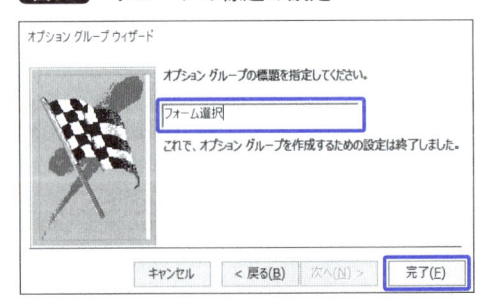

　図33のような3つの選択肢があるオプショングループが作成されました。表1のように「名前」と「標題」を設定しましょう。コードを書くときに使うのは2番のオプショングループだけですが、あとで見直すときのわかりやすさが格段に違うので、他のコントロールもきちんと命名しておくのをおすすめします。

図33 オプショングループ

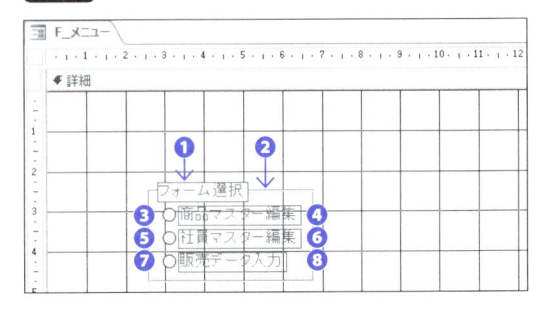

表1 設定する名前と標題

図33中の番号	種類	名前	標題
❶	ラベル	lbl_フォーム選択	フォーム選択
❷	オプショングループ	grp_フォーム選択	-
❸	オプションボタン	opt_商品マスター編集	-
❹	ラベル	lbl_商品マスター編集	商品マスター編集
❺	オプションボタン	opt_社員マスター編集	-
❻	ラベル	lbl_社員マスター編集	社員マスター編集
❼	オプションボタン	opt_販売データ入力	-
❽	ラベル	lbl_販売データ入力	販売データ入力

このコントロールは、選択されているオプションボタンの値「1〜3」が、オプショングループの値として取得できます。この性質を使って条件分岐を行います（図34）。

図34 オプショングループの仕組み

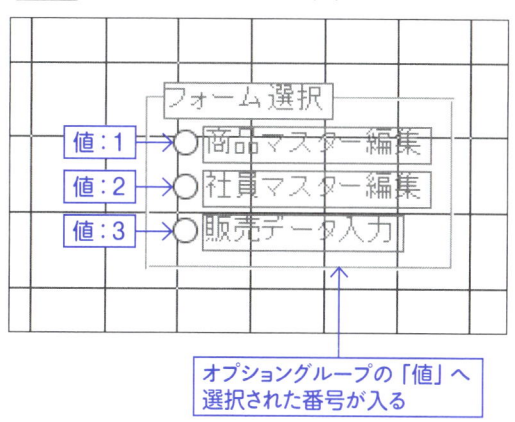

プログラムを起動させるボタンと、それをクリックしたときに起動するイベントプロシージャも作っておきます（図35）。

図35 ボタンとイベントプロシージャの追加

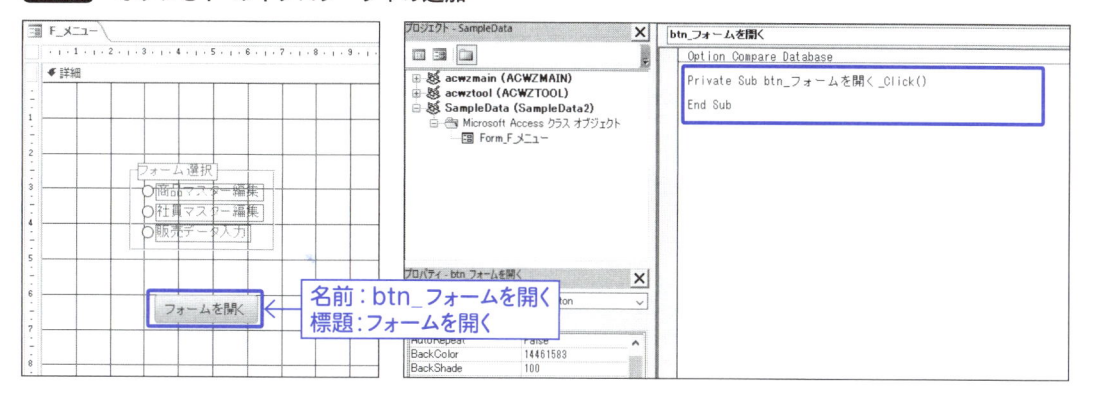

なお、ウィザードを使用すると Access 内部で「acwzmain」「acwztool」というプロジェクトが読み込まれ、VBE のプロジェクトウィンドウに表示されることがありますが、一時的に見えているだけなので気にしなくて構いません。

4-3-2 ElseIf 文の作成

イベントプロシージャに、If 構文を作成しましょう。まずはシンプルに 1 つの条件で書いてみます。**コード 13** はボタンがクリックされたとき、オプショングループである「grp_ フォーム選択」の値が「1（商品マスター編集）」だったら、該当のフォームを開くコードです。

コード 13 If 文の作成

```
01  Private Sub btn_フォームを開く_Click()
02    If Me.grp_フォーム選択.Value = 1 Then    ← 条件式
03      DoCmd.OpenForm "F_商品マスター編集", , , , , acDialog    ← Ifブロック
04    End If
05  End Sub
```

ここへ 2 つ目の条件を加えたいのですが、**4-2**（108 ページ）で学習した「Else」は「それ以外」という意味しか持たず、条件を付けることができません。そこで、「ElseIf 条件 Then」と書くことで、「それ以外にこの条件だったら」というブロックを作ることができます。

実際にやってみましょう。「End If」の上に「ElseIf」ブロックを作成して、条件とその中の処理を書きます（**コード 14**）。

コード 14 ElseIf ブロックの追加

```
01  Private Sub btn_フォームを開く_Click()
02    If Me.grp_フォーム選択.Value = 1 Then
03      DoCmd.OpenForm "F_商品マスター編集", , , , , acDialog
04    ElseIf Me.grp_フォーム選択.Value = 2 Then    ← ElseIfの条件式
05      DoCmd.OpenForm "F_社員マスター編集", , , , , acDialog    ← ElseIfブロック
06    End If
07  End Sub
```

最後に「grp_ フォーム選択」の値が「3」だった場合の処理を書きますが、今回は既定値を設定しているので「1」「2」以外は必ず「3」となります。したがってここは Else で実装できます（**コード 15**）。

コード15 Elseブロックの追加

```
01  Private Sub btn_フォームを開く_Click()
02    If Me.grp_フォーム選択.Value = 1 Then
03      DoCmd.OpenForm "F_商品マスター編集", , , , , acDialog
04    ElseIf Me.grp_フォーム選択.Value = 2 Then
05      DoCmd.OpenForm "F_社員マスター編集", , , , , acDialog
06    Else
07      DoCmd.OpenForm "F_販売データ入力", , , , , acDialog  ←— Elseブロック
08    End If
09  End Sub
```

これで、3つの条件分岐のコードを書くことができました。

なお、既定値を設定しないで値がNull（どれも選択されていない状態）になる可能性がある場合は、「Else」の行（**コード15**の6行目）を**コード16**のように書けばNullを回避できます。

コード16 Nullの回避

```
ElseIf Me.grp_フォーム選択.Value = 3  Then
```

4-3-3 動作確認

Accessに戻り、フォームビューに切り替えて操作してみると、オプションボタンの選択に応じたフォームが開きます（**図36**）。

図36 フォームビューで確認

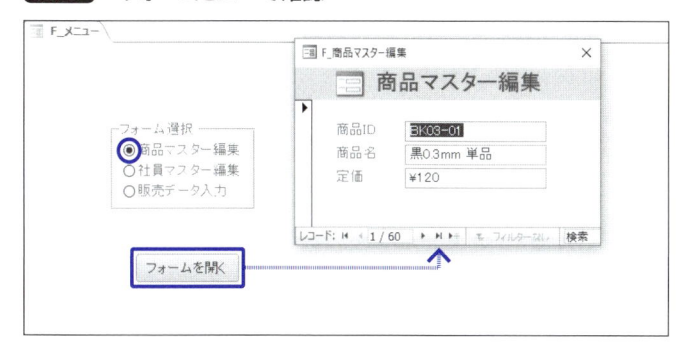

ここでもブレイクポイントを設置して F8 キーを押して1行ずつ動きを見てみましょう。

図37は「opt_商品マスター編集」が選択されている場合です。

図37 値が1の場合

```
Private Sub btn_フォームを開く_Click()
    If grp_フォーム選択.Value = 1 Then
        DoCmd.OpenForm "F_商品マスター編集", , , , , acDialog
    ElseIf grp_フォーム選択.Value = 2 Then
        DoCmd.OpenForm "F_社員マスター編集", , , , , acDialog
    Else
        DoCmd.OpenForm "F_販売データ入力", , , , , acDialog
    End If
End Sub
```

```
Private Sub btn_フォームを開く_Click()
    If grp_フォーム選択.Value = 1 Then
        DoCmd.OpenForm "F_商品マスター編集", , , , , acDialog       ← 条件に合うので中に入る
    ElseIf grp_フォーム選択.Value = 2 Then
        DoCmd.OpenForm "F_社員マスター編集", , , , , acDialog
    Else
        DoCmd.OpenForm "F_販売データ入力", , , , , acDialog
    End If
End Sub
```

```
Private Sub btn_フォームを開く_Click()
    If grp_フォーム選択.Value = 1 Then
        DoCmd.OpenForm "F_商品マスター編集", , , , , acDialog
    ElseIf grp_フォーム選択.Value = 2 Then
        DoCmd.OpenForm "F_社員マスター編集", , , , , acDialog
    Else
        DoCmd.OpenForm "F_販売データ入力", , , , , acDialog
    End If ←                                     ブロック内の処理が終了したらEnd Ifにジャンプ
End Sub
```

図38は「opt_社員マスター編集」が選択されている場合です。

図38 値が2の場合

```
Private Sub btn_フォームを開く_Click()
    If grp_フォーム選択.Value = 1 Then
        DoCmd.OpenForm "F_商品マスター編集", , , , , acDialog
    ElseIf grp_フォーム選択.Value = 2 Then
        DoCmd.OpenForm "F_社員マスター編集", , , , , acDialog
    Else
        DoCmd.OpenForm "F_販売データ入力", , , , , acDialog
    End If
End Sub
```

```
Private Sub btn_フォームを開く_Click()
    If grp_フォーム選択.Value = 1 Then
        DoCmd.OpenForm "F_商品マスター編集", , , , , acDialog
    ElseIf grp_フォーム選択.Value = 2 Then ←          If条件に合わないので次の条件へジャンプ
        DoCmd.OpenForm "F_社員マスター編集", , , , , acDialog
    Else
        DoCmd.OpenForm "F_販売データ入力", , , , , acDialog
    End If
End Sub
```

```
Private Sub btn_フォームを開く_Click()
 If grp_フォーム選択.Value = 1 Then
    DoCmd.OpenForm "F_商品マスター編集", , , , , acDialog
 ElseIf grp_フォーム選択.Value = 2 Then
    DoCmd.OpenForm "F_社員マスター編集", , , , , acDialog        ← ElseIf条件に合うので中に入る
 Else
    DoCmd.OpenForm "F_販売データ入力", , , , , acDialog
 End If
End Sub
```

```
Private Sub btn_フォームを開く_Click()
 If grp_フォーム選択.Value = 1 Then
    DoCmd.OpenForm "F_商品マスター編集", , , , , acDialog
 ElseIf grp_フォーム選択.Value = 2 Then
    DoCmd.OpenForm "F_社員マスター編集", , , , , acDialog
 Else
    DoCmd.OpenForm "F_販売データ入力", , , , , acDialog
 End If                                                    ← ブロック内の処理が終了してEnd Ifへジャンプ
End Sub
```

図39は「opt_販売データ入力」が選択されている場合です。

図39　値が3の場合

```
Private Sub btn_フォームを開く_Click()
 If grp_フォーム選択.Value = 1 Then
    DoCmd.OpenForm "F_商品マスター編集", , , , , acDialog
 ElseIf grp_フォーム選択.Value = 2 Then
    DoCmd.OpenForm "F_社員マスター編集", , , , , acDialog
 Else
    DoCmd.OpenForm "F_販売データ入力", , , , , acDialog
 End If
End Sub
```

```
Private Sub btn_フォームを開く_Click()
 If grp_フォーム選択.Value = 1 Then
    DoCmd.OpenForm "F_商品マスター編集", , , , , acDialog
 ElseIf grp_フォーム選択.Value = 2 Then                        ← If条件に合わないので次の条件へジャンプ
    DoCmd.OpenForm "F_社員マスター編集", , , , , acDialog
 Else
    DoCmd.OpenForm "F_販売データ入力", , , , , acDialog
 End If
End Sub
```

```
Private Sub btn_フォームを開く_Click()
 If grp_フォーム選択.Value = 1 Then
    DoCmd.OpenForm "F_商品マスター編集", , , , , acDialog
 ElseIf grp_フォーム選択.Value = 2 Then
    DoCmd.OpenForm "F_社員マスター編集", , , , , acDialog
 Else                                                      ← ElseIf条件にも合わないので
    DoCmd.OpenForm "F_販売データ入力", , , , , acDialog          さらにジャンプ
 End If
End Sub
```

CHAPTER
4

```
Private Sub btn_フォームを開く_Click()
    If grp_フォーム選択.Value = 1 Then
        DoCmd.OpenForm "F_商品マスター編集",,,,,acDialog
    ElseIf grp_フォーム選択.Value = 2 Then
        DoCmd.OpenForm "F_社員マスター編集",,,,,acDialog
    Else
        DoCmd.OpenForm "F_販売データ入力",,,,,acDialog
    End If
End Sub
```

どちらの条件にも合わなかったので Else内に入る

```
Private Sub btn_フォームを開く_Click()
    If grp_フォーム選択.Value = 1 Then
        DoCmd.OpenForm "F_商品マスター編集",,,,,acDialog
    ElseIf grp_フォーム選択.Value = 2 Then
        DoCmd.OpenForm "F_社員マスター編集",,,,,acDialog
    Else
        DoCmd.OpenForm "F_販売データ入力",,,,,acDialog
    End If
End Sub
```

ブロック内の処理が終了してEnd Ifへ

このように、1つのボタンクリックで3つの動作ができるようになりました。

なお、1つの「If～End If」の中では条件がいくつあっても、一番上から比べていって最初に一致した条件ブロックの中しか実行しませんので、注意してください。

4-3-4 選択肢を追加するには

一度作ってしまったオプショングループへ選択肢を追加する方法も覚えておくと便利です。デザインビューにて「デザイン」タブの「オプションボタン」を選択し、既存のオプショングループの上へカーソルを載せると色が反転するので、その状態でクリックします（図40）。

図40 オプションボタンの追加

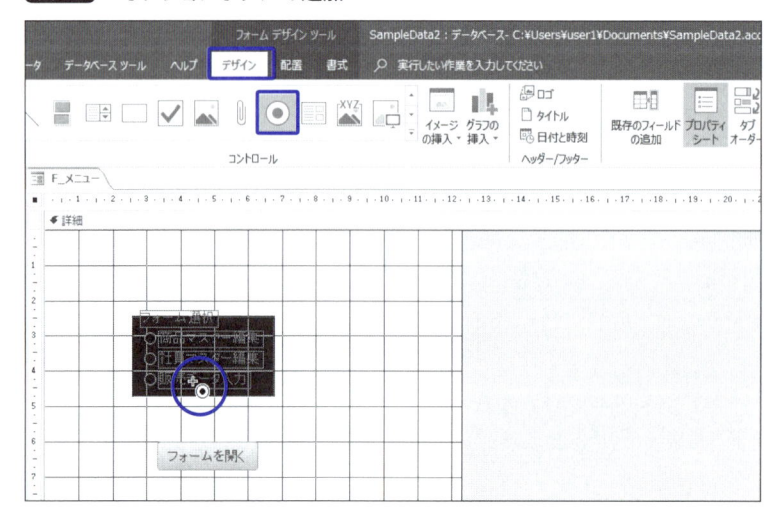

　要素が重なってしまいますが、新しいオプションボタンが追加されます。「オプション値」が連番の続きの「4」になっており、他の選択肢と同じように使えます（**図41**）。

図41 追加されたオプションボタン

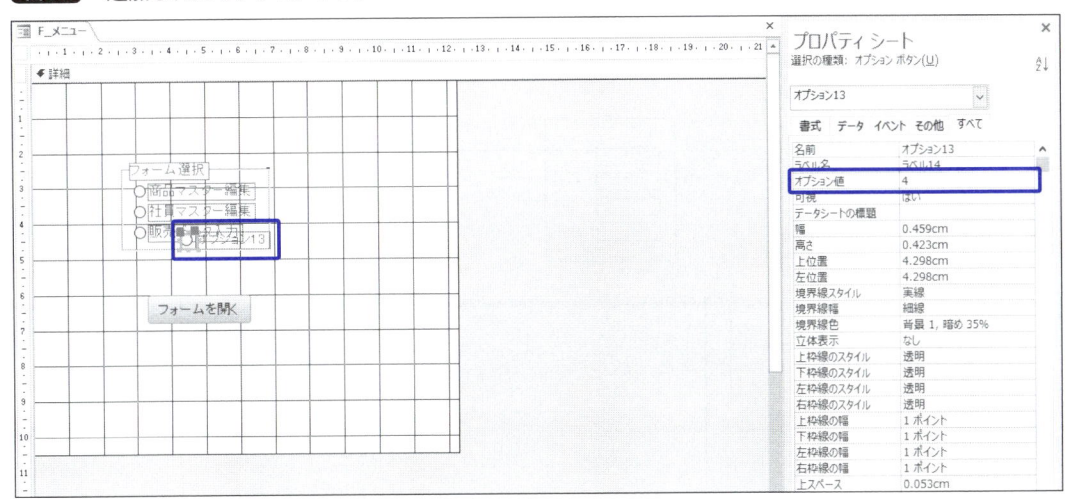

　オプショングループの枠を広げて位置を修正する手直しが必要です。「標題」や「名前」も適宜変更しましょう（**図42**）。

図42 位置の修正

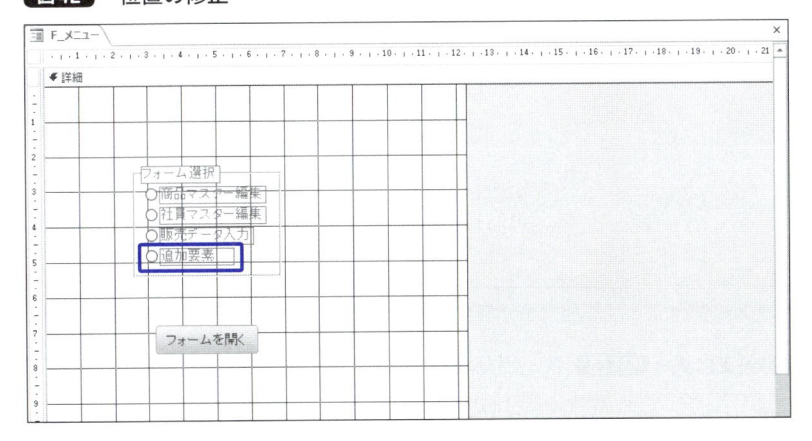

　コード側では、「Else」だった行を「ElseIf Me.grp_フォーム選択.Value = 3 Then」とし、新たに「Else」ブロックを作成して処理を追記すればよいでしょう（**コード17**）。

コード17 コードの修正

```
01  Private Sub btn_フォームを開く_Click()
02    If Me.grp_フォーム選択.Value = 1 Then
03      DoCmd.OpenForm "F_商品マスター編集", , , , , acDialog
04    ElseIf Me.grp_フォーム選択.Value = 2 Then
05      DoCmd.OpenForm "F_社員マスター編集", , , , , acDialog
06    ElseIf Me.grp_フォーム選択.Value = 3 Then
07      DoCmd.OpenForm "F_販売データ入力", , , , , acDialog
08    Else
09      MsgBox "追加要素が選択されています"
10    End If
11  End Sub
```

　なお、If構文での条件分岐は数が多くなると読みにくくなってくるので、4つ以上の条件分岐は「Select Case」という構文を使ったほうがスッキリします。そちらは **A-6**（**316ページ**）で解説しています。

CHAPTER

5

変数
効率のよいコードにするには

CHAPTER 5

5-1

似ている処理を1つにまとめる
変数

少しずつできることが増えてくると、ほとんど同じ処理を何回も書くという場面に遭遇すると思います。ちょっとだけ違うけどほとんど同じコードを効率的に書くために、変数という概念を学んでみましょう。

5-1-1 フォームの選択を変数でスマートに

本書付属CD-ROMのCHAPTER 5→Before フォルダーから、SampleData5-1.accdb を開いてみてください。これは**CHAPTER 4**で使っていたファイルですが、VBEを開いてプロシージャを見てみると**コード1**のように書かれています。

コード1 サンプルのコード

```
01  Private Sub btn_フォームを開く_Click()
02    If grp_フォーム選択.Value = 1 Then
03      DoCmd.OpenForm "F_商品マスター編集", , , , , acDialog
04    ElseIf grp_フォーム選択.Value = 2 Then
05      DoCmd.OpenForm "F_社員マスター編集", , , , , acDialog
06    Else
07      DoCmd.OpenForm "F_販売データ入力", , , , , acDialog
08    End If
09  End Sub
```

オプショングループの値によって開くフォームを変えていますが、この「フォームを開く」コードは、フォーム名が違うだけでほとんど同じです。このような**似ていることを何回も書くという状況は変数を使って効率的にすることができます。**

変数というのは、コードの中で使える箱のようなものです。この箱は中身を変えることができ、その中身を使ってコードが実行されるので、ちょっとだけ違うがほとんど同じという処理にはとても有効です（図1）。

図1 変数のイメージ

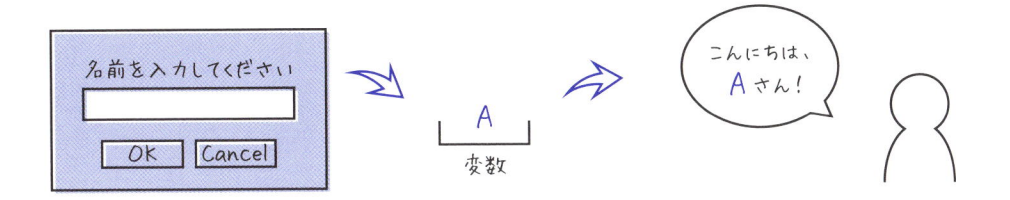

　左ページのコードで試してみましょう。変数を使うためには、まずは**宣言**を行います。VBAでは**「Dim ○○」と書いて、「○○という変数を使います」という意味**になります。**宣言は使うよりも早い段階で実行しなければいけない**ので、Ifブロックの上へ**コード2**のように書いてみましょう。

コード2 変数を宣言する

```
01  Private Sub btn_フォームを開く_Click()
02    Dim formName ←── 変数の宣言
03    If grp_フォーム選択.Value = 1 Then
04      DoCmd.OpenForm "F_商品マスター編集", , , , , acDialog
05    ElseIf grp_フォーム選択.Value = 2 Then
06      DoCmd.OpenForm "F_社員マスター編集", , , , , acDialog
07    Else
08      DoCmd.OpenForm "F_販売データ入力", , , , , acDialog
09    End If
10  End Sub
```

CHAPTER 5

　これで、「formNameという変数を使います」という宣言をしたことになります。**変数を使う前に変数宣言することは、プログラミングにおいて行うべきマナー**と考えてください。**変数を使う前に、必ず宣言**を行いましょう。

　2-3-3（42ページ）でモジュールとプロシージャにおける命名規則を決めましたが、変数にも命名規則はとても大切です。本書では、変数は**表1**のルールで書いていきます。

表1 変数の命名規則

種類	規則	目的	綴り方	例
変数	名詞	内容を端的に表す	最初の文字のみ小文字で、単語の先頭を大文字でつなげる	formName

次に、変数という箱の中へ、中身を入れるコードです。オプショングループの値が「1〜3」の場合でそれぞれフォーム名が違うので、それを変数formNameへ入れます（**コード3**）。

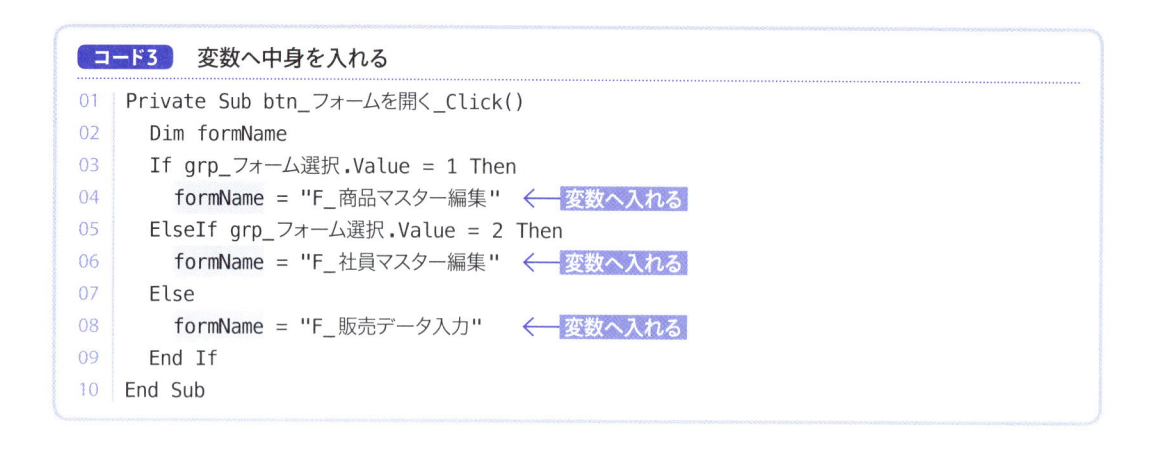

コード3 変数へ中身を入れる

```
01  Private Sub btn_フォームを開く_Click()
02    Dim formName
03    If grp_フォーム選択.Value = 1 Then
04      formName = "F_商品マスター編集"    ← 変数へ入れる
05    ElseIf grp_フォーム選択.Value = 2 Then
06      formName = "F_社員マスター編集"    ← 変数へ入れる
07    Else
08      formName = "F_販売データ入力"    ← 変数へ入れる
09    End If
10  End Sub
```

Ifの条件式で、「**=**」を用いたときは**「左辺と右辺が等しいか」という意味**で使われていましたが、今回の変数の場合は、**代入**という意味になります。**代入の場合の「=」は、「等しい」ではなく「右辺の中身を左辺に入れる」という意味**となります（**図2**）。したがって、それぞれの条件によって変数formNameには違った内容が格納されることになります。

図2 「=」には「比較」と「代入」がある

さて、このままでは変数formNameにいずれかのフォーム名が代入されただけで終わってしまうので、実行してもフォームは開きません。Ifブロックを出たあとに「フォームを開く」コードを書きます。その際、**変数に代入されたフォーム名を利用して、フォームを開く**ようにします（**コード4**）。

コード4 変数を使う

```
01  Private Sub btn_フォームを開く_Click()
02    Dim formName
03    If grp_フォーム選択.Value = 1 Then
04      formName = "F_商品マスター編集"
05    ElseIf grp_フォーム選択.Value = 2 Then
06      formName = "F_社員マスター編集"
07    Else
08      formName = "F_販売データ入力"
09    End If
10    DoCmd.OpenForm formName, , , , , acDialog  ← 変数を使ってフォームを開く
11  End Sub
```

これでVBEを保存してAccess画面で任意のオプションボタンを選択してボタンをクリックすると、変数を使う前と同じ動きをさせることができました（**図3**）。

図3 変数を使って同じ動きができた

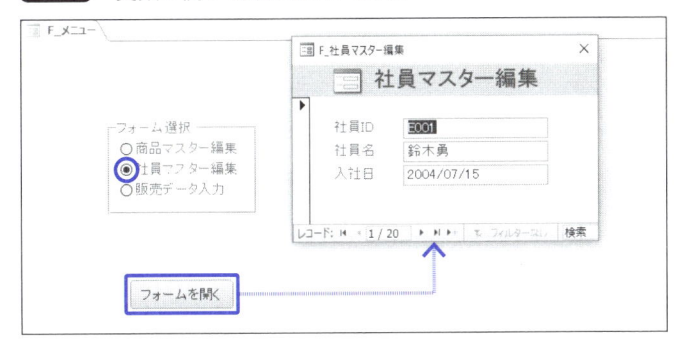

なお、コードを一時停止して変数の上にカーソルを載せると、現在の変数の中身をポップアップ表示してくれるので（自動データヒント **44ページ**）、簡易的な確認に便利です（**図4**）。

図4 現在の変数の中身を確認する

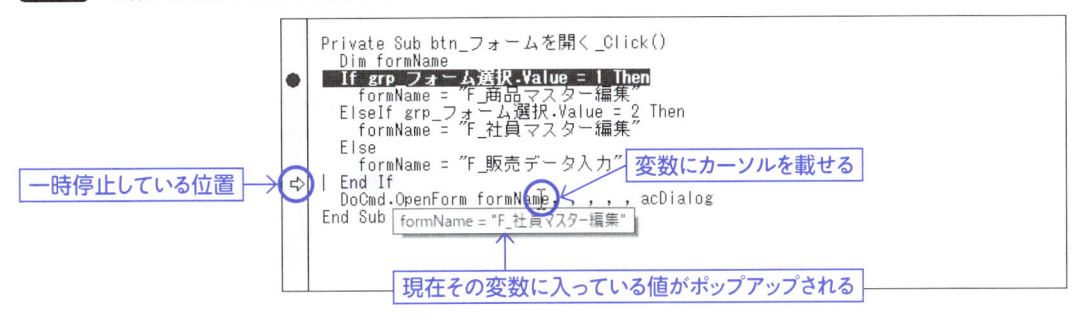

5-1-2 変数宣言

先ほど変数の宣言はマナーと説明しました。マナーを無視することはお行儀が悪いことですが、変数宣言を無視するとどうなるでしょう。

実は、変数は宣言を行わずに、いきなり使い始めてもプログラムは動きます。VBE側で、**宣言しないで利用した変数も、自動的に変数と判断**してくれるのです。

便利なようにも思えますが、これは**スペルミス**というよくある間違いに対してデメリットがあります。たとえば**コード5**のように「formName」を一部分だけ「fornName」と間違えてタイピングしてしまったと仮定します。

コード5 一部タイプミスしてしまったコード

```
01  Private Sub btn_フォームを開く_Click()
02    Dim formName
03    If grp_フォーム選択.Value = 1 Then
04      formName = "F_商品マスター編集"
05    ElseIf grp_フォーム選択.Value = 2 Then
06      fornName = "F_社員マスター編集"   ← 「fornName」とスペルミス
07    Else
08      formName = "F_販売データ入力"
09    End If
10    DoCmd.OpenForm formName, , , , , acDialog ← 変数「formName」を使っている
11  End Sub
```

しかしこのままプログラムを実行しても、オプションボタンが2の場合、「フォーム名が必要です」というエラーメッセージが出ます（**図5**）。

図5 エラーメッセージ

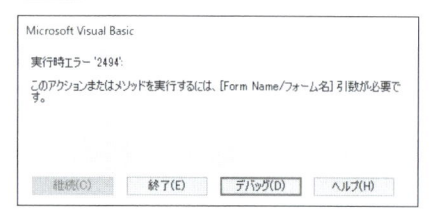

このメッセージの「デバッグ」をクリックすると、エラーが起こっている部分をハイライトして一時停止してくれます。フォームを開くコードで止まっていて、変数「formName」の中身が「Empty値（からっぽ）」なのがわかりますね（**図6**）。フォーム名は変数「fornName」に入っているからです。

図6 エラーの起きている箇所

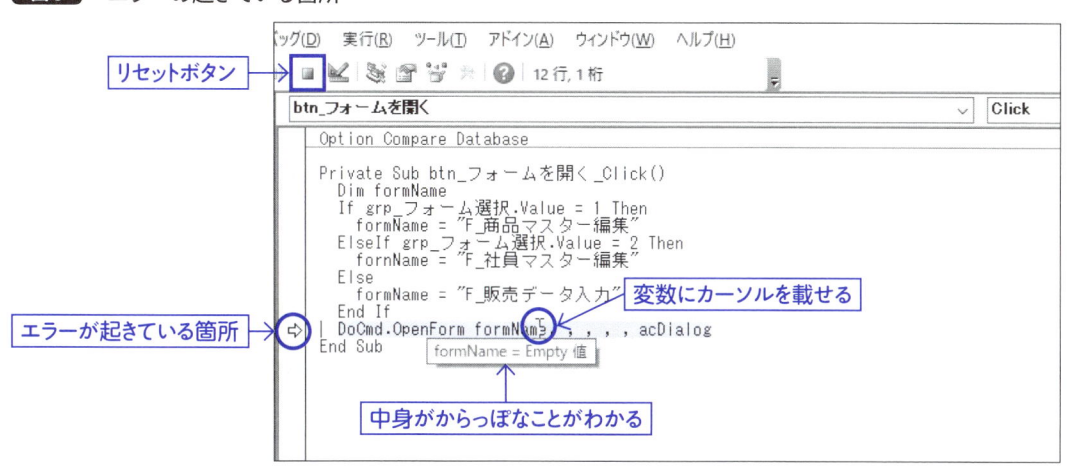

なお、このコードは必要な引数が存在せず、これ以上進むことはできないので、強制的にプログラムの実行を停止してやらねばなりません。その場合は図の「リセット」ボタンをクリックすると終了します。

さて、このエラーは、**書き間違えた「fornName」をVBEが「これは新しい変数だな」と判断してしまうことに起因**します。正しく変数宣言をした「formName」と宣言しなかった「fornName」という、2つの別の変数が存在してしまったから発生しました。このようなミスは、わかれば「なんだそんなこと」と思うようなことですが、書いた本人は「formName」と書いたつもりでいるのでなかなか気が付きにくく、解決に無駄な時間を要してしまいます。

そんなミスを軽減するためにも、VBAのコード上で、**宣言しなければ変数は使えないというルールを設定**するのが便利です。宣言セクション（**40ページ**）に「Option Explicit」と書くことで設定できます（**コード6**）。

コード6 変数宣言の強制

```
01  Option Compare Database
02  Option Explicit ← 変数宣言を強制する
03
04  Private Sub btn_フォームを開く_Click()
05  省略
06  End Sub
```

なお、「Option Explicit」は「ツール」→「オプション」を選択して開くウィンドウの「編集」タグの「変数の宣言を強制する」にチェックを入れると（図7）、次回よりモジュールが新規作成されたときに自動で入力されるようになりますので、本書でもチェックを入れた状態で進めていきます。

図7 オプションで「変数宣言の強制」をデフォルトにする

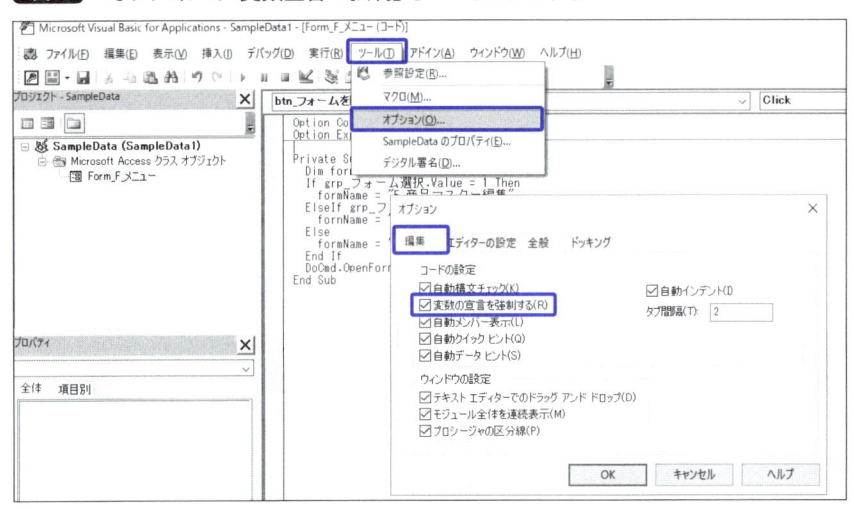

この状態で先ほどのプログラムを実行してみると、図8のように「変数宣言されていない変数を使おうとしていますよ」という内容のエラーが出るので、ミスがわかりやすくなります。

図8 変数宣言強制によるエラー表示

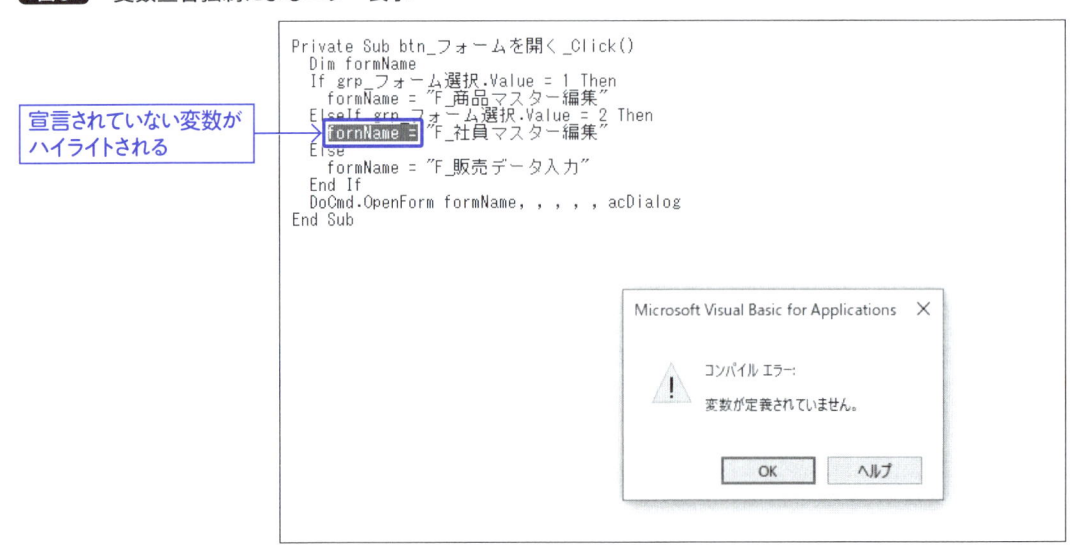

5-1-3　変数の型

　使う目的によって、変数にはさまざまな種類がある、ということも覚えておきましょう。この種類は**型**と呼ばれるもので、その変数で扱う値を「数値」「文字列」「日付」などの制限を付けて扱うことができるのです（図9）。

図9　変数の型

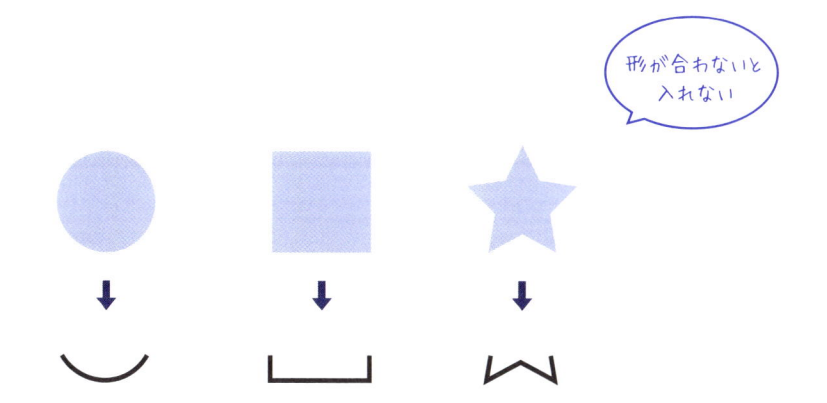

変数の型は、宣言の際に指定する必要があります。コード5（128ページ）までは、変数を宣言する際に型は指定していませんでした。つまりは、**型を指定しなくても変数を使うことはできる**のです。

　これもプログラミングのマナーになりますが、変数を宣言する際に、型は指定することが好まれます。なぜならば、型を指定すると、間違って数値を入れるべき変数に文字列を代入できなくなったり、数値同士や日付同士の計算がしやすくなったりといったメリットがあるからです。

　変数を宣言する際に型を指定するには、「Dim ○○（変数名）As △△（型名）」のように書きます。これは「△△型の○○という名前の変数を使います」という意味になります。型には多くの種類がありますが、主要なものを**表2**にまとめました。

表2　型の種類の例

型名	表記	概要
長整数型	Long	-2,147,483,648 ～ 2,147,483,647 の整数
文字列型	String	文字列
日付型	Date	日付（時刻も含むことができる）
ブール型	Boolean	True または False
バリアント型	Variant	すべての種類

なお、**コード5**までのように「As △△」を省略して変数宣言を行うと、バリアント型として扱われます。「どんな型の値が入るか予測できない」という変数に型を決めてしまうと、逆に扱いにくくなることもありますので、バリアント型も上手に使うとよいでしょう。

5-1にて書いてきたコードでは、変数formNameは「文字列型」の「フォーム名」を入れるものとして、用途が決まっています。現状では型を設定していないのでバリアント型として扱われていますが、この場合は「as String」と型を指定したほうがバグの起こりにくいコードになります（**コード7**）。

コード7 型を指定した変数宣言

```
01  Private Sub btn_フォームを開く_Click()
02    Dim formName as String
03    If grp_フォーム選択.Value = 1 Then
04      formName = "F_商品マスター編集"
05    ElseIf grp_フォーム選択.Value = 2 Then
06      formName = "F_社員マスター編集"
07    Else
08      formName = "F_販売データ入力"
09    End If
10    DoCmd.OpenForm formName, , , , , acDialog
11  End Sub
```

変数の型はテーブルのデータ型とよく似ていますが、VBAではプログラミングを円滑に行うための型であり、テーブルでは無駄なくデータを蓄積していくための型なので、少々違う部分もあります。たとえばVBAのブーリアン型がテーブルではYes/No型という名称になっていたり、文字列型も「短い」「長い」と分かれていたり、オートナンバー型のように自動で連番を振る型などはデータベースならではの機能です。

CHAPTER 5

5-2 変数を組み合わせる
異なる型の結合

変数はそれぞれ型を持てますが、複数の変数を結合して別の変数に格納することもできます。

5-2-1 変数の中身を確認する

本書付属CD-ROMのCHAPTER 5→Beforeフォルダーから、SampleData5-2.accdbを開いてみてください。フォームにボタンが載っており、ボタンクリックのイベントプロシージャがすでに作られています（図10）。

図10 サンプルファイル

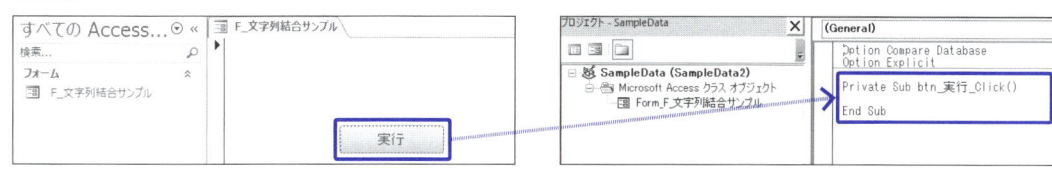

このイベントプロシージャに**コード8**を記述してみましょう。

コード8 「btn_実行」ボタンのイベントプロシージャの実装

```
01   Private Sub btn_実行_Click()
02     Dim yourName As String          ← 文字列型の変数yourNameを宣言
03     yourName = InputBox("名前を入力してください")   ← インプットボックスで入力要求
04
05     Dim outputText As String        ← 文字列型の変数outputTextを宣言
06     outputText = "こんにちは、" & yourName & "さん!"   ← 任意の文字列と変数を組み合わせて代入
07   End Sub
```

このコードは、3行目の「InputBox」で、ユーザーに入力要求をするウィンドウを出力します。フォームを新しく作成するほどでもない簡易的な入力にはぴったりで、この場合は入力された値が、2行目で宣言された文字列型の変数yourNameに代入されます。

変数は任意の文字列と「&」で結合することができるので、結合された新しい文字列が、**コード8**の5行目で宣言された文字列型の変数outputTextへ代入されます。

複数の変数の中身を確認するには、「ローカルウィンドウ」という機能が便利です。「表示」→「ローカルウィンドウ」をクリックすると画面下部に現れます（図11）。

図11 ローカルウィンドウ

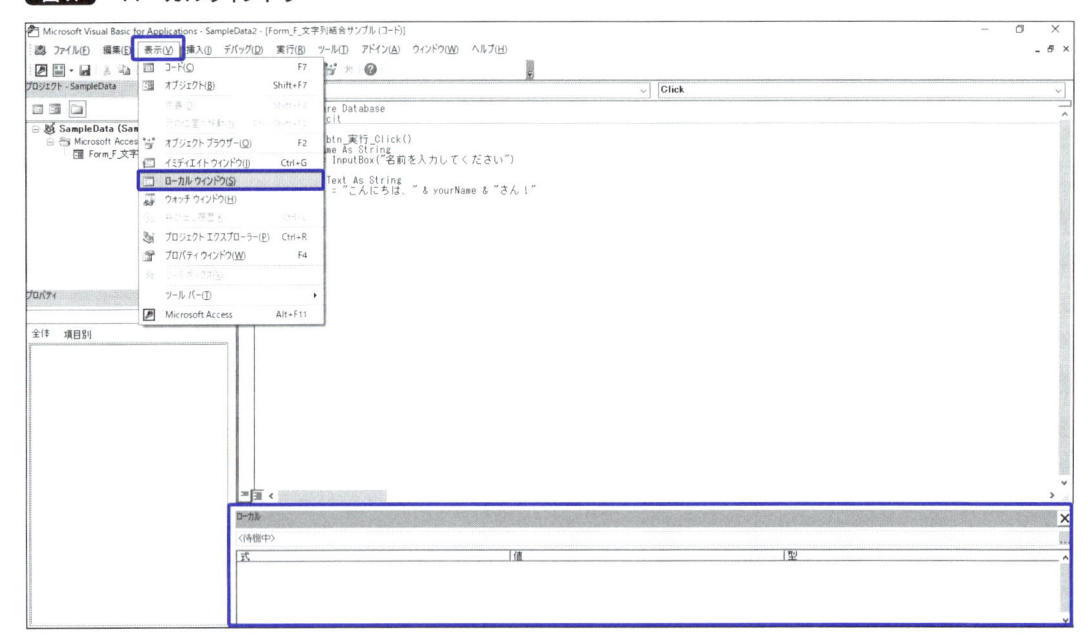

この状態で「End Sub」にブレイクポイントを設置してプログラムを実行するとインプットボックスが表示されます（図12）。

図12 インプットボックス

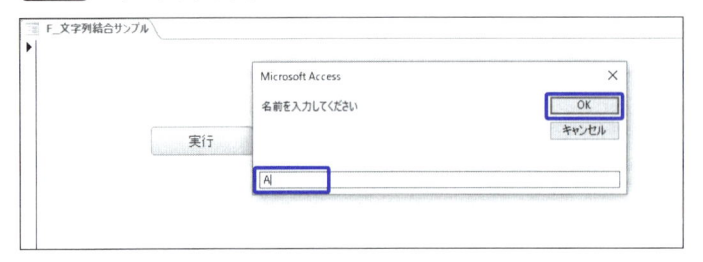

任意の値を入力して「OK」ボタンをクリックするとブレイクポイントの部分で一時停止します。このとき、現在の変数の値をローカルウィンドウで確認することができます（図13）。

図13　ローカルウィンドウで変数の中身を確認できる

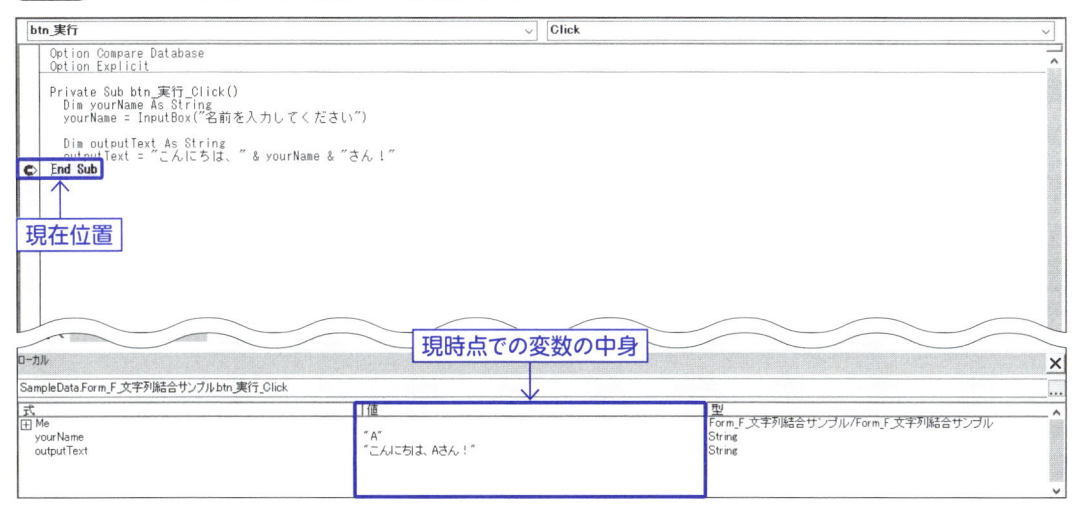

5-2-2　結合して出力する

　今度は、この変数outputTextへ違う型の変数も結合してみましょう。**コード9**のように追記します。10行目の「Now」は変数ではなく、現在の日付と時刻を取得する「関数」（**158ページ**）です。

コード9　Date型の変数を追記

```
01  Private Sub btn_実行_Click()
02    Dim yourName As String
03    yourName = InputBox("名前を入力してください")
04
05    Dim outputText As String
06    outputText = "こんにちは、" & yourName & "さん!"
07
08    Dim currentTime As Date   ← 日付型の変数currentTimeを宣言
09    currentTime = Now          ← 現在の日付と時刻を取得
10
11    outputText = outputText & "現在は" & currentTime & "です。"   ← 変数outputTextへさらに結合
12  End Sub
```

　これを実行してみると、**図14**のようになります。6行目で文字列結合が行われた変数outputTextを、11行目でさらに結合しています。この部分を「outputText = "現在は" & currentTime & "です。"」としてしまうと、変数の上書きになってしまい、6行目で入れておいた「"こんにちは、" & yourName & "さん！"」が消えてしまいます。

CHAPTER
5

図14 変数をさらに結合

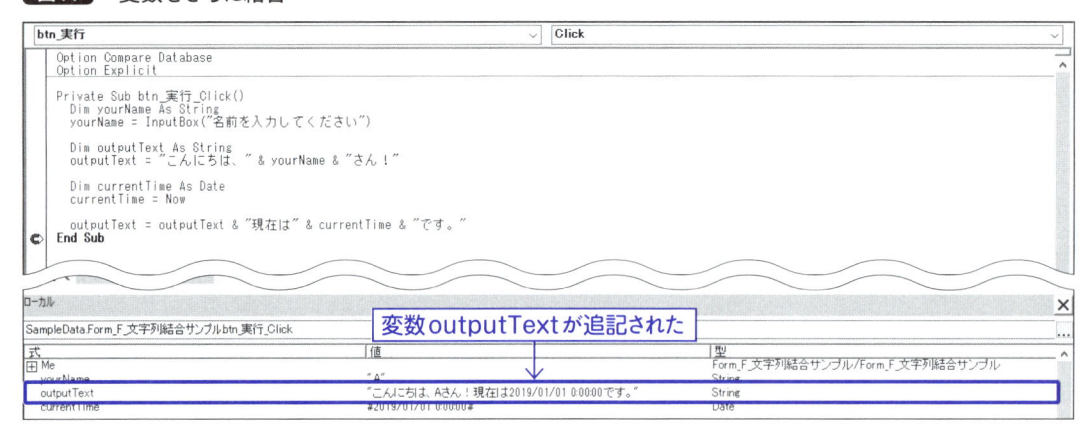

それでは最後に、合成したoutputTextをユーザーに見える形で出力しましょう（**コード10**）。

コード10 合成したテキストを出力

```
01  Private Sub btn_実行_Click()
02    Dim yourName As String
03    yourName = InputBox("名前を入力してください")
04
05    Dim outputText As String
06    outputText = "こんにちは、" & yourName & "さん!"
07
08    Dim currentTime As Date
09    currentTime = Now
10
11    outputText = outputText & "現在は" & currentTime & "です。"
12
13    MsgBox outputText    ← メッセージボックスに出力
14  End Sub
```

　ブレイクポイントを解除して実行すると、**図15**のような結果となりました。

図15 実行結果

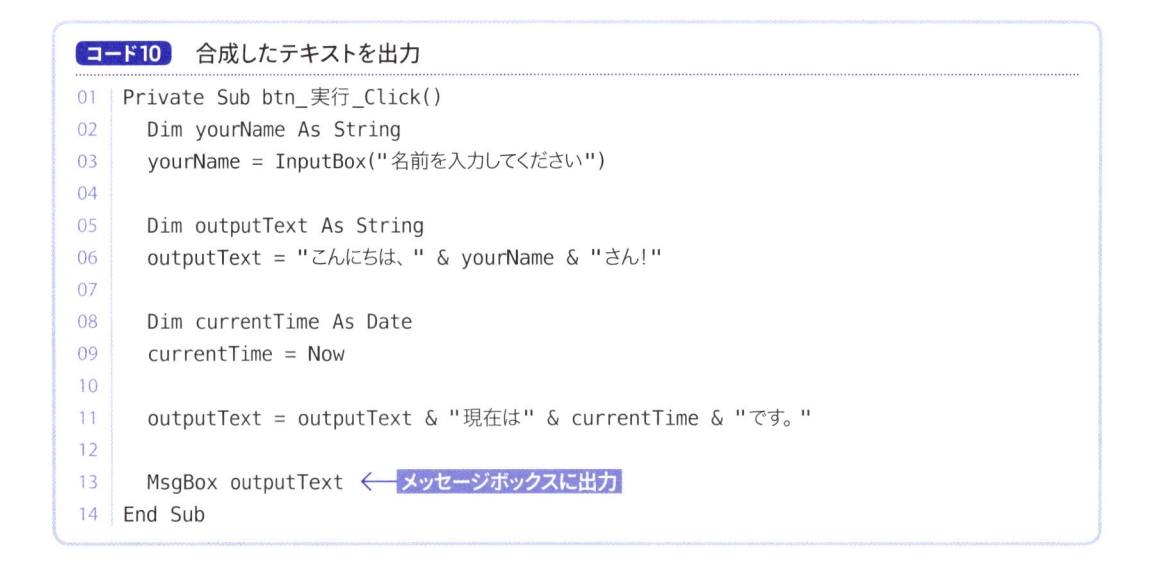

　なお、出力される MsgBox 上のテキストへ改行を入れるには、VBE 上で「改行を指示するコード」を結合します（**コード11**）。

コード11　MsgBox上のテキストを改行する

```
01  Private Sub btn_実行_Click()
02    Dim yourName As String
03    yourName = InputBox("名前を入力してください")
04
05    Dim outputText As String
06    outputText = "こんにちは、" & yourName & "さん!"
07
08    Dim currentTime As Date
09    currentTime = Now
10
11    outputText = outputText & vbNewLine & "現在は" & currentTime & "です。"
12                                  ↑
13    MsgBox outputText     改行コードを追加
14  End Sub
```

　実行すると**図16**のようになり、改行されて出力できます。

図16　MsgBox上での改行

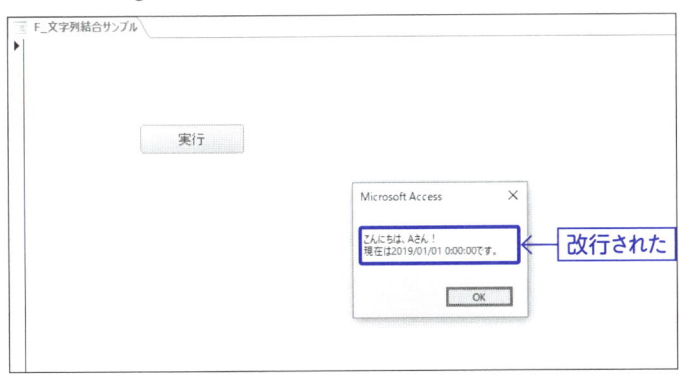

計算結果の表示
コントロールへの代入

5-3

変数を使うことで、そのつど違う値を出力できますが、フォーム上のコントロールの値も、変数のように使うことができます。フォームはユーザーからの操作や入力がしやすいので、柔軟なプログラムを作るのにとても便利です。

5-3-1 テキストボックスを設置する

本書付属CD-ROMのCHAPTER 5→Beforeフォルダーから、SampleData5-3.accdbを開いてみてください。テーブルとフォームが1つずつあり、フォームのボタンにはクリックで動作するイベントプロシージャが作られています。

「T_商品マスター」テーブルを利用して、フォーム上で商品を選択し、定価と数量の乗算値を計算する機能を付けてみましょう（**図17**）。これまでは変数の結果をメッセージボックスで表示していましたが、より実用的に、結果がテキストボックスに代入されるコードを書いていきます。

図17 サンプルの完成図

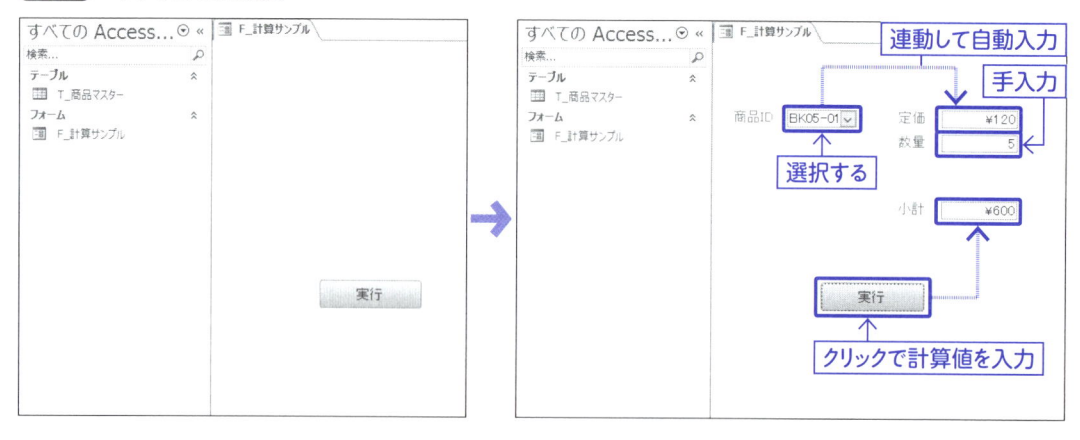

デザインビューに切り替え、「デザイン」タブから「コンボボックス」を選択し、任意の場所でクリックします（**図18**）。

図18　コンボボックスを挿入

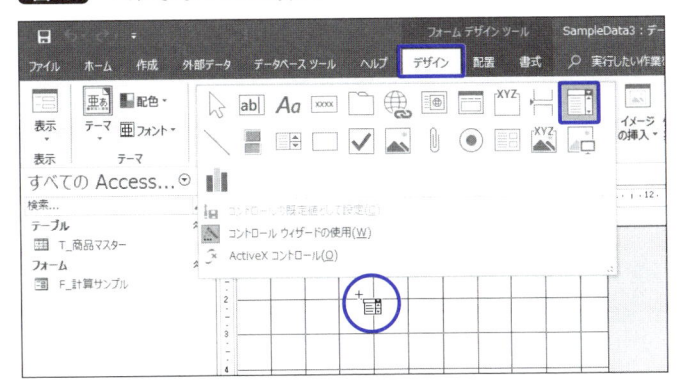

コンボボックスウィザードが開きます。「コンボボックスの値を別のテーブルまたはクエリから取得する」を選択して「次へ」をクリックします（**図19**）。

図19　コンボボックスウィザード

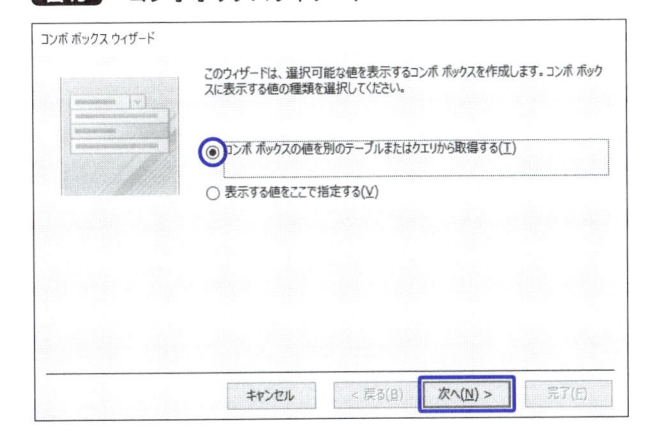

「T_商品マスター」テーブルを選択します（**図20**）。

図20　テーブルの選択

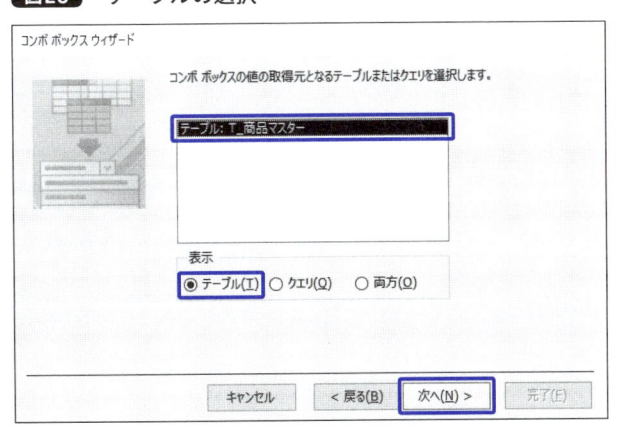

表示される列を選択します。「fld_商品ID」だけでもよいですが、一緒に「fld_商品名」も表示されるとわかりやすいので、2つ選んでおきます（図21）。

図21 フィールドの選択

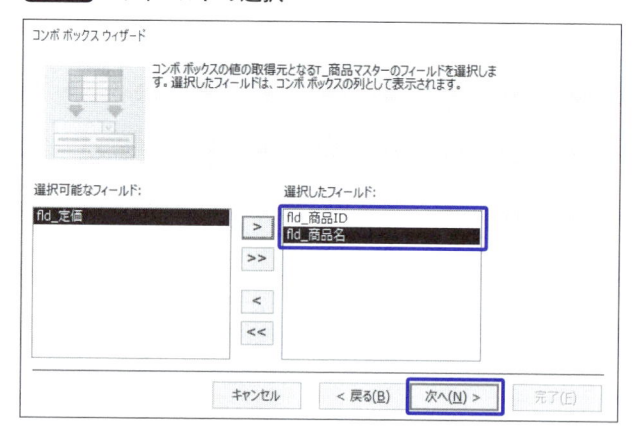

並び替えの順番を指定します。この項目は任意なので空欄でも構いません（図22）。

図22 並び替えの指定

列の幅を指定できます。またここでは商品IDは表示されたほうがわかりやすいので、「キー列を表示しない」のチェックを外しておきます（図23）。

図23 列の幅を指定

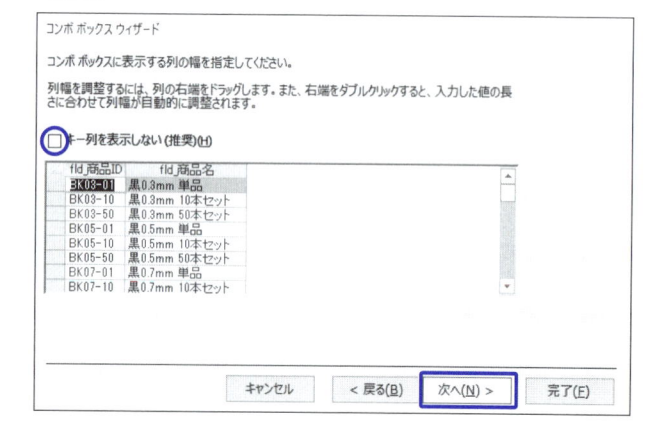

使用する列を指定します。主キーである「fld_商品ID」を使用します（図24）。

図24 使用する列を指定

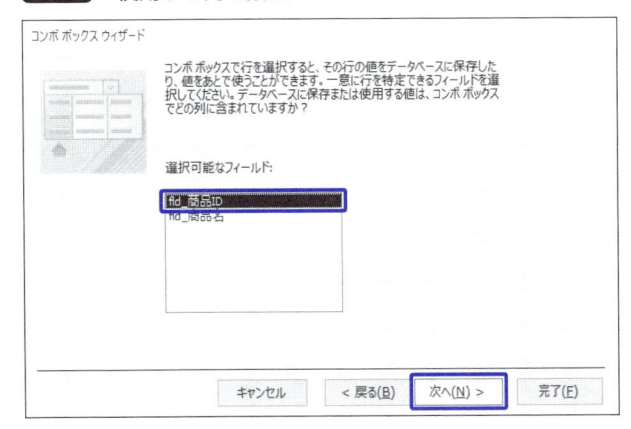

ラベルの「標題」を設定します。ここでは「fld_」は不要なので削除して、「完了」をクリックします（図25）。

図25 ラベルの標題を設定

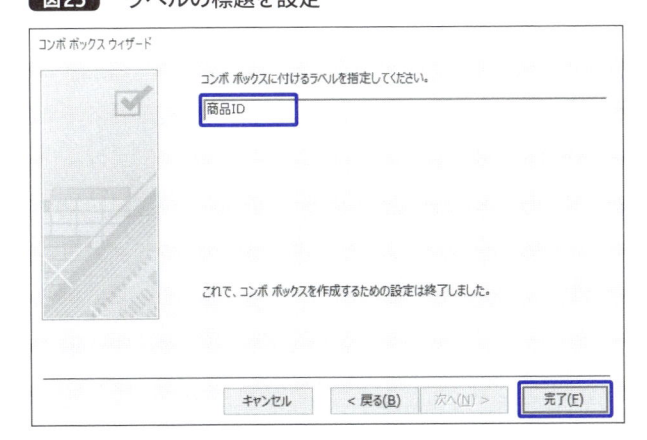

CHAPTER
5

コンボボックスが完成しました。このコンボボックスと「標題」用のラベルは関連付けられており、2つ一緒に動いてしまいますので、片方のコントロールだけ動かしたい場合、左上の■をドラッグします（図26）。

図26 完成したコンボボックスの位置調整

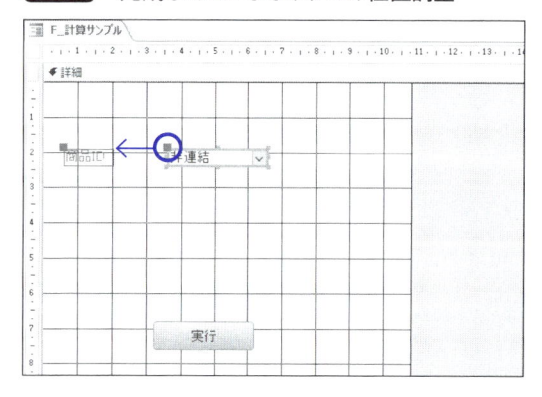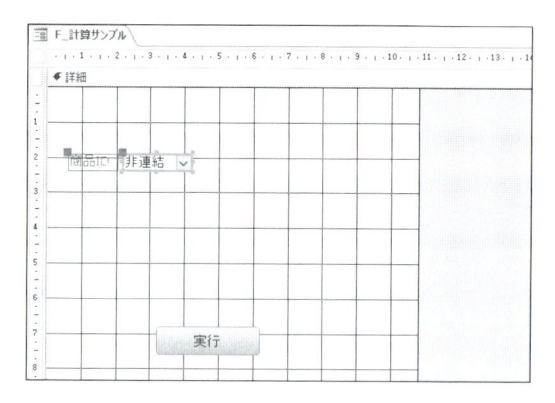

さて、このコンボボックスは「T_商品マスター」を参照はしていますが、操作してもテーブルへ影響を与えるわけではないので、非連結コントロール（**68ページ**）です。したがってデザインビュー上では「非連結」と表示されますが、フォームビューへ切り替えると**図27**のように動かすことができます。ウィザードだけではリスト幅が思わしくないことも多いので、プロパティシートで調節しましょう。

図27 動作確認と幅の調整

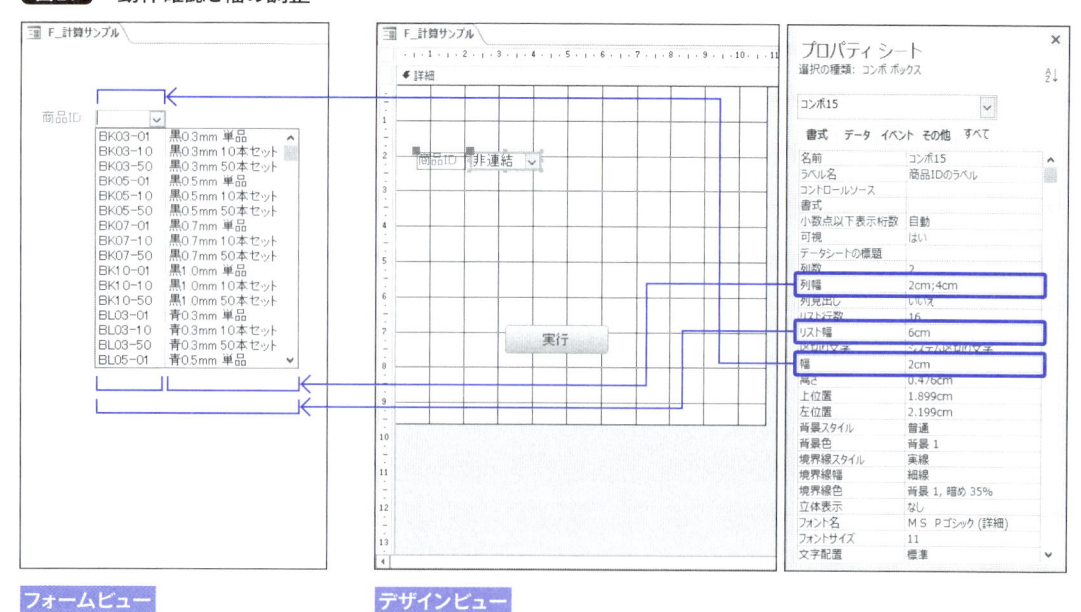

続けて「テキストボックス」を選択し、任意の場所でクリックします（**図28**）。

図28 テキストボックスの挿入

　ここで表示されるウィザードは特に必要がなければキャンセルして構いません。あとでプロパティシートから設定することもできる項目です（**図29**）。

図29 テキストボックスウィザード

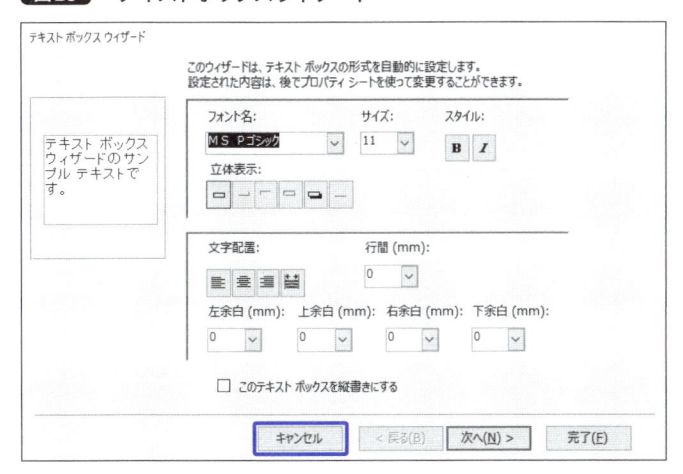

　テキストボックスとラベルが1組作成できました（**図30**）。

図30 挿入されたテキストボックス

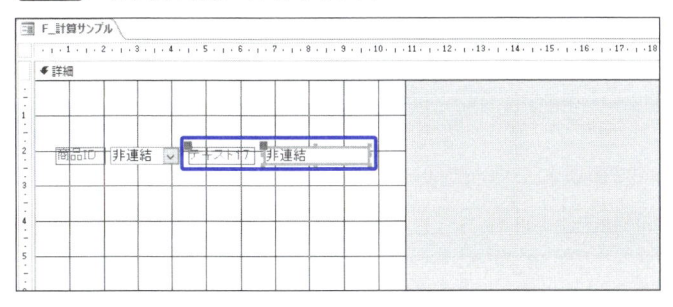

テキストボックスをコピー&ペーストで3組にして、図31と表3を参考に「名前」や「標題」を整えます。

図31 フォームの完成図

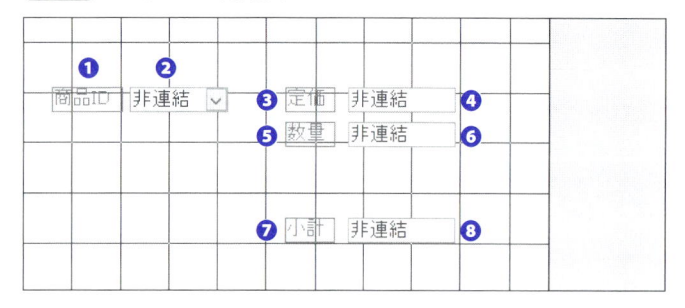

表3 設定する名前と標題

図31内の番号	種類	標題	名前
❶	ラベル	商品ID	lbl_商品ID
❷	コンボボックス	-	cmb_商品ID
❸	ラベル	定価	lbl_定価
❹	テキストボックス	-	txb_定価
❺	ラベル	数量	lbl_数量
❻	テキストボックス	-	txb_数量
❼	ラベル	小計	lbl_小計
❽	テキストボックス	-	txb_小計

なお、「書式」タブにて「txb_定価」「txb_小計」は「通貨」、「txb_数量」は「数値」に設定しておくと、フォームビューで値を監視してくれるので、誤入力を防ぐことができます(図32)。

図32 書式の設定

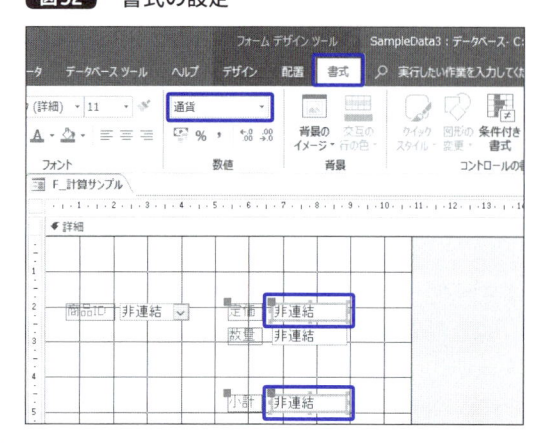
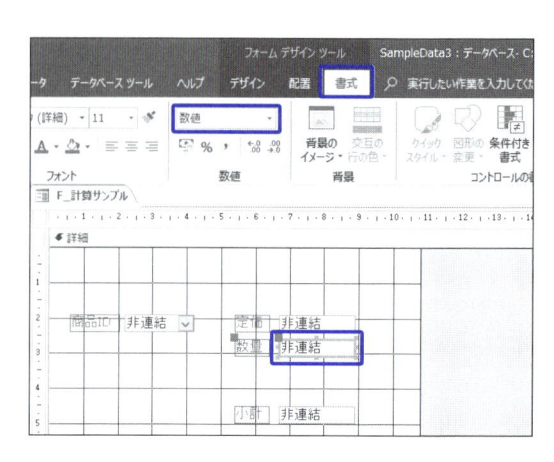

5-3-2 コードを実装する

まずは、「cmb_商品IDが変更されたら」、「txb_定価に対応する値が入る」という部分を作ります。デザインビューで「cmb_商品ID」を選択し、プロパティシート「イベント」タブの「変更時」の ... ボタンをクリック（図33）→「コードビルダー」を選択して、イベントプロシージャを作成します。

図33 イベントプロシージャの作成

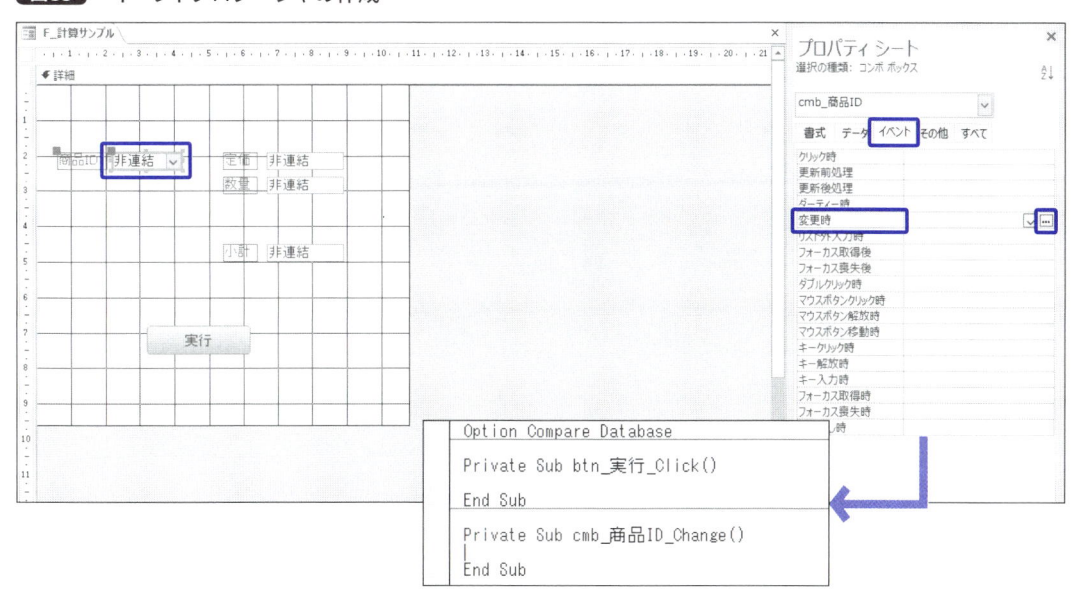

この「変更」イベントプロシージャに**コード12**を書きます。

コード12 コンボボックスが変更されたときの処理

```
01  Private Sub cmb_商品ID_Change()
02    Me.txb_定価.Value = _
03      DLookup("fld_定価", "T_商品マスター", "fld_商品ID='" & Me.cmb_商品ID.Value & "'")
04  End Sub
```

ちょっと複雑そうに見えますが、少しずつ見ていきましょう。まずこれは、イコールをはさんで左辺に右辺を入れる、代入の形です。

VBEのコードでは、1行が長いからといって、勝手に改行してはいけません。改行すると、本来は1行のコードにもかかわらず、それぞれ独立した1行ずつのコードとみなされてしまいます。**VBE上では行の最後に「_」と入力すると、次の行と1つのコードと認識したまま改行を行うことができます**。1行が長いコードに使うと読みやすくなります。

左辺は「txb_定価」テキストボックスの「値」で、右辺はDLookupというAccessの関数を使っています。この関数は「DLookup（フィールド, テーブル, 条件）」と書くことで、特定のフィールドの条件に合うデータを取得することができます。

「条件」部分が「""」で括られる文字列になっており、ここへ**図34**のようなイメージでコンボボックスの値を組み込みます。

図34 条件式にコントロール値を組み込むイメージ

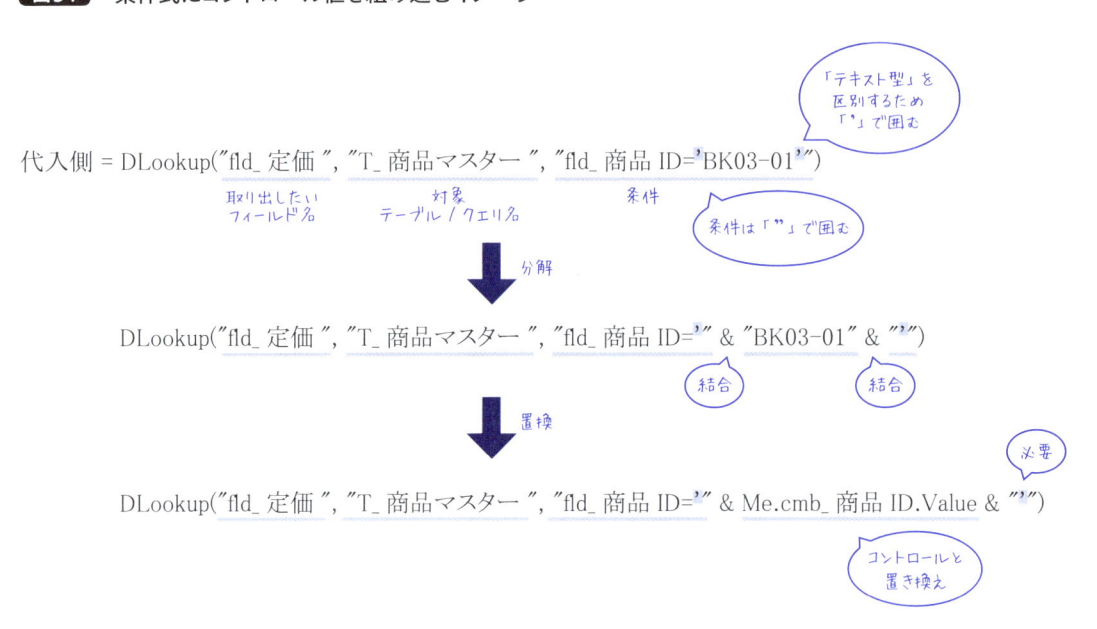

フォームビューで動作を確認してみましょう。コンボボックスの値を変更すると、対応した値が「txb_定価」に入力されます（**図35**）。

図35 自動入力の動作確認

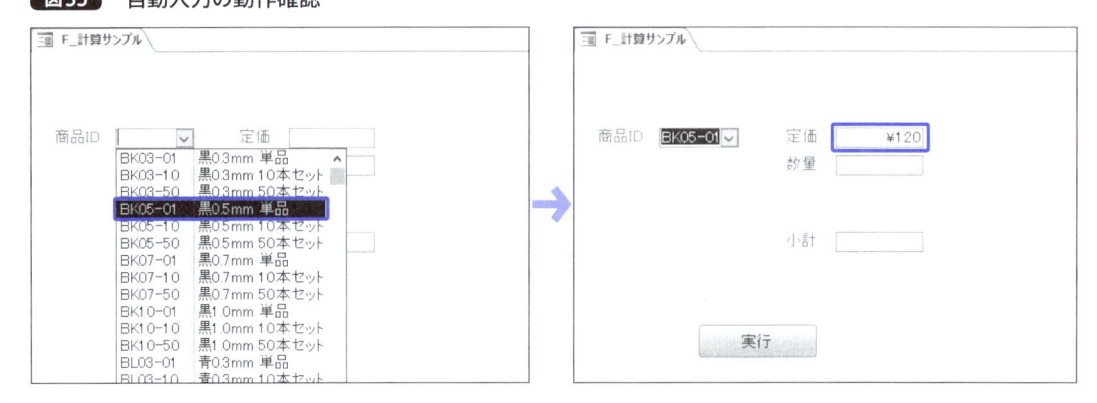

それでは、いよいよ「btn_実行」ボタンをクリックしたときのコードを書きましょう。用意してあるイベントプロシージャに**コード13**を書きます。

コード13 「btn_実行」ボタンが押されたときの処理

```
01  Private Sub btn_実行_Click()
02    Me.txb_小計.Value = Me.txb_定価.Value * Me.txb_数量.Value
03  End Sub
```

これは比較的わかりやすいですね。掛け算の結果が「txb_小計」の値に代入されています。

さて、フォームビューで動作検証してみましょう。「cmb_商品ID」を変更し、「txb_数量」へ任意の数を手入力して「btn_実行」ボタンをクリックすると、計算された値が「txb_小計」へ表示されました（図36）。

図36 計算の動作確認

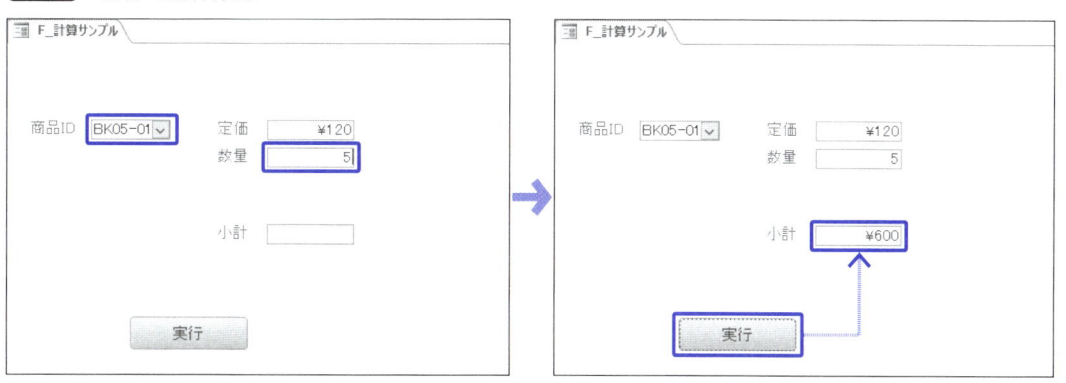

動作はよさそうですが、連続して使っていると、コンボボックスを変更したときに「txb_小計」の値が前のまま残っているのが少し気になりますので、変更時に「txb_小計」の値をクリアするコードも追記しましょう（**コード14**）。

コード14 コンボボックスが変更されたときの処理

```
01  Private Sub cmb_商品ID_Change()
02    Me.txb_定価.Value = _
03      DLookup("fld_定価", "T_商品マスター", "fld_商品ID='" & Me.cmb_商品ID.Value & "'")
04    Me.txb_小計.Value = ""    ←「txb_小計」をクリア
05  End Sub
```

テキストボックスの値へ「""（文字数ゼロの文字列）」を代入することで値をクリアします。これで、コンボボックスの値を変更したとき、「txb_定価」は対応した値になり、「txb_小計」はクリアされます（図37）。

図37 値クリアの動作確認

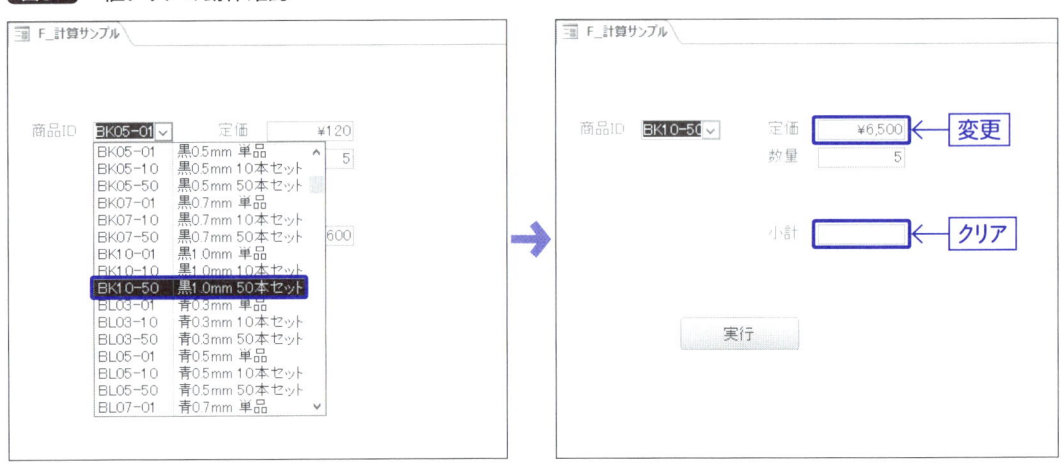

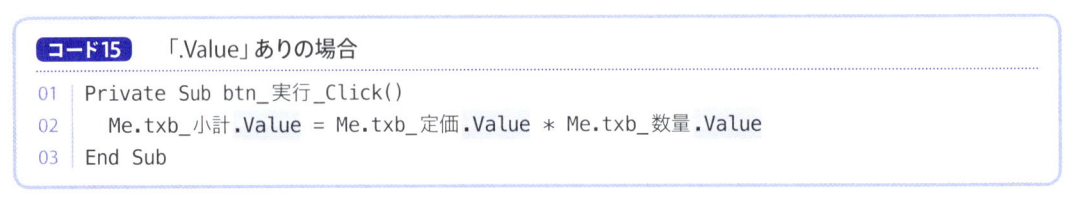

なお、コントロールは基本的に「.Value」が規定値であり、「コントロールの値」を指定したい場合、「.Value」を省略しても同じ結果を得ることができるため、たとえば**コード15**と**コード16**は同じ動作になります。

コード15 「.Value」ありの場合

```
01  Private Sub btn_実行_Click()
02      Me.txb_小計.Value = Me.txb_定価.Value * Me.txb_数量.Value
03  End Sub
```

コード16 「.Value」なしの場合

```
01  Private Sub btn_実行_Click()
02      Me.txb_小計 = Me.txb_定価 * Me.txb_数量
03  End Sub
```

記述が少なくてスッキリはしますが、「.Value」を付けずに「テキストボックス自体」を変数に格納する（210ページ）という場合もあるので、略さずに書いたほうが、意図は明確になります。本書では「.Value」は略さずに進めていきます。

CHAPTER

6

関数・メソッド・プロパティ
プログラムに多様な動きをさせる

押されたボタンで動作を変える
6-1 引数と戻り値

命令に対して、引数という材料を持たせることによって、動きにバリエーションを付けることができることを学びましたが、引数を上手に使うことで、さらにプログラミングの動きを充実させることができます。

6-1-1 引数

これまで引数について学習しましたが、引数は命令によって設定できる種類や数が違います。実は、ここまで何度も書いてきたMsgBoxも、表1のような引数を設定することができます。

表1 MsgBoxの引数一覧

名称	概要	既定値
prompt	メッセージとして表示する文字列（必須）	なし
buttons	表示するボタンの数や種類、アイコンスタイルなど（省略可）	0（vbOKOnly）
title	ボックスのタイトルバーに表示する文字列（省略可）	"Microsoft Access"
helpfile	contextとともに必要。ボックスの[ヘルプ]ボタンから開くヘルプファイルを指定（省略可）	なし
context	helpfileとともに必要。ヘルプ内のコンテキスト番号を指定（省略可）	なし

ここまでは必須の「prompt」のみを指定してきましたが、覚えると便利な「buttons」「title」も使ってみましょう。

本書付属CD-ROMのCHAPTER 6→Beforeフォルダーから、SampleData6-1.accdbを開いてみてください。フォームにボタンが載っており、ボタンクリックのイベントプロシージャが作られています（図1）。

図1　サンプルファイル

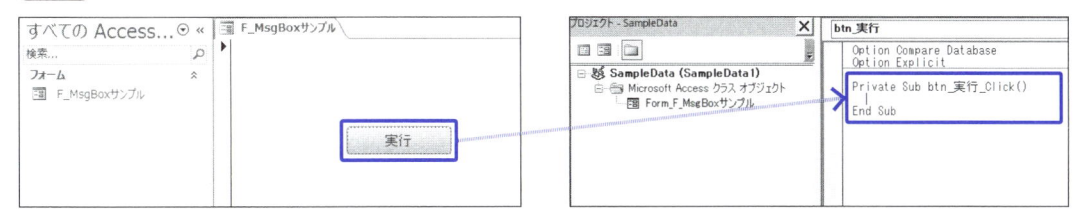

　ここへMsgBoxを表示するコードを書きますが、「buttons」引数も指定して、アイコン付きにしてみましょう（**コード1**）。

コード1　「buttons」引数を加えたMsgBox

```
01  Private Sub btn_実行_Click()
02    MsgBox "メッセージ", vbInformation  ←「prompt」「buttons」引数の順に指定
03  End Sub
```

　動作させると、これまでシンプルだったメッセージボックスにアイコンが付きます。表示されるイメージを、他に指定できる引数とともに、**表2**にまとめました。

表2　「buttons」引数のアイコンスタイル一覧

定数	値	イメージ
vbCritical	16	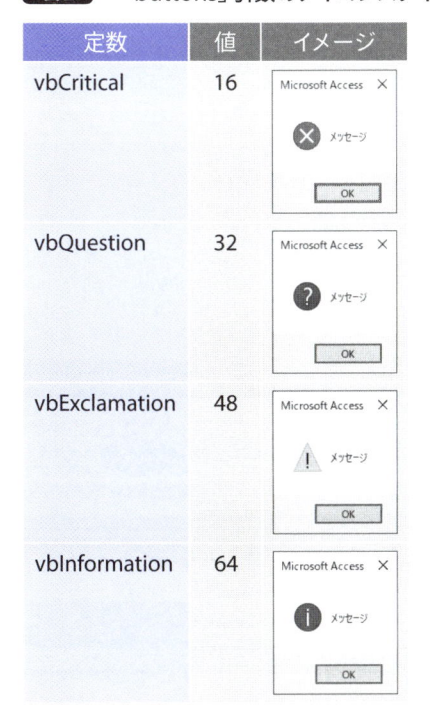
vbQuestion	32	
vbExclamation	48	
vbInformation	64	

この「buttons」引数は数値型で、内部では値（数字）で処理されているのですが、この値に対して**定数**というものが用意されています。**CHAPTER 4**で学んだ「変数」が「中身を入れ替えることのできる箱」だとすると、**定数は「中身を入れ替えられない箱」で、いつも決まった値が入っています。**数学でも、円周率（3.1415…）を「π」で表しますね。このπが定数です。

実行中にカーソルを載せてみると、定数「vbInformation」には「64」が入っていることがわかります（図2）。

図2 定数の中身

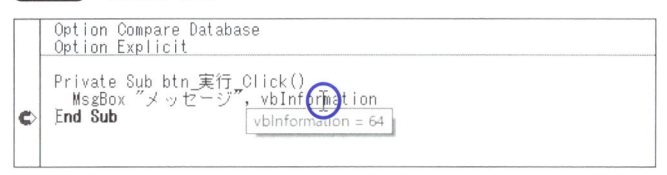

```
Option Compare Database
Option Explicit

Private Sub btn_実行_Click()
    MsgBox "メッセージ", vbInformation
End Sub                        vbInformation = 64
```

これは、コードを読みやすくするためです。数値で指定しても同じ結果は得られますが、「64」がどんなアイコンかは、暗記しない限りわかりません。**意味の読み取れる定数に置き換えることで、コードが読みやすくなる**のです（図3）。

図3 定数を使ってコードを読みやすくする

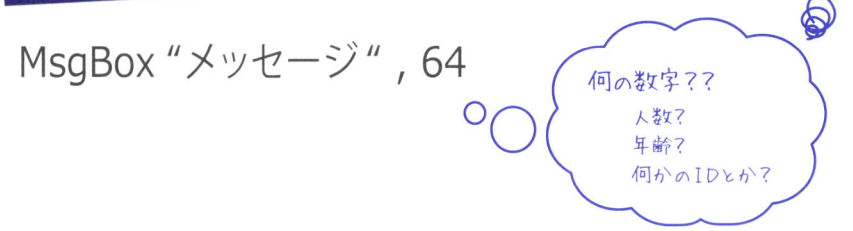

数値を使う場合

MsgBox "メッセージ", 64

何の数字？？
人数？
年齢？
何かのIDとか？

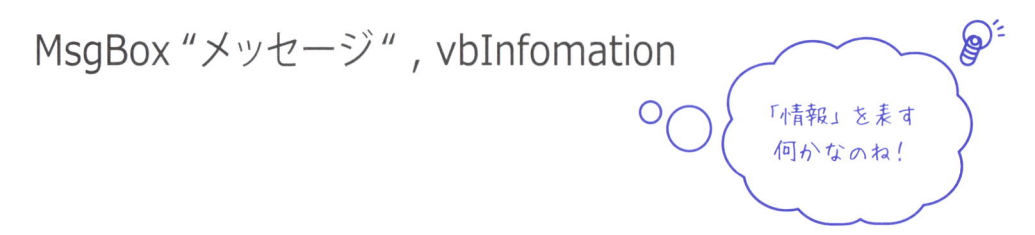

定数を使う場合

MsgBox "メッセージ", vbInfomation

「情報」を表す
何かなのね！

それでは続けて、「title」引数も追記してみましょう（**コード2**）。

コード2　「title」引数を加えた MsgBox

```
01  Private Sub btn_実行_Click()
02      MsgBox "メッセージ", vbInformation, "タイトル"    ← 「title」を追加
03  End Sub
```

動かしてみると、メッセージボックスのタイトル部分に指定の文字列が表示されました（**図4**）。

図4　タイトルを入れたサンプル

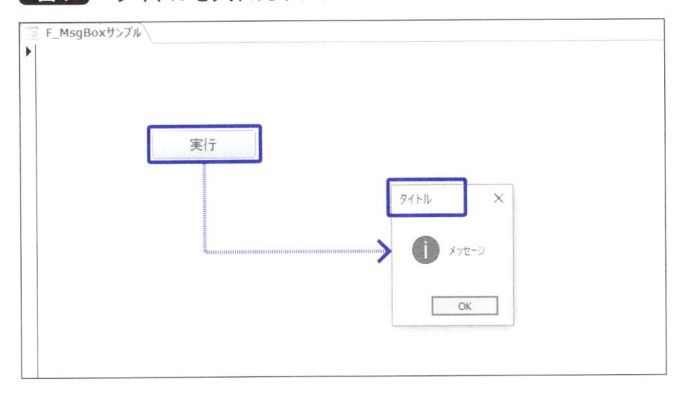

6-1-2 戻り値

「buttons」引数は、**コード3**のように足して記述することでボタンの種類とアイコンを同時に設定できます。どちらも数値型で、この値の合計でメッセージボックスの見た目が変わります。

コード3　「buttons」引数のイメージ

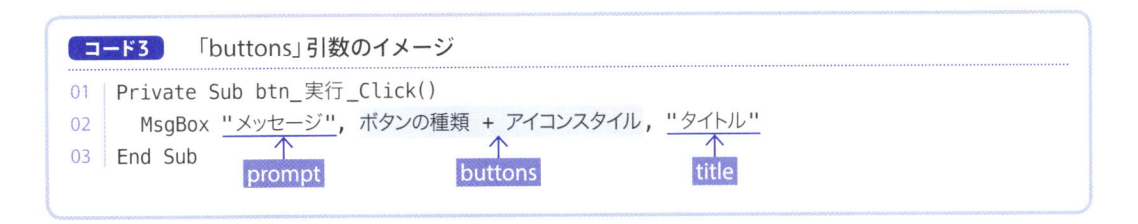

しかしここまで、ボタンの種類を指定していませんよね。ボタンの種類は指定なしの場合は既定値で「vbOKOnly」定数になっていて、この値は「0」なので、省略されると「OK」のみのボックスが出るようになっているのです（**コード4**）。

コード4 省略されていた「vbOKOnly」

```
01  Private Sub btn_実行_Click()
02    MsgBox "メッセージ", vbOKOnly + vbInformation, "タイトル"
                          ↑             ↑
                          0             64
03  End Sub
```

ボタンの種類を「vbOKCancel」に変えてみましょう（**コード5**）。

コード5 ボタンの種類を変える

```
01  Private Sub btn_実行_Click()
02    MsgBox "メッセージ", vbOKCancel + vbInformation, "タイトル"
03  End Sub
```

実行すると、「OK」と「Cancel」の2つのボタンが載ったメッセージボックスになります（**図5**）。いずれかのボタンをクリックすることで閉じます。

図5 「vbOKCancel」の結果

なお、アイコン部分は書かなければ値「0」となり、アイコンが非表示になります（**コード6**）。

コード6 ボタンの種類を設定して、アイコンを設定しない

```
01  Private Sub btn_実行_Click()
02    MsgBox "メッセージ", vbOKCancel, "タイトル"  ←── アイコンスタイルを設定しない
03  End Sub
```

設定できるボタンの種類を**表3**にまとめました。この表内のイメージはアイコンを省略しています。

表3 「buttons」引数のボタン種類一覧

定数	値	イメージ
vbOKOnly	0	タイトル／メッセージ／OK
vbOKCancel	1	タイトル／メッセージ／OK キャンセル
vbAbortRetryIgnore	2	タイトル／メッセージ／中止(A) 再試行(R) 無視(I)
vbYesNoCancel	3	タイトル／メッセージ／はい(Y) いいえ(N) キャンセル
vbYesNo	4	タイトル／メッセージ／はい(Y) いいえ(N)
vbRetryCancel	5	タイトル／メッセージ／再試行(R) キャンセル

このように、メッセージボックスではたくさんのボタンを提示することができるうえ、実は「どのボタンがクリックされたか」ということも知ることができます。今まではボタンが1つしかなかったので不要でしたが、ボタンが複数になると「どのボタンがクリックされたか」が知りたいですよね。その結果によってプログラムの動きを変えたら、とても便利です。

プログラム上で処理した何かを知ることを**取得**と呼ぶので、「どのボタンがクリックされたか」を取得してみましょう。

「どのボタンがクリックされたか」は数値型で取得できるので、「response（レスポンス）」という意味の「res」という変数を数値型で宣言し、そこへ結果を取得してみましょう（**コード7**）。

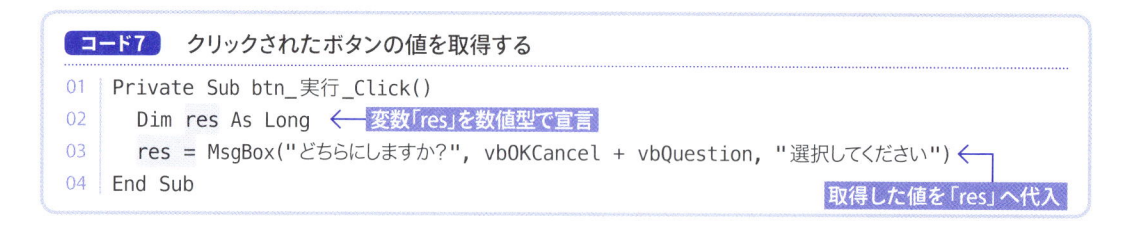

コード7 クリックされたボタンの値を取得する

```
01  Private Sub btn_実行_Click()
02    Dim res As Long  ← 変数「res」を数値型で宣言
03    res = MsgBox("どちらにしますか?", vbOKCancel + vbQuestion, "選択してください")  ←
04  End Sub                                                          取得した値を「res」へ代入
```

取得した「res」のように、命令に対して返ってくる値のことを、**戻り値（または返り値）**といいます。

これで「End Sub」にブレイクポイントを設定して実行してみると、「OK」をクリックした場合の戻り値は「1」、「Cancel」をクリックした場合の戻り値は「2」であることがわかります（**図6**）。

図6 クリックしたボタンで戻り値が変わる

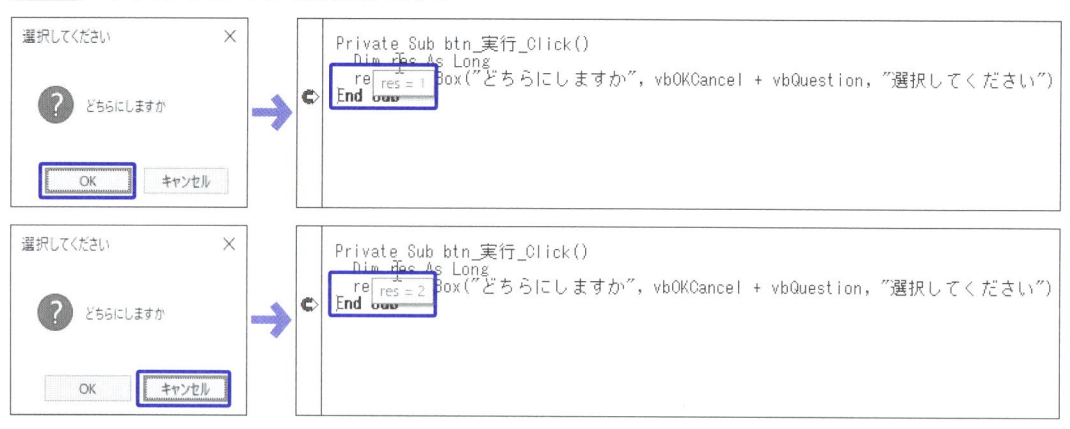

他のボタンで取得できる戻り値は**表4**のようになっています。

表4 MsgBoxの戻り値一覧

定数	値	押されたボタン
vbOK	1	OK
vbCancel	2	キャンセル
vbAbort	3	中止
vbRetry	4	再試行
vbIgnore	5	無視
vbYes	6	はい
vbNo	7	いいえ

命令に対して返ってくる戻り値の違いを利用して、違う動きをさせるには、If文を使って**コード8**のように書きます。ここでも、定数を使うとコードが読みやすくなります。

コード8 戻り値によって違う動きをさせる

```
01  Private Sub btn_実行_Click()
02    Dim res As Long   ← 変数を宣言
03    res = MsgBox("どちらにしますか?", vbOKCancel + vbQuestion, "選択してください") ←
                                                              戻り値を取得
04
05    If res = vbOK Then   ← 戻り値が「OK」だったら
06      MsgBox "OKが選択されました"
07    ElseIf res = vbCancel Then ← 戻り値が「Cancel」だったら
08      MsgBox "Cancelが選択されました"
09    End If
10  End Sub
```

実行した結果は**図7**のようになります。

図7 実行結果

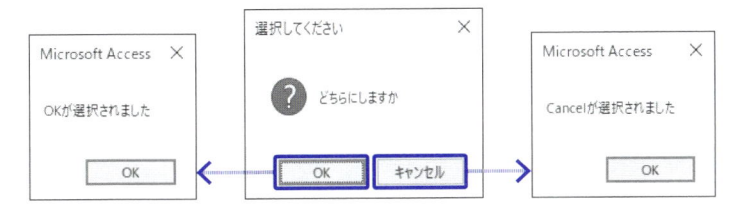

なお、メッセージボックス右上の⊠ボタンをクリックしてみると戻り値は「2」で、「Cancel」と同じ扱いなのがわかります。この場合の戻り値は実質「OK」と「Cancel」の2択しかないので、**コード8**の7行目は「Else」だけでも大丈夫です。

2択しかないことを逆手にとって、「OK」の場合のみ処理をしたいのならば、変数を使わずに**コード9**のように書くこともできます。

コード9 MsgBoxをIf条件へ使う

```
01  Private Sub btn_実行_Click()
02    If MsgBox("どちらにしますか?", vbOKCancel + vbQuestion, "選択してください") = vbOK Then
03      MsgBox "OKが選択されました"
04    End If
05  End Sub
```

6-1-3 関数

6-1-2で扱った「MsgBox」のように、「戻り値を返してくれる機能を持つ命令」を「関数」と呼びます。5-2-1で使った「InputBox」や、5-2-2の「Now」、5-3-2の「DLookup」も、関数です。

「MsgBox」の戻り値は数値型でしたが、ここでは違う型の戻り値を持つ複数の関数を組み合わせて、使い方を再確認しましょう。

コード9までのサンプルをさらに改造します（コード10）。

コード10 複数の関数を使ったサンプル

```
01  Private Sub btn_実行_Click()
02
03      Dim userValue As Variant          ← すべての型がOKな型で変数を宣言   処理1
04      userValue = InputBox("数字を入力してください", "サンプル")   ← ユーザーの入力値を取得
05
06      Dim outputText As String          ← 処理3で使う文字列型の変数を宣言   処理2
07      If IsNumeric(userValue) = True Then   ← 処理1で入力された値が数値か判定
08          outputText = "入力された値は数値です。"
09      Else   ← Falseだった（数値ではなかった）場合
10          outputText = "入力された値は数値ではありません。"
11      End If
12
13      If MsgBox(outputText & vbNewLine & "続けますか?", _   処理3
14          vbOKCancel + vbQuestion, "選択してください") = vbOK Then   ← メッセージ部分の変更
15          MsgBox "OKが選択されました"
16      End If
17
18  End Sub
```

実行してみると、「処理1」部分で入力画面を表示し、入力された戻り値を変数「userValue」へ取得します（図8）。「InputBox」関数は数値も文字列もいろんな値が入力可能なので、Variant型にしておきましょう。

図8 処理1部分

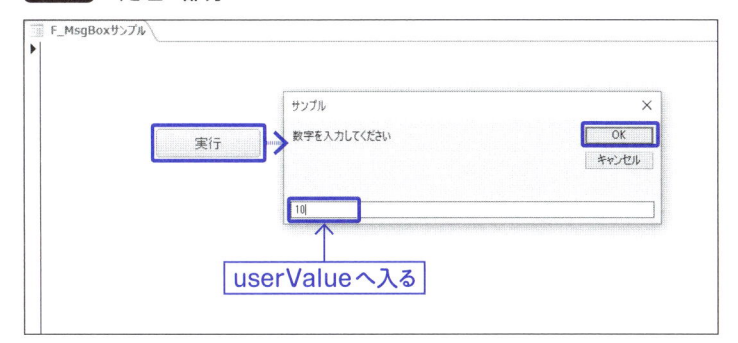

処理2では、変数「userValue」内容によって、処理3で出力するメッセージの文字列を変えています。Ifの条件に「IsNumeric」関数を使っています。「IsNumeric（引数）」と書くと、カッコの中身を判定してTrueかFalseを返してくれる関数です。

最後に処理3で、変数「outputText」をメッセージとして出力し、「OK」が選択されたときのみ、さらにメッセージボックスが表示されます（**図9**）。

図9 処理3部分

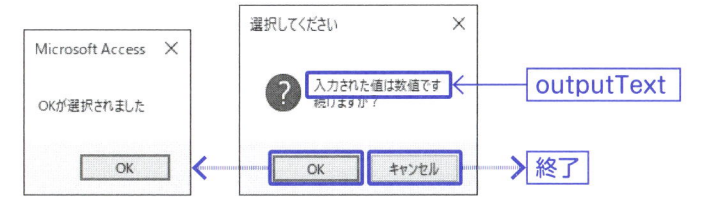

このように、If文や関数を組み合わせることで、多様な動き方ができるようになります。

CHAPTER
6

6-2 オブジェクトに働きを与える メソッド

命令には他にも種類があり、何かをさせる目的で使う命令のことをメソッドと呼びます。ここではメソッドについて、理解を深めましょう。

6-2-1 メソッドとは

3-4-2（89ページ）などで使用した「フォームを開く」という命令は、「DoCmd.OpenForm "フォーム名"」のように書きましたよね。この命令の中で、「OpenForm」が**メソッド**のひとつです。「フォームを開く」という命令のように、**何かの操作を行わせる命令がメソッドになります。**

そして、**オブジェクトごとに必要な、さまざまな操作にメソッドが用意されています**。そのため、「DoCmd」オブジェクトの「.OpenForm」という「メソッド」という呼び方で区別されます。

VBAでは一般的に、オブジェクトに対して「.動詞＋対象」という書き方をするものがメソッド（働き）で、入力支援で図10のようなアイコンが表示されます。

図10 メソッド

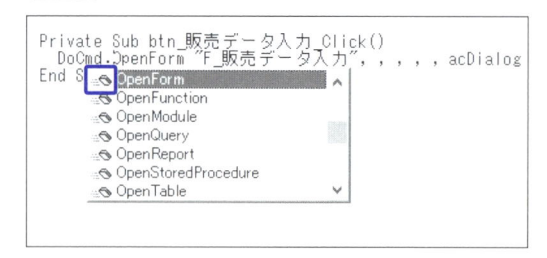

命令の種類がメソッドである、ということを知らなくても初歩のプログラミングはできますが、用語を知っていると勉強の効率化につながりますので、基本用語は積極的に覚えていきましょう。

6-2-2 メソッドを使った例

本書付属CD-ROMのCHAPTER 6→Beforeフォルダーから、SampleData6-2.accdbを開いてみてください。このサンプルは5-1（124ページ）で作成したサンプルと同じものです。

3-3-2（82ページ）の最後にて、「親子フォームの親IDが確定していない場合、子レコードの入力ができない状態にすべき」という解説をしていましたが、この処理をメソッドを使って実装してみま

しょう。

　対象のフォームとなる「F_販売データ入力」をデザインビューで開きます（図11）。

　サブフォームコントロールを選択し、プロパティシートの「イベント」タブの「フォーカス取得時」にて … ボタンをクリックして（図12）、「コードビルダー」を選択します。

　「サブフォームにフォーカスが入ったら」というイベントプロシージャが作成できました（図13）。

図11　対象フォームをデザインビューで開く

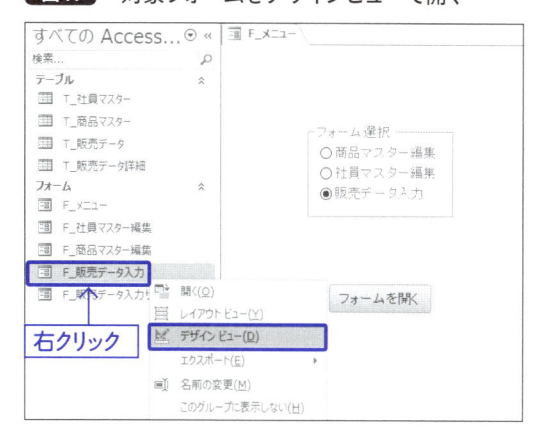

図12　サブフォームの「フォーカス取得時」イベントプロシージャを作成

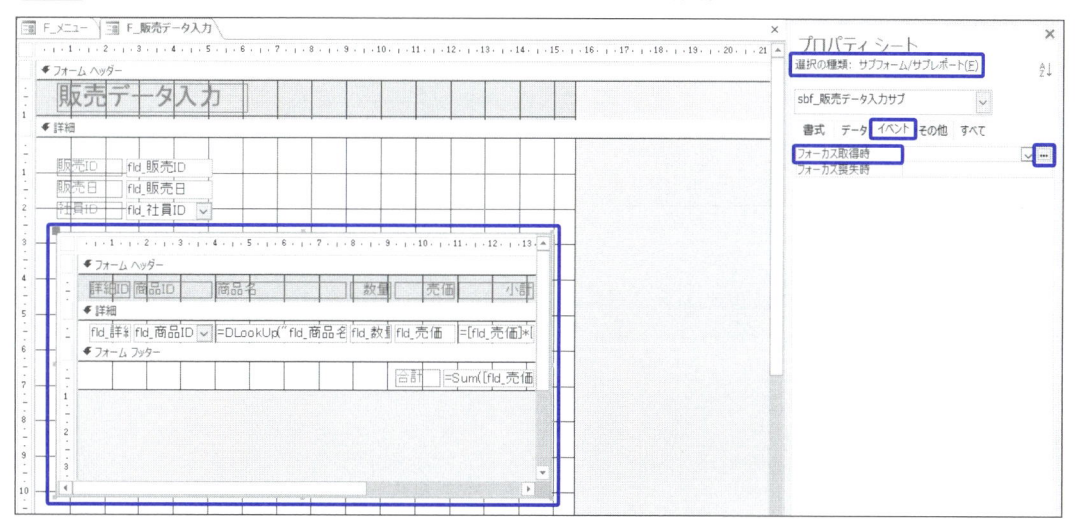

図13　作成されたイベントプロシージャ

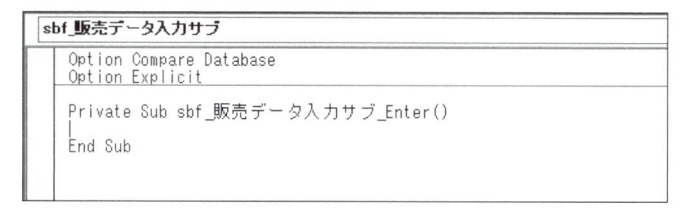

このイベントプロシージャに、**コード11**を記述します。

コード11 SetFocusメソッドのサンプル

```
01  Private Sub sbf_販売データ入力サブ_Enter()
02    If IsNull(Me.txb_販売ID.Value) = True Then   ←「txb_販売ID」が未確定だったら
03      MsgBox "先に販売IDを確定させてください", vbExclamation, "確認"   ← メッセージを表示
04      Me.txb_販売日.SetFocus ←「SetFocus」メソッドで「txb_販売日」にフォーカスを移す
05    End If
06  End Sub
```

2行目、Ifの条件に、IsNull関数を使っています。IsNull関数はカッコ内に記述した引数がNullかどうかを判定して、何も入っていない状態つまりNullならTrueを、何か入っているならFalseを返します。

コード11の場合、「txb_販売ID」の値がNullだったらメッセージを表示し、フォーカスを移す、という流れになっています。

VBEを保存して、動作確認してみましょう。「F_販売データ入力」をいったん閉じ、「F_メニュー」のフォームビューにて「販売データ入力」を選択してボタンをクリックします（**図14**）。

「F_販売データ入力」が開いたら、新しいレコードへ移動します（**図15**）。

図14 起動

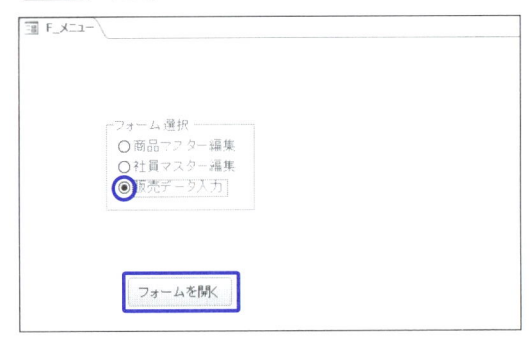

図15 新しいレコードへ移動

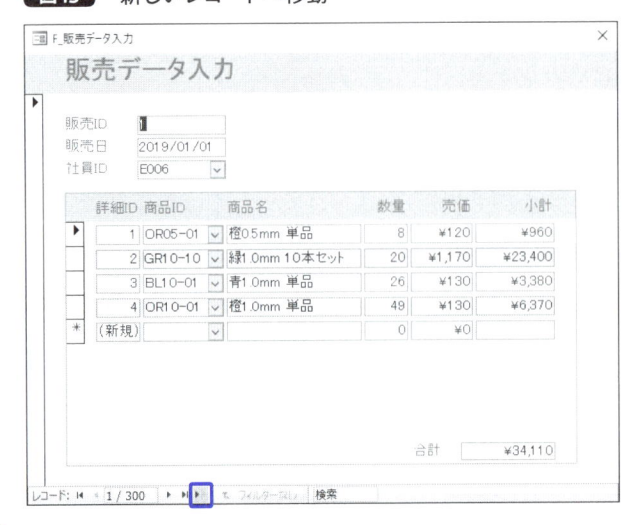

　新規レコードでは、まだ親IDが確定していません。この状態でサブフォーム内をクリックしてみると、メッセージボックスが表示され、フォーカスが「txb_販売日」に移動します（**図16**）。

図16 動作確認

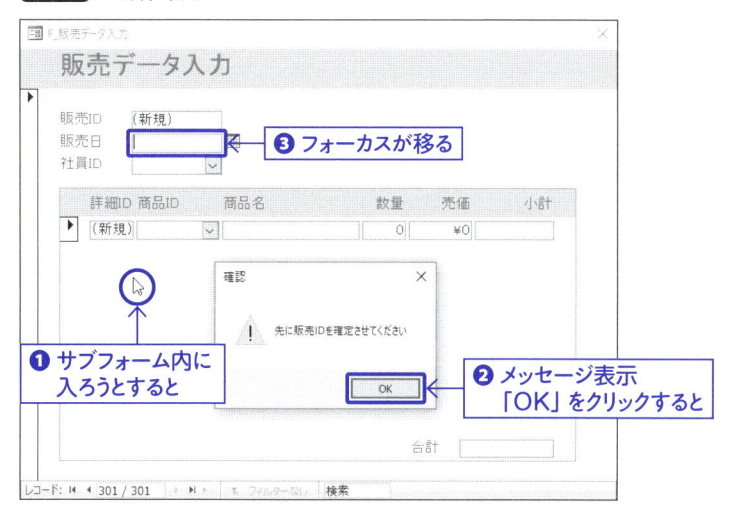

　ただし、このままでは既存レコードを操作したあと、フォーカスがサブフォーム内に入った状態で新規レコードへ移動したときにもメッセージが出てしまいます。これは、レコード移動時にフォーカスの位置を引き継ぐ性質があるので、新規レコードに移動したあとでも自動でフォーカスがサブフォーム内に入ってしまうためです。この意図しない動きを防ぐために、「F_販売データ入力」の「レコード移動時」のイベントプロシージャを作成して（**図17**）、**コード12**を書いておくとよいでしょう。

CHAPTER
6

図17 「レコード移動時」イベントプロシージャを作成

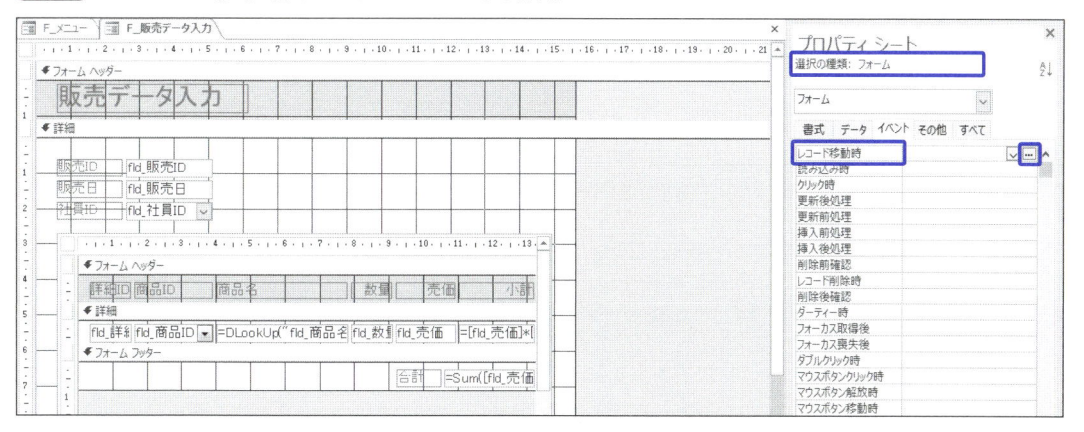

コード12 意図しない動きを回避するためのコード

```
01  Private Sub Form_Current()  ←レコード移動時
02     Me.txb_販売日.SetFocus ←「txb_販売日」にフォーカスを移しておく
03  End Sub
```

こうすることで、レコードを移動するたびに「txb_販売日」がフォーカスの最初の位置になるので、勝手にサブフォーム内にフォーカスが入ることがありません。

6-3 オブジェクトの属性を取得・変更 プロパティ

プロパティについて、3-1-2（54ページ）でかんたんに解説を行いました。ここでは、もう少し踏み込んで、オブジェクトの属性を扱う命令、プロパティについて学習します。

6-3-1 プロパティとは

　チェックボックスやテキストボックスの「値」を指定するとき、「コントロール名.Value」という書き方をしてきました。この「.Value」の部分が**プロパティ**と呼ばれるものです。

　プロパティは、ボタンやテキストボックスを代表とするコントロール（オブジェクトの一種）などが持っているさまざまな設定値（属性）のことです。たとえば、ボタンには、プログラミング上で利用する名前を示す「名前」プロパティや、ボタン上に表示される文字列を示す「標題」プロパティなどが存在します。

　プロパティはメソッドと違ってそれ単体で動作をするわけではありません。プロパティはオブジェクトが持つ設定値（属性）なので、代入したり、引数に指定したりといった場面で利用されます。

　Access VBAでは一般的に、オブジェクトに対して「.名詞」という書き方をするものがプロパティ（属性）で、入力支援で図18のようなアイコンが表示されます。

図18 プロパティ

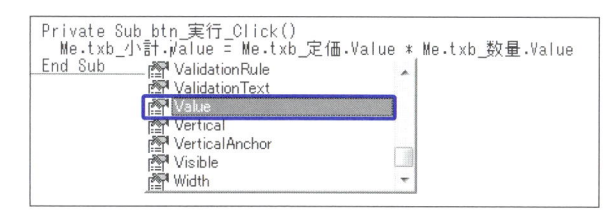

6-3-2 体裁に関するプロパティ

　本書付属CD-ROMのCHAPTER 6→Beforeフォルダーから、SampleData6-3.accdbを開いてみてください。このサンプルはCHAPTER 5で作成したAfterフォルダーのSampleData5-3.accdbと同じものです。

　この「F_計算サンプル」フォームをデザインビューへ切り替えます。「フォーム」の「読み込み時」イベントプロシージャを作成して（図19）、「フォームが開いたとき」にコントロールのプロパティ（属性）が変化するプログラムを作ってみましょう。

CHAPTER
6

図19 「フォーム」の「読み込み時」イベントプロシージャを作成

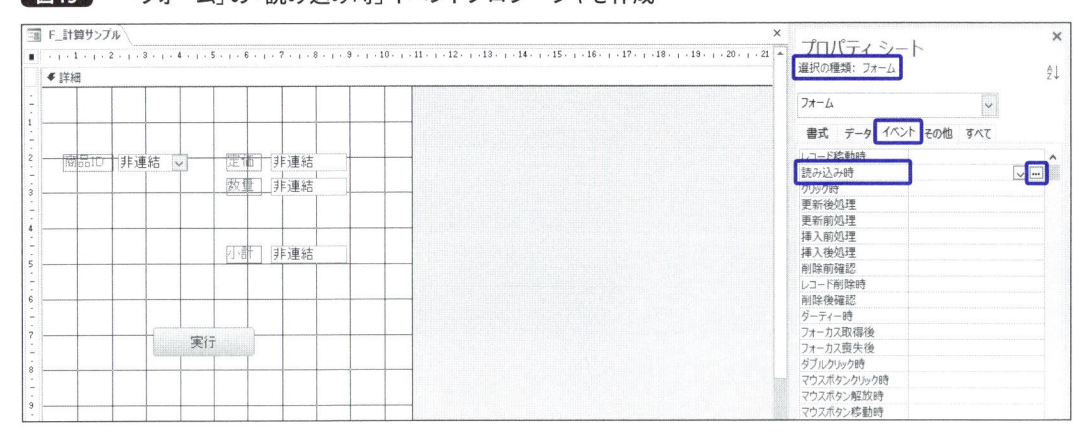

作成した「フォーム読み込み時」のイベントプロシージャに**コード13**のように記述します。

コード13 プロパティを変更するサンプル

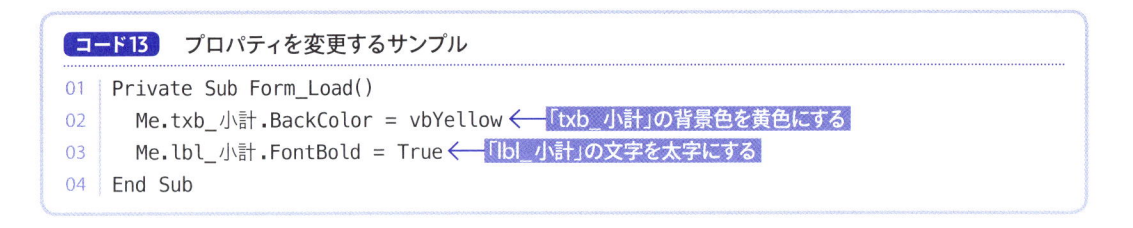

```
01  Private Sub Form_Load()
02    Me.txb_小計.BackColor = vbYellow ←「txb_小計」の背景色を黄色にする
03    Me.lbl_小計.FontBold = True ←「lbl_小計」の文字を太字にする
04  End Sub
```

このコードは「フォーム読み込み時」に起動するプロシージャなので、フォームビューに切り替えるだけで**図20**のように見た目が変わります。

色に関しても「定数」が用意されています。**表5**にまとめました。

図20 フォームビューへ切り替え

表5 色の定数一覧

定数	色
vbBlack	黒
vbRed	赤
vbGreen	緑
vbYellow	黄
vbBlue	青
vbMagenta	マゼンタ（明るい赤紫）
vbCyan	シアン（明るい青）
vbWhite	白

　ただ、定数にはスタンダードで色味の強いものしか用意されていないので、少々使いにくい部分もあるかもしれません。その場合、**コード14**のように「RGB」という色の組み合わせで好みの色を表現することができます。

コード14 RGBで色を指定するコード

```
Me.txb_小計.BackColor = RGB(0, 0, 0)  ← Rの値、Gの値、Bの値の順で数値を指定する
```

　RGBの数値の指定は、Accessの「書式」→「背景色」→「その他の色」→「ユーザー設定」で色を選ぶ際に表示されますので、参考にするとよいでしょう（**図21**）。

図21 色のRGB指定の参考

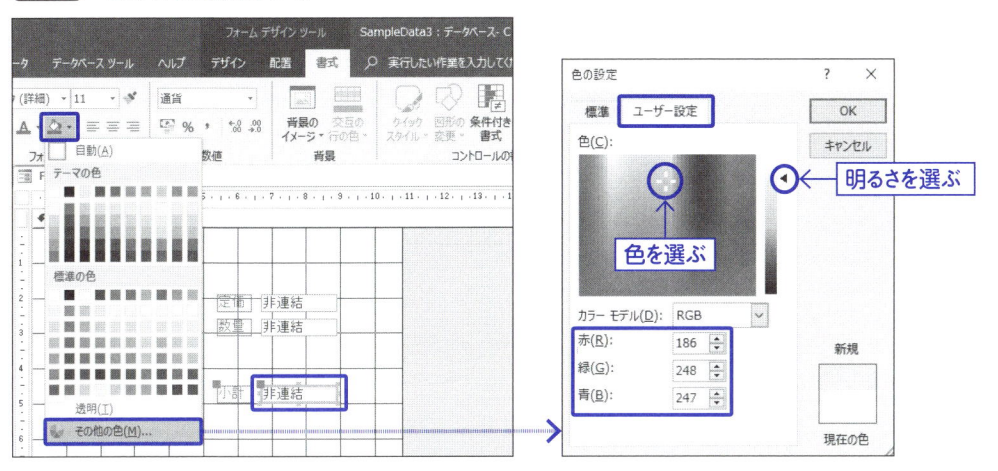

　なお、プロパティはAccessのプロパティシートからも設定できます（**図22**）。

図22 プロパティシートからも設定できる

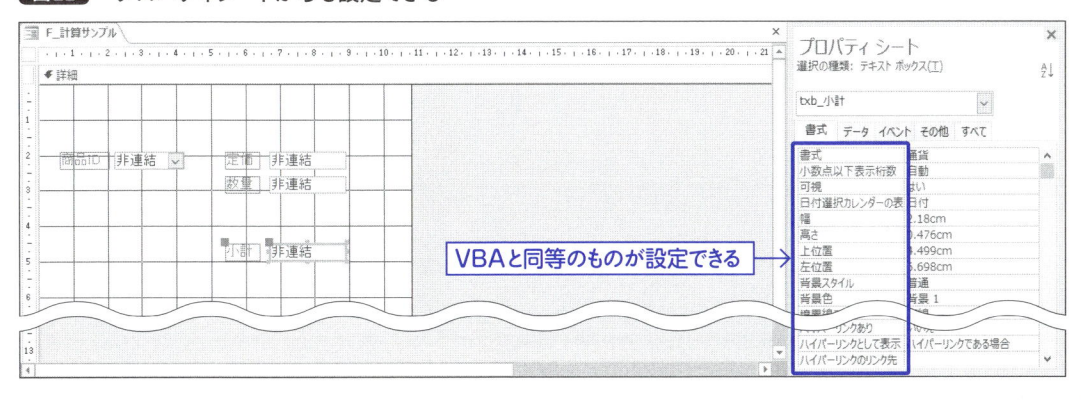

6-3-3 機能に関するプロパティ

プロパティは見た目に関することだけでなく、「機能」を制御することもできます。**コード15**のように、コードを変更してみましょう。

コード15 機能を変更する

```
01  Private Sub Form_Load()
02    Me.txb_小計.Enabled = False
03    Me.btn_実行.Enabled = False
04  End Sub
```

「txb_小計」テキストボックスと、「btn_実行」ボタンの「.Enabled（使用可能）」プロパティをFalseにするコードです。フォームビューに切り替えてみると、**図23**のようにグレーアウトしてフォーカスが移らなくなりました。「使用不可」になったということですね。

この設定も、VBAでなくともプロパティシートの「データ」タブからも設定できます（**図24**）。

図23 「使用不可」になった状態

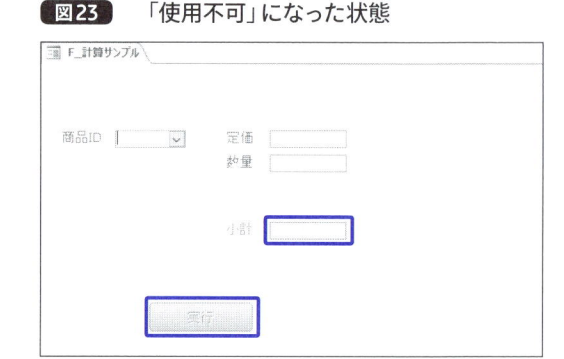

図24 プロパティシートからも設定できる

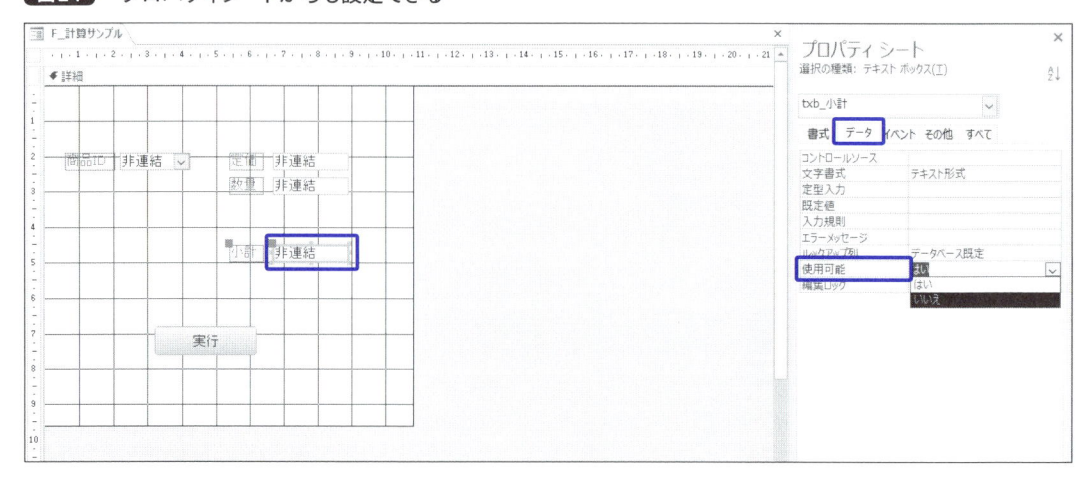

6-4 変数でプロパティを変える
動的変更

プロパティシートで属性を変える方法も説明しましたが、その方法では、終始その状態になってしまいます。何かの条件のときに属性が変化するという場合にこそ、VBAで記述するメリットがあります。

6-4-1 プロパティの指定に変数を使う

プロパティシートを使って、プロパティを変えることはできますが、それではプログラムで必要な際に、プロパティを変化させることができません。そのため、コード上でプロパティを変化させる方法を解説します。

では、チェックボックスの値によって「使用可能」と「使用不可」を切り替えるコードを作ってみましょう。

デザインビューに切り替え、「デザイン」タブから「チェックボックス」を選択して任意の場所でクリックします（図25）。

図25 チェックボックスを挿入

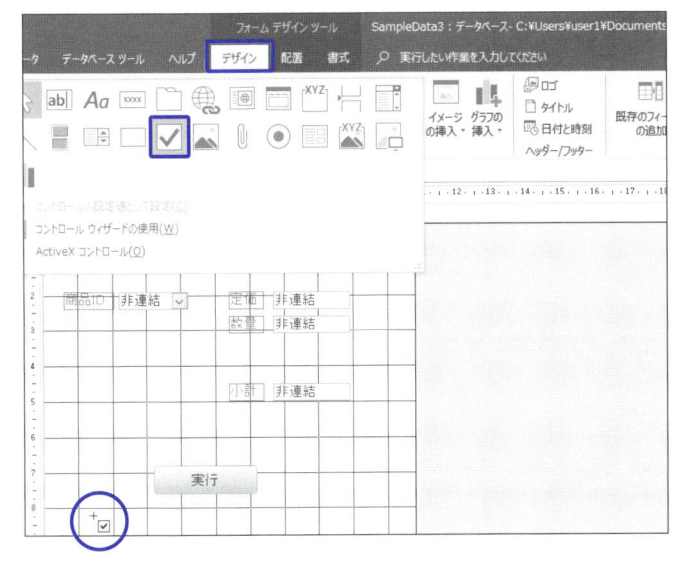

このチェックボックスを「chk_使用可能」という名前にして、既定値を「True」にしておきます（図26）。

図26 名前と規定値を設定

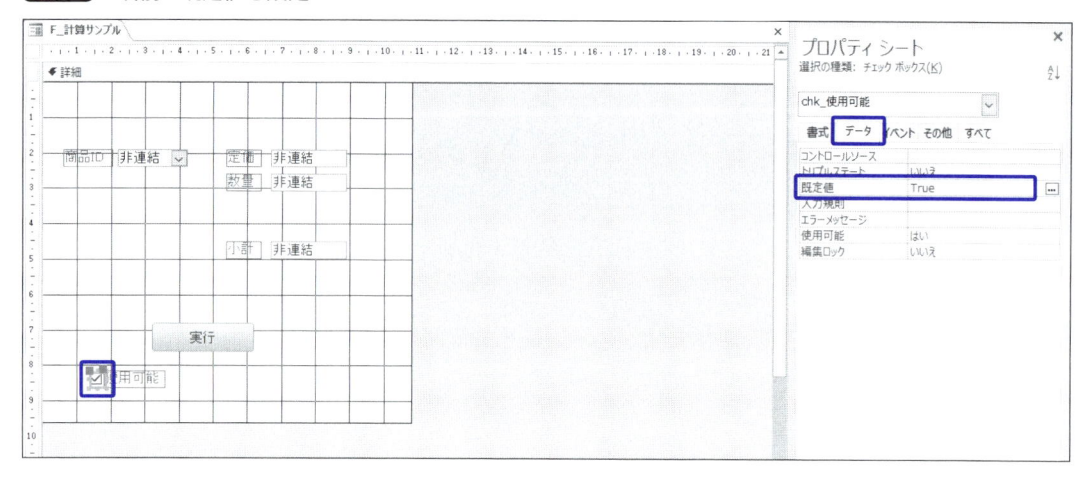

「クリック時」のイベントプロシージャを作成します（図27）。

図27 「クリック時」イベントプロシージャを作成

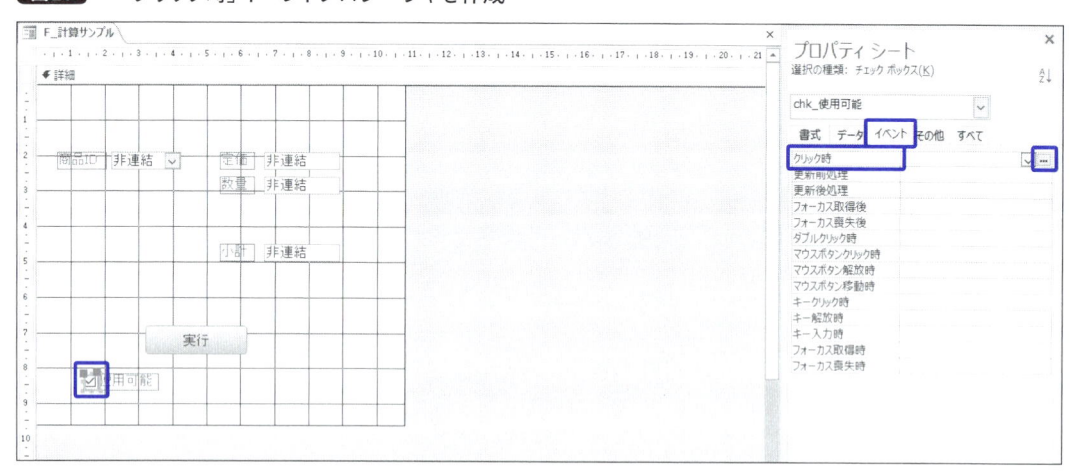

作成されたプロシージャに**コード16**を書きます。

コード16 機能を変更する

```
01  Private Sub chk_使用可能_Click()  ←──[チェックボックスクリック時]
02    Dim enableType As Boolean  ←──[変数「enableType」をBoolean型で宣言]
03    enableType = Me.chk_使用可能.Value  ←──[チェックボックスの値を代入]
04
05    Me.txb_小計.Enabled = enableType  ←──[「Enabled(使用可能)」プロパティを変数で設定]
06    Me.btn_実行.Enabled = enableType
07  End Sub
08
09   [省略]
10
11  Private Sub Form_Load()  ←──[フォーム読み込み時]
12    'Me.txb_小計.Enabled = False  ←──[コメントアウトしておく]
13    'Me.btn_実行.Enabled = False
14  End Sub
```

「フォーム読み込み時」のコードはいったんコメントアウトしておき、「チェックボックスをクリックした時」のイベントプロシージャへ処理を記述します。

チェックボックスの値と、「Enabled」プロパティに設定できる値はともにBoolean型なので、チェックボックスの値を変数へ格納し、それを「Enabled」プロパティの値として使っています。

6-4-2 動作確認

保存してフォームビューで開き直し、チェックボックスをクリックしてチェックを外したり入れたりしてみましょう。チェックの有無によって該当コントロールの「Enabled(使用可能)」プロパティが変化します(図28)。

図28 プロパティが動的に変化

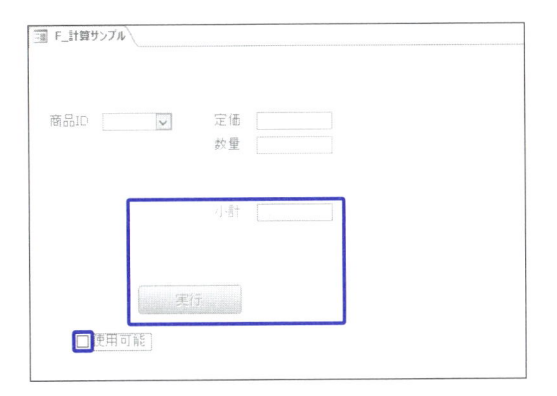

　このように条件によってプロパティを変更すると、すべての項目を埋めない限りボタンを押すことができないなどの柔軟なプログラムを作成することができます。

　なお、コントロールが無効の状態をデフォルトにしたい場合、フォーム読み込み時にコントロールを無効化するコードのコメントアウトを外し（**コード17**）、「chk_使用可能」チェックボックスの「既定値」を「False」にすることで実装できます（**図29**）。

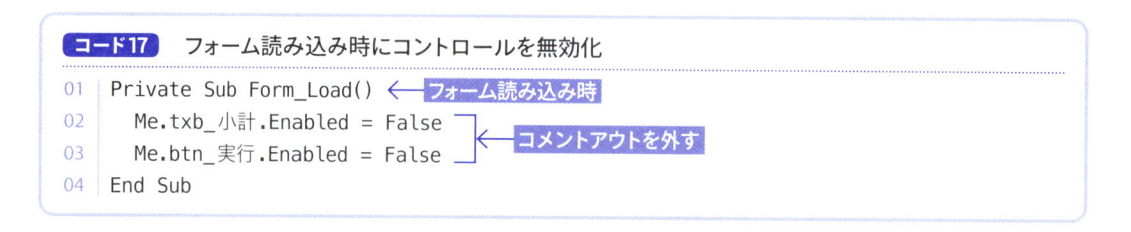

コード17　フォーム読み込み時にコントロールを無効化

```
01  Private Sub Form_Load()        ← フォーム読み込み時
02      Me.txb_小計.Enabled = False
03      Me.btn_実行.Enabled = False    ← コメントアウトを外す
04  End Sub
```

図29　無効状態をデフォルトにする

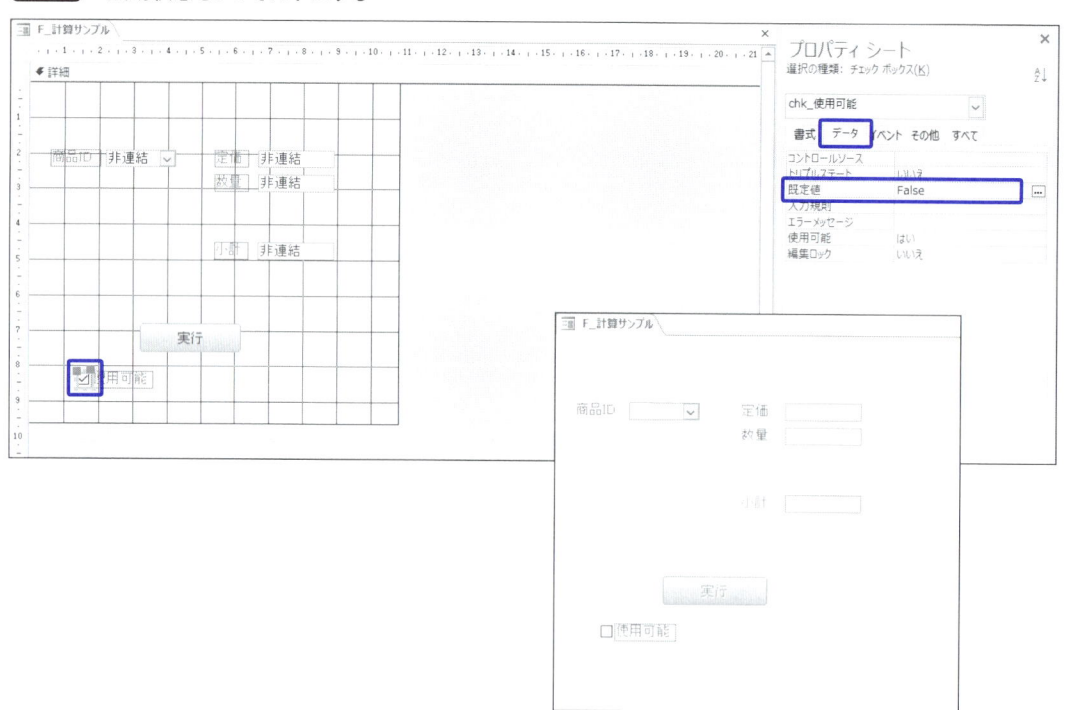

デバッグとエラー処理

プログラムでエラーを出さないために

7-1 コーディング

プログラムを書きやすく、読みやすくするために

VBAでのプログラミングは、文字情報です。それゆえ意図を明確にしながら書かないと、すぐに読みにくい状態になりがちです。ここでは、コードの読み書きに関する注意や機能を確認していきましょう。

7-1-1 命名規則

大抵の場合プログラムは、一度書いたら終わりではありません。途中で使われ方が変わったり、機能を追加したくなったり、現場の状況とともにメンテナンスしながら運用していくことがほとんどです。

3日前に書いたコードならまだしも、1年前に書いたコードを修正しなければならない状況になったらどうでしょうか？　他人が書いたコードを修正する必要に迫られたら、まずは**解読**から始めなくてはなりません。

そんなとき、あらかじめコーディングのルールを決めておき、そのルールを遵守して書いてあれば、コードを読めば「これはこういう機能のプロシージャだな」とか、「この変数はアレを格納するものだな」という推測ができます。この**推測できるかどうかがとても重要**で、コードのメンテナンスにかかる時間が大幅に変わってくるのです。

それでは、コーディングのルールその1、命名規則（32ページ）について改めて解説します。ここまで出てきた命名規則を、**表1**と**表2**にまとめました。コードが命名規則にしたがって書かれていれば、「○○というフォームの××というテキストボックス」や、「プロシージャの概要」などが読み取れて、それは「読みやすい」コードとなります。

表1 本書におけるオブジェクト（コントロール）の命名規則

オブジェクトの種類	綴り方
テーブル	T_名称
クエリ	Q_名称
フォーム	F_名称
レポート	R_名称
フィールド	fld_名称
ボタン	btn_名称
テキストボックス	txb_名称
コンボボックス	cmb_名称
ラベル	lbl_名称

表2 本書におけるコーディングの命名規則

種類	規則	目的	綴り方	例
モジュール	名詞	分類や役割を端的に表す	2つの単語の先頭を大文字でつなげる	MessageManager
プロシージャ	動詞＋名詞	作業内容を端的に表す	最初の単語のみ小文字で、2つ目の単語の先頭を大文字でつなげる	showMessage
変数	名詞	内容を端的に表す	最初の単語のみ小文字で、2つ目の単語の先頭を大文字でつなげる	formName

　なお、本書で挙げた命名規則は、**どんな状況でも必ずこうしなければいけないものではありません**。規模や使用人数によって環境はまったく異なるので、**その環境でもっとも理解しやすく、メンテナンスしやすい形を決めて、決めた規則を遵守することが大切**です。

7-1-2 インデントとコメントアウト

　こちらも**2-4**（**47ページ**）で軽く説明しましたが、コードを「読みやすく」保つために大切なので、おさらいしておきましょう。

　ここまで学んできたように、VBAでの記述は「ここからここまで」という状態が多くみられます。これを**ブロック**と呼びます。「プロシージャのブロック」「If条件に整合したときの処理ブロック」「If条件に不整合だったときの処理ブロック」などが明確にわかるようになっていると、一目で処理の範囲がわかり、読みやすさは格段に違います。そのために適宜、**インデントを使うのが大切**なのです。

　また、コメントアウトを使うとメモを残すことができますが、これも多ければ多いほどよいというわけでもありません。コメントだらけになってしまったコードもまた、読みにくいものになってしまうからです。

　したがって、コードの基本的な流れは命名規則によって読み取れるのが理想で、**コメントは注意事項などの補足として使う**くらいに考えておくとよいでしょう。

　なお、インデントとコメントアウトは、**ブロック単位**で行うことができます。本書付属CD-ROMのCHAPTER 7→Beforeフォルダーから、SampleData7-1.accdbを開いてみてください。

　VBE画面を開き、「表示」→「ツールバー」→「ユーザー設定」を選択します（**図1**）。

図1 「ユーザー設定」の選択

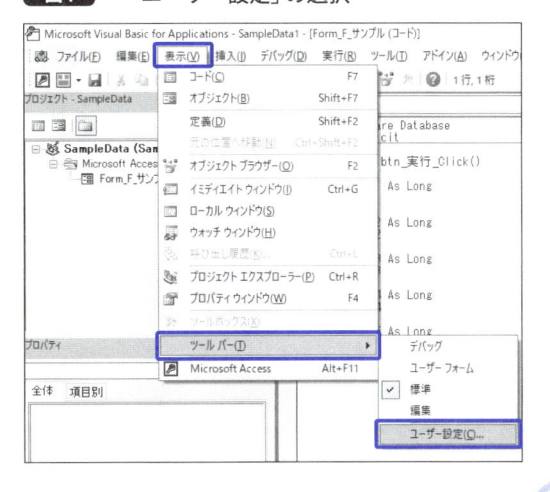

CHAPTER
7

「コマンド」タブで「編集」を選択すると、右側に「インデント」「コメントブロック」に関する項目があるので、ツールバーにドラッグ（図2）すると使いやすくなります。インデントは Tab キー、インデントを戻すのは、 Shift ＋ Tab キーというショートカットキーでも操作可能ですが、コメントに関してはショートカットキーが存在しないので、ツールバーにボタンを表示しておくと便利です。

図2 便利な項目をツールバーへ

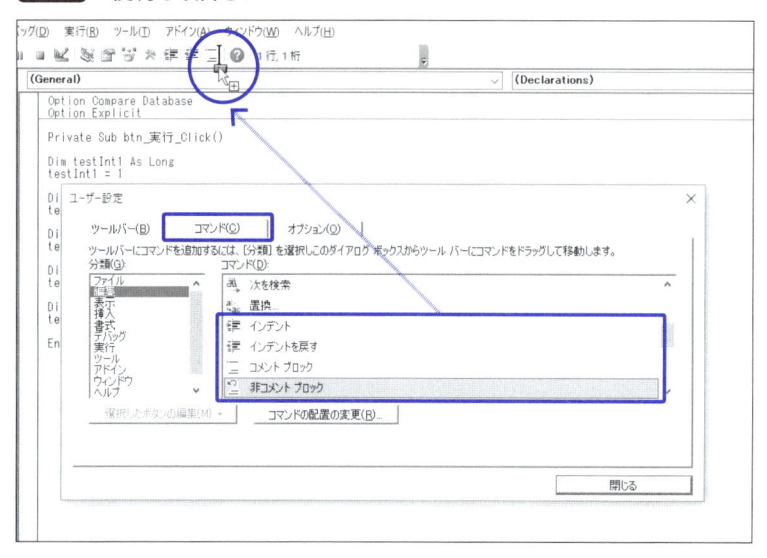

インデントやコメントを適用したい部分を複数行選択してツールバー上のボタンをクリックすると、ブロック単位で操作できます（図3）。

図3 ブロック単位の操作

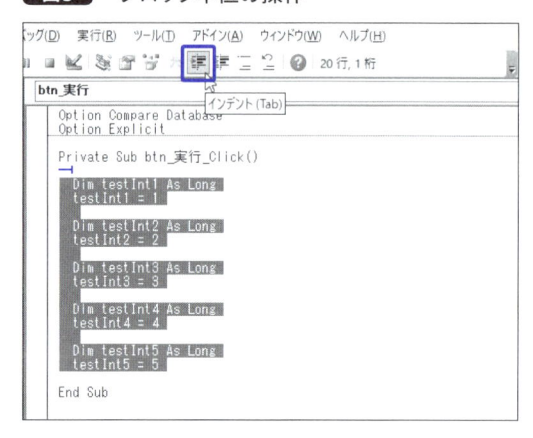 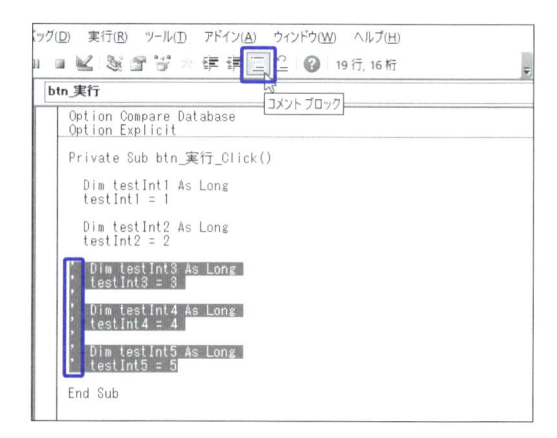

なお**コメントブロック**、**非コメントブロック**は、プログラミングをしながら「この部分をちょっと

だけ変えて動くか実験をしたい」「ここだけいったんスルーして次を動かしたい」などテスト実行するときに重宝します。元のコードをブロック単位でコメントアウトしておけば、元の状態に戻すのがかんたんだからです。

7-1-3 編集ツールの使い方

他にも、コーディングをしやすくするために便利なツールが用意されています。デフォルトで「ツール」→「オプション」を選んで開くウィンドウの「編集」タブを開くと、**図4**のようにチェックが入っているので、コードを入力している最中にヒントが現れていました。

図4 入力支援の設定

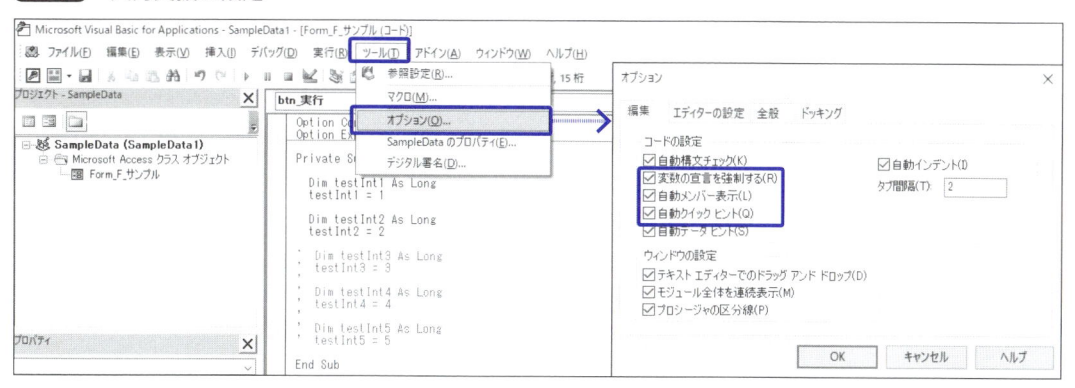

ただし、これは一定の条件の場合しか表示されません。この入力支援を、自分の好きなタイミングで表示させることができます。「表示」→「ツールバー」→「編集」をクリックして表示されるツールバー（**図5**）を使うことで、入力支援を始め**表3**のような機能を使うことができます。

図5 「編集」ツールバー

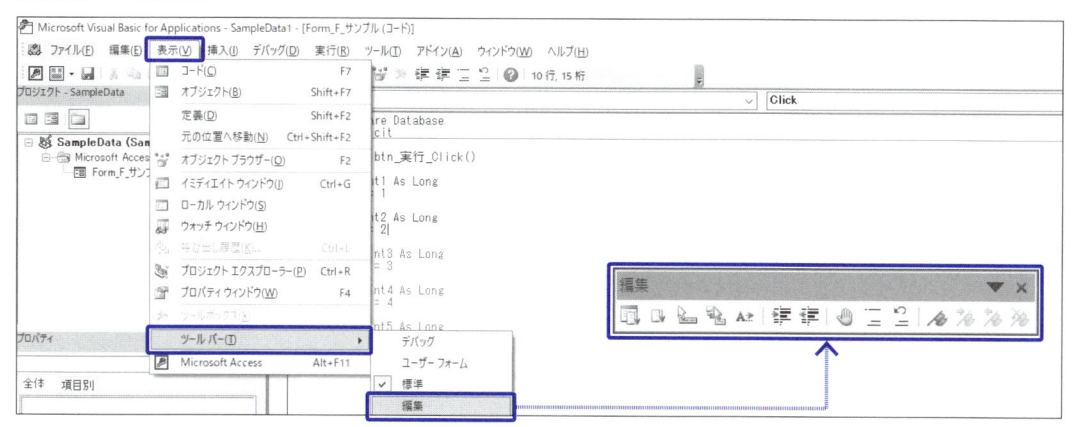

CHAPTER
7

表3 編集ツール

アイコン	名称	ショートカットキー	解説
	プロパティ／メソッドの一覧	Ctrl + J	プロパティ・メソッドの一覧を表示
	定数の一覧	Ctrl + Shift + J	定数の一覧を表示
	クイックヒント	Ctrl + I	クイックヒントを表示
	パラメーターヒント	Ctrl + Shift + I	パラメーターヒント（関数などで、どんな引数が必要かというヒント）を表示
	入力候補	Ctrl + Space	入力候補を表示し自動入力
	インデント	Tab	インデントを設定（7-1-2 176ページ）
	インデントを戻す	Shift + Tab	インデントを戻す（7-1-2 176ページ）
	ブレークポイントの設定／解除	F9	ブレイクポイントの設定と解除（4-1-3 104ページ）
	コメントブロック	—	コメントブロックを設定（7-1-2 176ページ）
	非コメントブロック	—	コメントブロックを解除（7-1-2 176ページ）
	ブックマークの設定／解除	—	ブックマークの設定と解除
	次のブックマーク	—	次のブックマークへ移動
	前のブックマーク	—	前のブックマークへ移動
	すべてのブックマークの解除	—	すべてのブックマークを解除

　この中で、**特に入力候補が便利**です。この機能は表示だけでなく、絞り込めば入力までしてくれるので、たとえば「MsgBox」を入力したい場合、「ms」と打って Ctrl + Space キーを押すだけで「MsgBox」へ補完して自動入力してくれるので、タイプミスもなく素早く入力することができます。この機能だけでもショートカットキーを覚えておくことをおすすめします。

　なお、ここで解説した内容を反映したサンプルファイルはありません。

7-2

プログラムや変数の動きを確認
デバッグ

プログラムは、意図と異なる動作になってしまうことがあります。たくさん書いたコードが一度で意図通りに動くことは少ないので、数行のまとまりでテスト実行しながら進めていくほうが効率的です。

7-2-1 デバッグとは

デバッグという単語は**プログラムの間違い（バグ）を取り除く**という意味を持ちます。

プログラミングには、ただコードを書くだけではなく、**実行テストを行い、コードが意図した通りに動くか確認し、動かなければ原因を調査して間違い（バグ）を修正する作業（デバッグ）**が含まれます（図6）。むしろ純粋にコードを書く時間よりもテストとデバッグ作業のほうが、多く時間を割く場合もあり得る、とても重要な作業なのです。

図6 テストとデバッグ

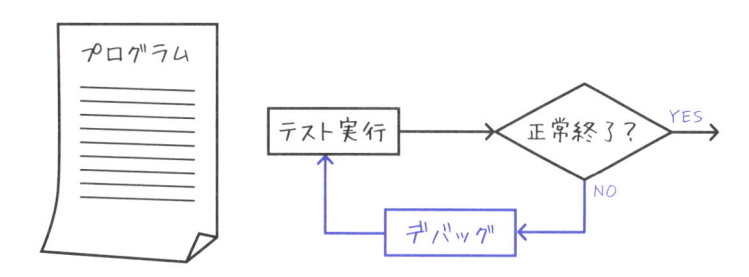

7-2-2 デバッグ用ウィンドウの使い方

テストからデバッグまでの一連の作業には、デバッグ用のウィンドウを使うと効率的です。**5-2-1**（134ページ）で紹介した「ローカルウィンドウ」もそのうちのひとつで、一時停止した時点での宣言されているすべての変数の中身を確認できます。ただし、「すべて」表示されてしまうので、変数の数が多いと逆に見づらくなってしまいます。

本書付属CD-ROMのCHAPTER 7→Beforeフォルダーから、SampleData7-2.accdbを開いてみてください。VBEで「btn_7_2_2サンプル_Click」プロシージャの「End Sub」にブレイクポイントを設置して実行してみると、ローカルウィンドウでは図7のようになります。

CHAPTER **7**

図7 変数が多い場合のローカルウィンドウ

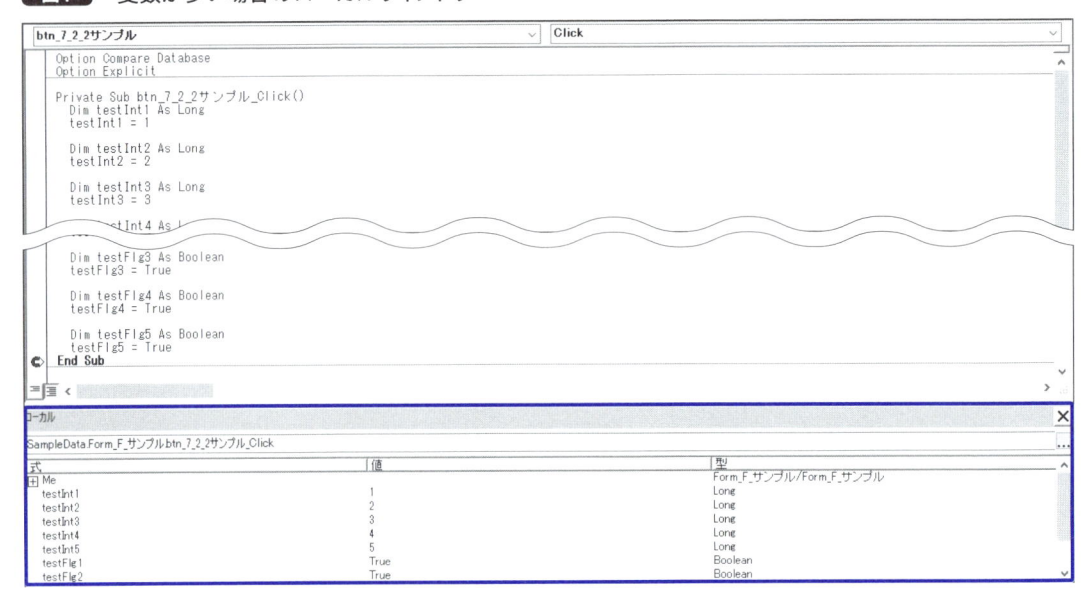

このように多数の変数の中で、指定した変数だけ確認できればよいという場合、**ウォッチウィンドウ**を使うとよいでしょう。「表示」→「ウォッチウィンドウ」から画面下部に表示できます（**図8**）。使わないウィンドウは右上の ☒ ボタンで非表示にできます。

図8 ウォッチウィンドウの表示

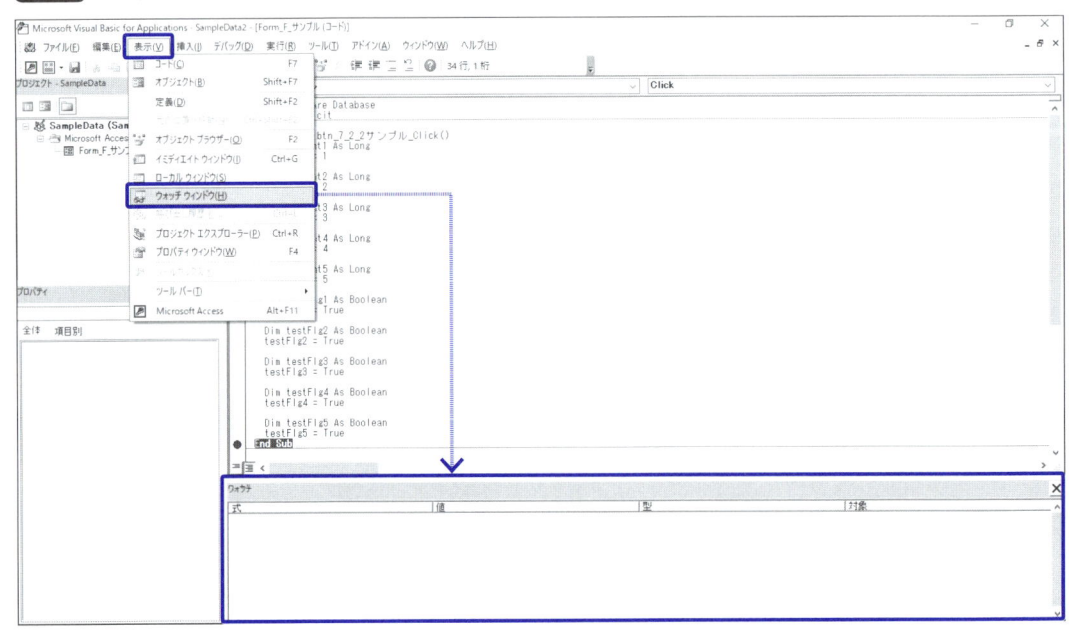

　ウォッチウィンドウでは、どの変数を監視するのか指定する必要があります。変数「testFlg1」を宣言している部分にカーソルを置いて、「デバッグ」→「ウォッチ式の追加」をクリックしてみましょう（図9）。

図9 ウォッチ式の追加

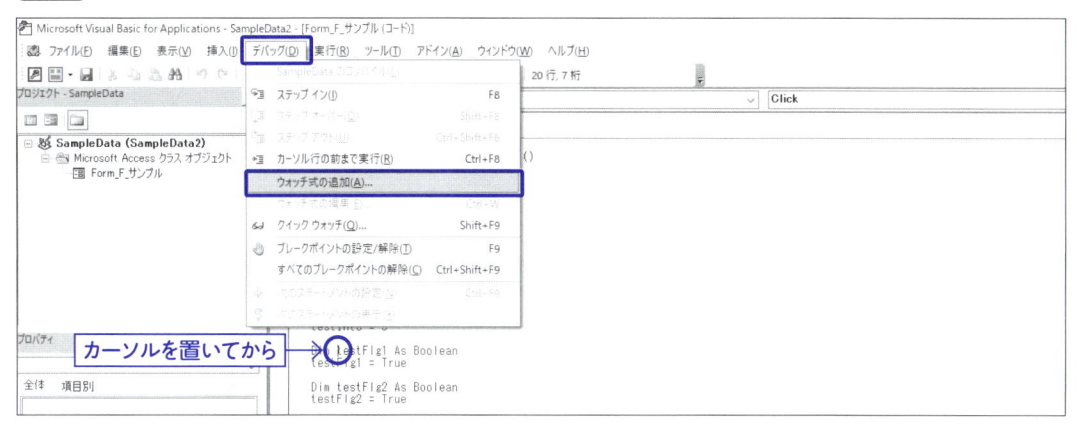

　ここで、監視する変数と、監視の種類を設定できます。監視する変数を確認し、「ウォッチの種類」を「式のウォッチ」に設定してみましょう（図10）。

図10 ウォッチ式の設定

　実行すると、ローカルウィンドウと同じく、一時停止した時点での変数の状態がウォッチウィンドウに表示されます（図11）。なお、プログラムの一時停止は、ブレイクポイントを設置する他に「Stop」と記述することでも一時停止することができます。

CHAPTER
7

図11 変数の状態を表示

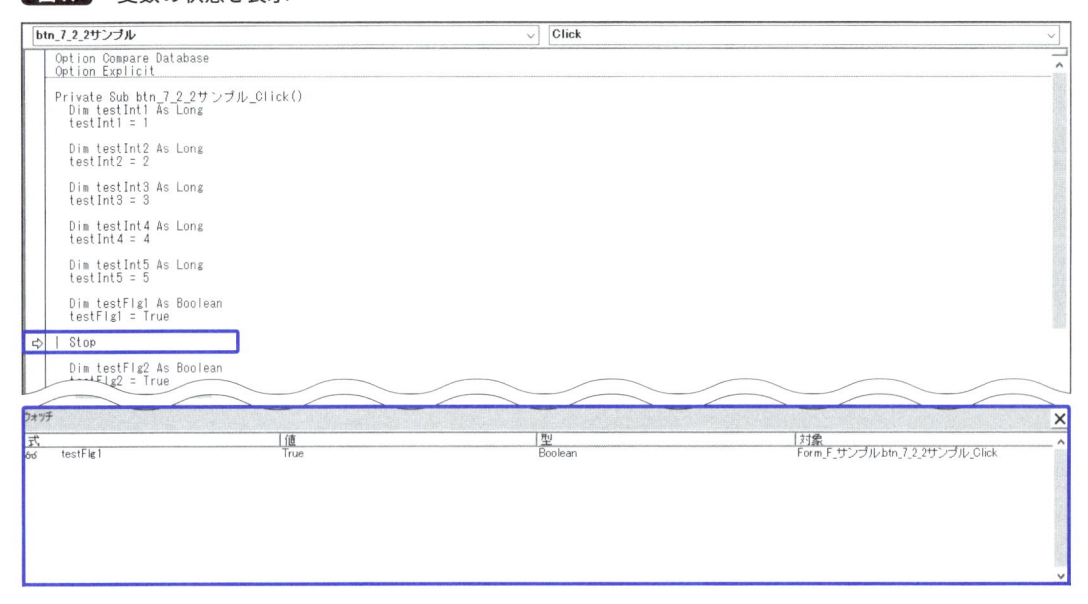

なお、**図10**にて「式がTrueのときに中断」「式の内容が変化したときに中断」を選択すると、ブレイクポイントや「Stop」を設置しなくても、条件を満たしたタイミングで一時停止し、その内容が表示されます（**図12**）。「式がTrueのときに中断」はBoolean型の場合のみ適用されます。

図12 条件で中断するウォッチ式の例

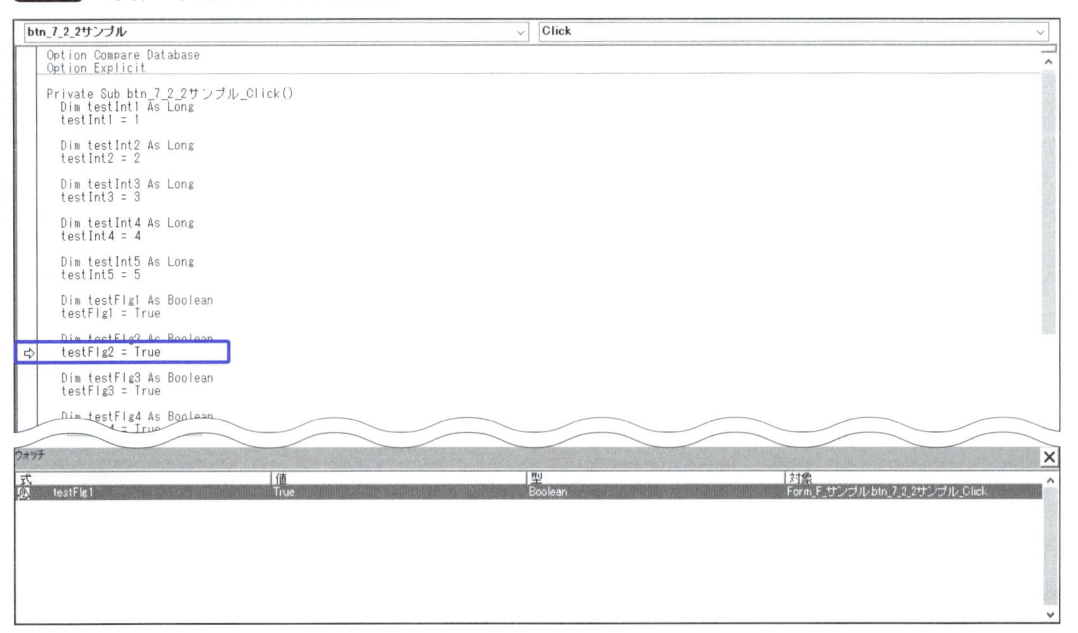

監視の設定を変更・解除したい場合、「デバッグ」→「ウォッチ式の編集」で変更、または削除することができます（**図13**）。

図13 監視の設定を変更・削除

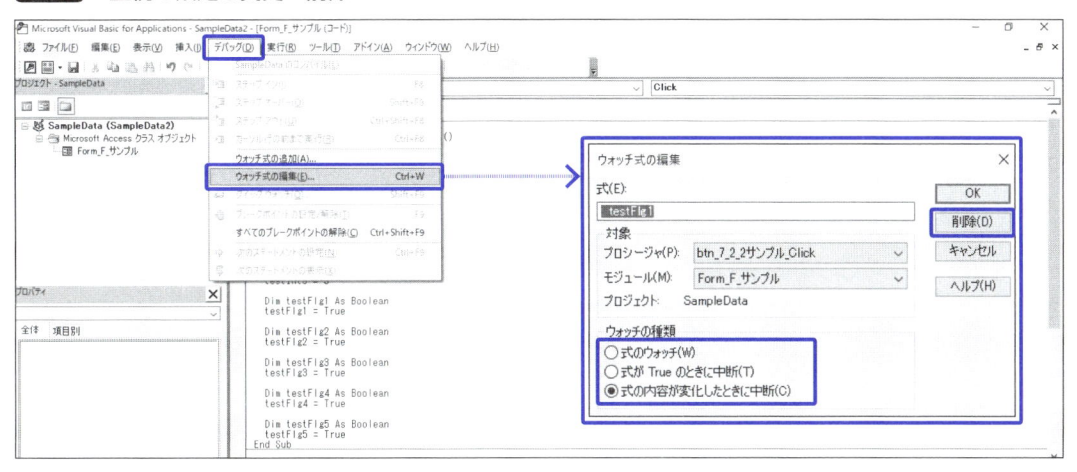

いったん登録したウォッチ式を削除し、今度は「表示」→「イミディエイトウィンドウ」を選択して**イミディエイトウィンドウ**を表示してみてください（**図14**）。

図14 イミディエイトウィンドウの表示

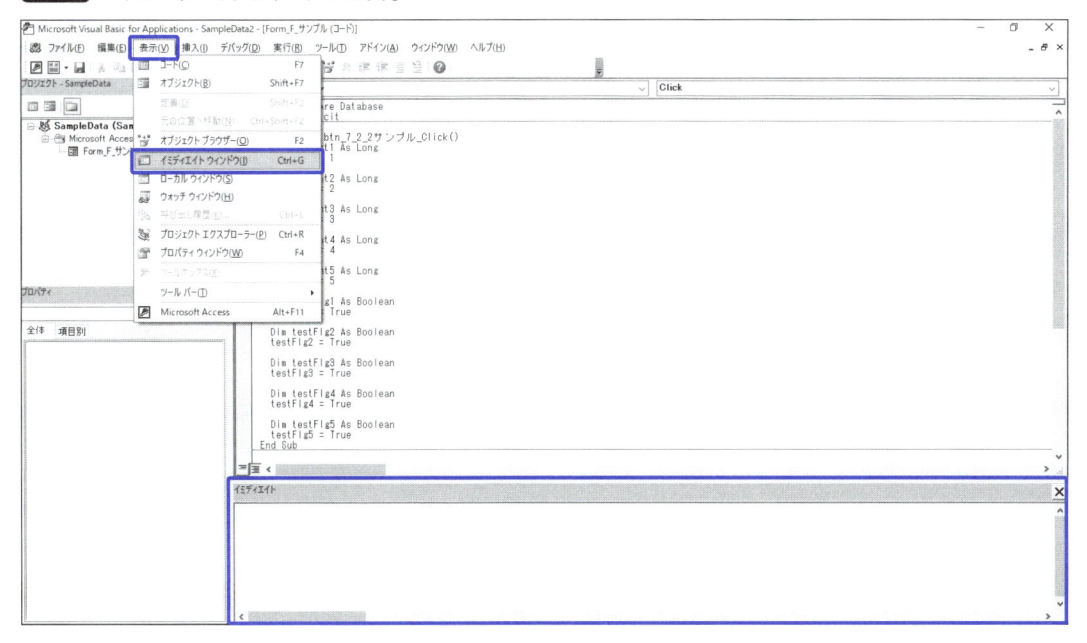

CHAPTER
7

イミディエイトウィンドウもデバッグ用に使われるウィンドウで、一時停止中にイミディエイトウィンドウに「?変数名」と入力して Enter キーを押すと、その下に現時点での値が表示されます（図15）。ウォッチウィンドウのように登録をしなくても手軽に扱えます。

イミディエイトウィンドウ内のテキストを消したい場合、選択して Delete キーで削除できます。Ctrl + A キーで全選択して削除するとかんたんです。

図15 変数の現状の値を表示

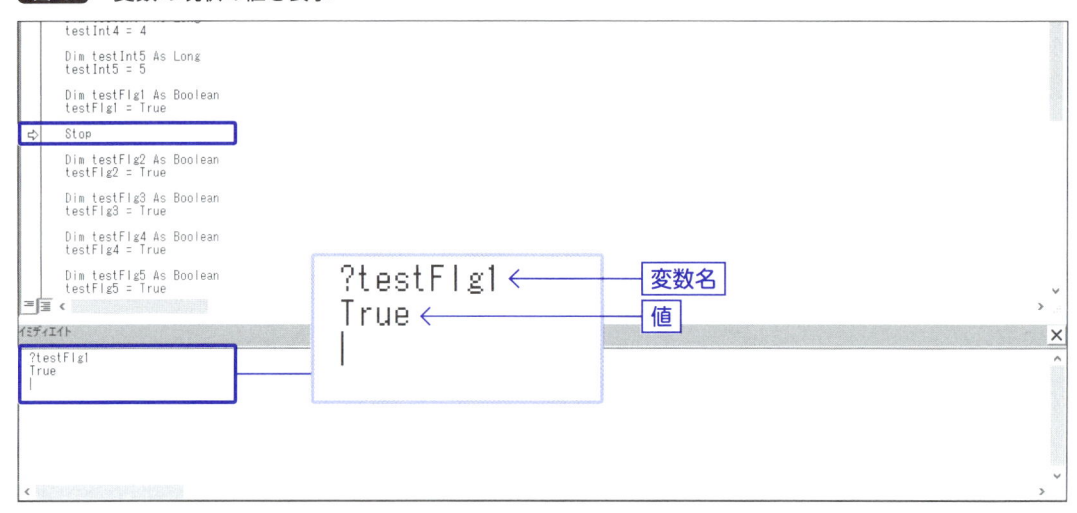

他にも、「?計算式」や「?関数」を入力して Enter キーを押すとその結果を表示してくれます（図16）。これらはプログラム実行中（一時停止状態）でなくても利用できます。

図16 計算式や関数の結果を表示

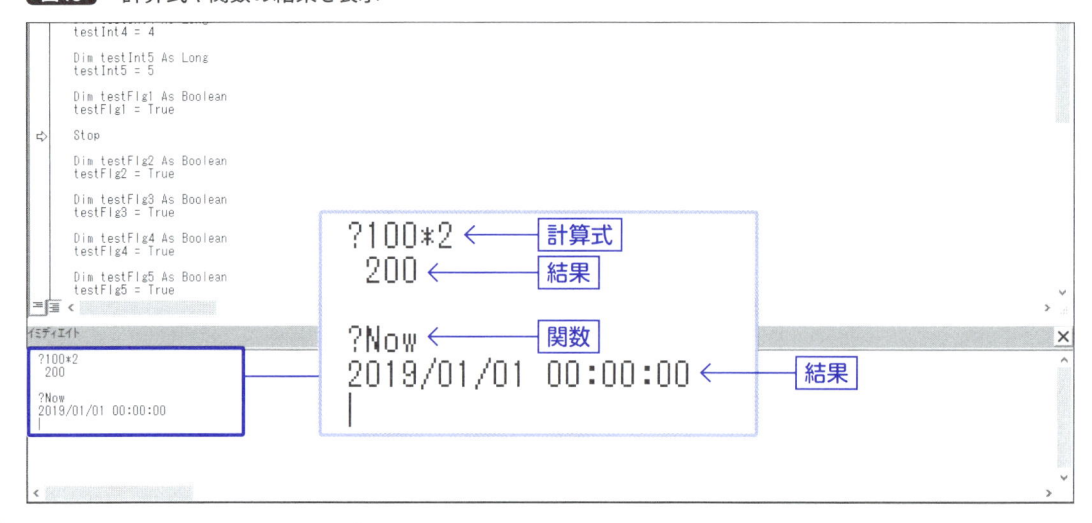

また、イミディエイトウィンドウでも入力支援の表示ができるので、入力中に Ctrl + Space キーを打つとかんたんにコントロールや関数を入力することができます（図17）。

図17 イミディエイトウィンドウで入力支援を使う

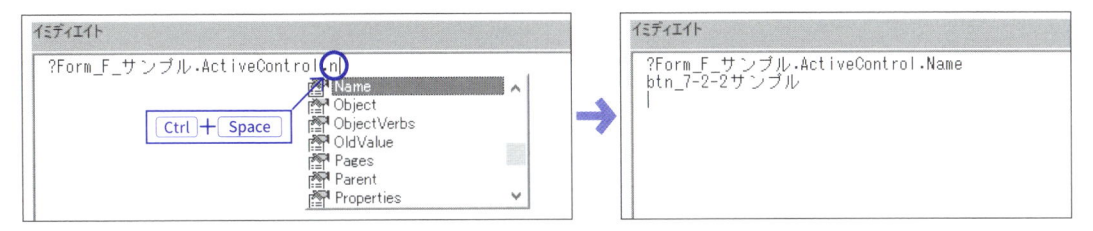

7-2-3 ステップ実行の種類

ここまで、コードの動作確認は一時停止をしてから F8 キーで1行ずつ実行していく、という**ステップ実行**を紹介してきましたが、この実行方法にも種類があります。 F8 キーはツールバーの「デバッグ」で表示される**ステップイン**という種類のステップ実行で、他にも種類があります（図18）。

図18 ステップ実行の種類

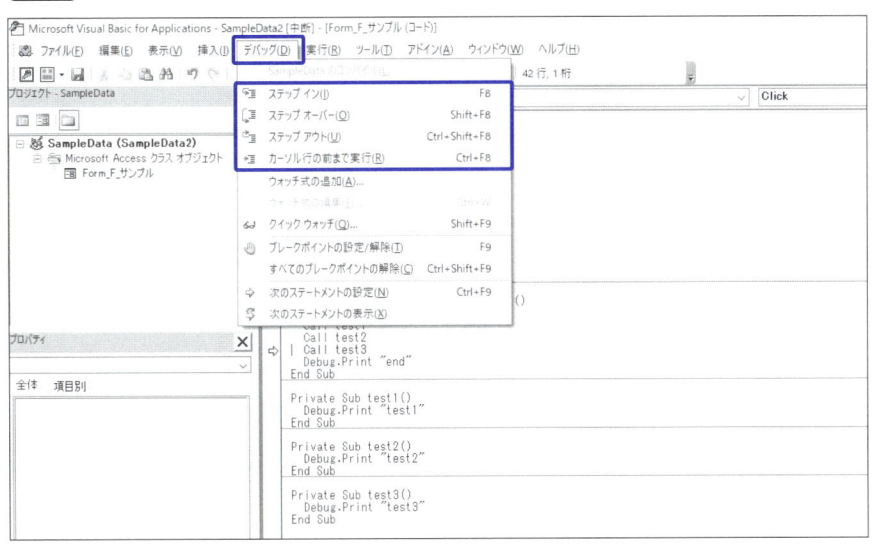

7-2-2に引き続き、SampleData7-2.accdbの「btn_7_2_3サンプル_Click」プロシージャを見てください（コード1）。

> **コード1** 「btn_7_2_3サンプル_Click」プロシージャ

```
01  Private Sub btn_7_2_3サンプル_Click()
02      Debug.Print "start"
03      Call runTask1
04      Call runTask2
05      Call runTask3
06      Debug.Print "end"
07  End Sub
```

この3行目の「Call runTask1」へブレイクポイントを設置して実行すると、イミディエイトウィンドウに「start」と表示されます（図19）。これは2行目の「Debug.Print "start"」のコードを実行したためです。「Debug.Print ○○」は、イミディエイトウィンドウへ簡易的に出力できる命令で、変数なども出力できる他、特定の文字列を指定しておくと、「ここまで実行されている」という目安にすることもできます。

さて、それでは一時停止している「Call runTask1」というコードを見てみましょう。これは「runTask1」プロシージャをCall（呼び出し）するコードです。ここで F8 キー（**ステップイン**）を押すと、図20のように実行中の黄色のハイライトが「runTask1」プロシージャへ移ります。

図19 Debug.Printの表示確認

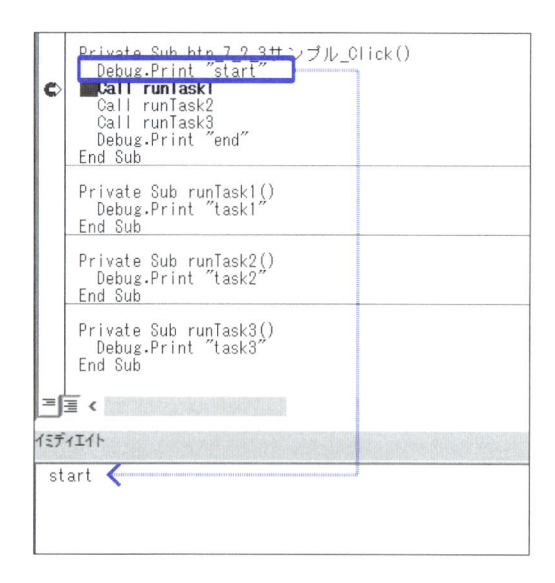

図20 ステップインで別プロシージャが呼び出されたときの動き

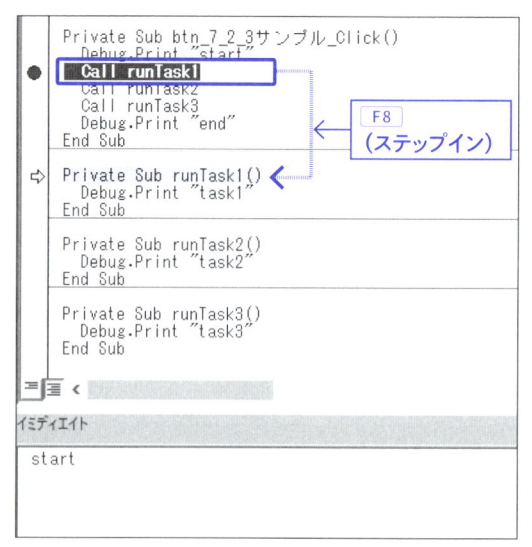

F8 キー（ステップイン）を押すたびに、1行ずつこのプロシージャが実行され、呼び出し先のDebug.Printによってイミディエイトウィンドウに「task1」と表示されたあと終了して、呼び出し元のプロシージャの次の行に戻ります（図21）。

このように F8 キーを押すことによるステップ実行は、**複数のプロシージャをまたいだ場合でも1行ずつ実行する**という特徴があります。

いったんプログラムを終了させ、もう一度3行目の「Call runTask1」へブレイクポイントを設置して実行し、今度は Shift + F8 キー（**ステップオーバー**）を押してみましょう。すると、「runTask1」プロシージャへは移らず、同じプロシージャの次の行へ移りました（**図22**）。イミディエイトウィンドウに「task1」が出力されているので、「runTask1」プロシージャはちゃんと実行されています。

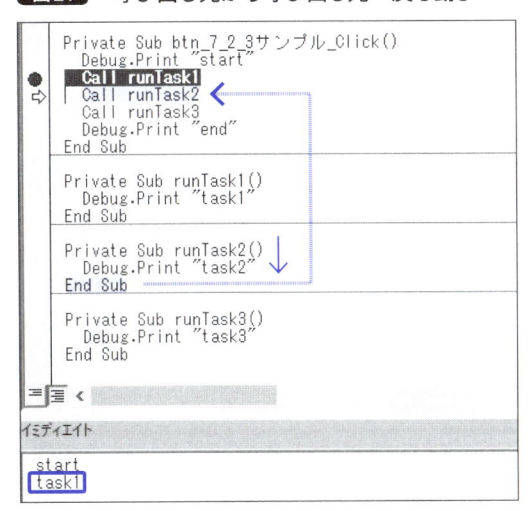

図21 呼び出し先から呼び出し元へ戻る動き

このように、**ステップオーバーは呼び出し先のプロシージャでは停止せず、呼び出し元へ戻った時点で停止する**という特徴があります。

図22 ステップオーバーの動き

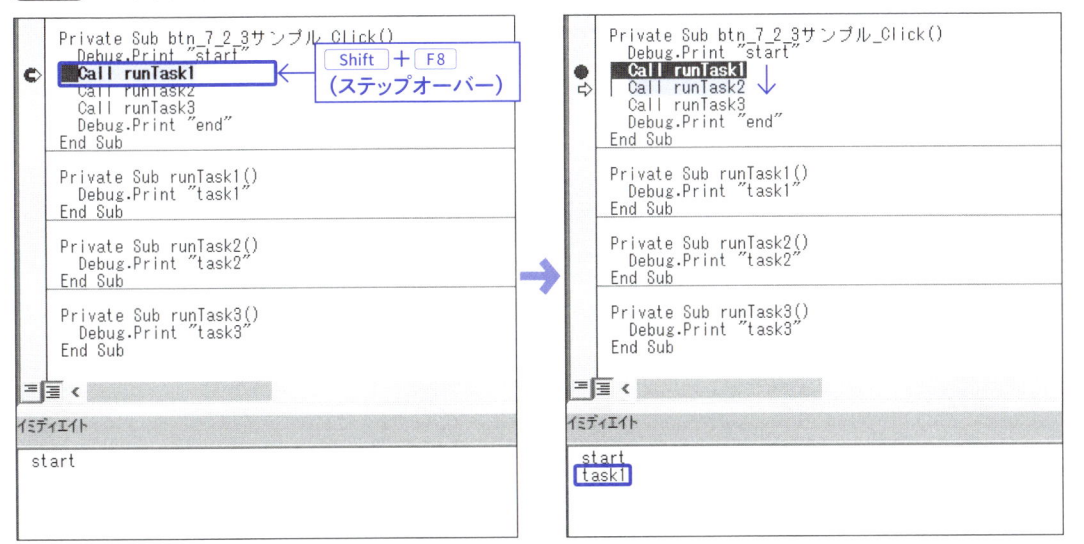

他にも、呼び出し先のプロシージャ内で停止しているときに Ctrl + Shift + F8 キー（**ステップアウト**）を押すと、現在地のプロシージャを実行して呼び出し元へ戻った時点で停止します（**図23**）。

図23 ステップアウトの動き

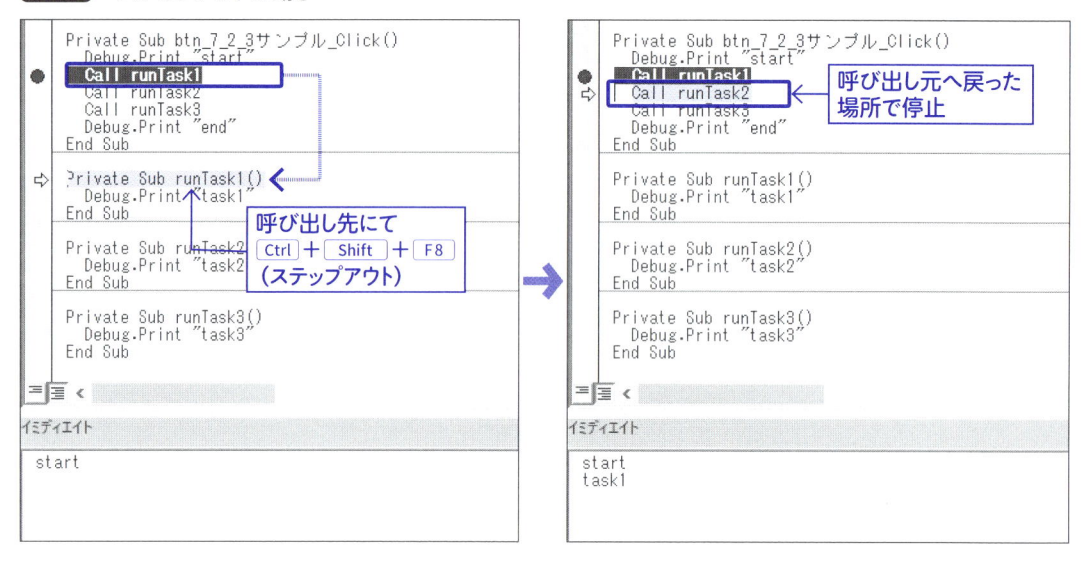

また、Ctrl + F8 キー（**カーソル行の前まで実行**）は、ブレイクポイントと同じような感覚で使えます。

　基本的には F8 キー（ステップイン）を使うことが多いですが、すべて1行ずつ実行していると効率が悪いこともありますので、特徴を理解して使い分けると時間短縮につながります。

　なお、ここで解説した内容を反映したサンプルファイルはありません。

7-3

プログラムが動く順番を制御
Exit と Goto

これまで If〜Else を使って、条件によって実行するブロックとしないブロックの作り方を学んできました。さらに、途中で終了したり、ジャンプしたりといった動きも作ってみましょう。

7-3-1 プログラムを途中で終了する

本書付属 CD-ROM の CHAPTER 7 → Before フォルダーから、SampleData7-3.accdb を開いてみてください。「F_メニュー」フォームのボタンには、同フォルダー内の csv ファイルをテーブルにインポートする、という内容のプロシージャが設定されています（コード2）。

コード2 「btn_データ取り込み_Click」イベントプロシージャ

```
01  Private Sub btn_データ取り込み_Click()
02    Dim fileName As String    ← ファイル名を格納する文字列型変数の宣言    ファイル名を入力してもらう
03    fileName = InputBox("拡張子を含めてファイル名を指定してください", "入力") ↗
04    fileName = Application.CurrentProject.path & "¥" & fileName    ← 現在地のパスとファイル名を合成
05
06    DoCmd.TransferText acImportDelim, , "T_販売データ", fileName, True ←
07    MsgBox "データを取り込みました", vbInformation, "確認"    ← 終了メッセージ    指定のcsvファイルを「T_販売データ」テーブルへインポート
08  End Sub
```

まずはこのコードを実行して確認してみましょう。フォームのボタンをクリックすると、InputBox が表示されます。同じフォルダーに用意されている「import.csv」ファイルを指定して、「OK」をクリックします（図24）。

図24 csvファイルの指定

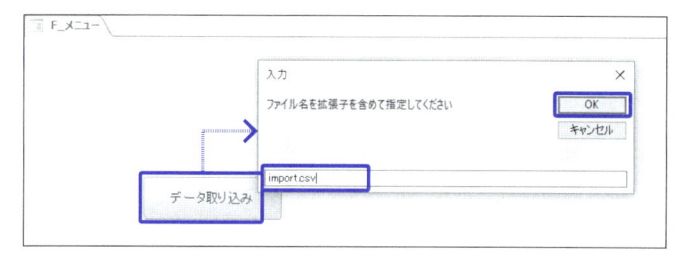

インポートが実行され、確認メッセージが出ました（**図25**）。

図25 インポート終了

「T_販売データ」テーブルを開いてみると、csvファイルに書かれていた5件のレコードが追加されています（**図26**）。

図26 インポート先のテーブルを確認

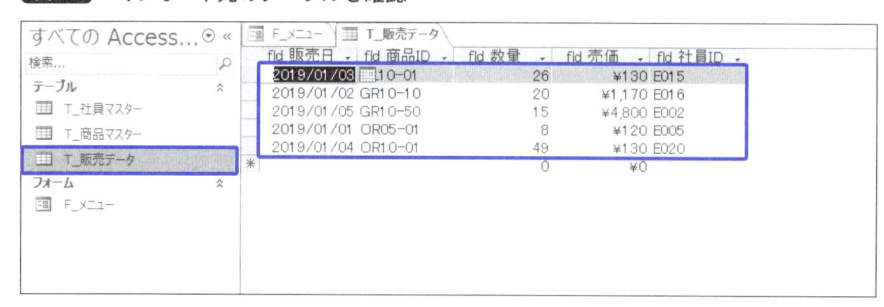

基本的な動きはこれでよいのですが、**このプログラムには期待された操作に対するコードしか書いてありません**。

たとえば、InputBoxでファイル名を要求されたとき、「キャンセル」をクリックしたら変数「fileName」には「""（文字数ゼロの文字列）」が入ります。ファイル名が指定されていないのにインポートのコードへたどり着き、図27のエラーメッセージが表示されてしまいます。なお、エラーに関しては**7-4**（196ページ）で解説するので、ここではいったん「終了」をクリックしておきましょう。

図27 キャンセルされるとエラーで中断してしまう

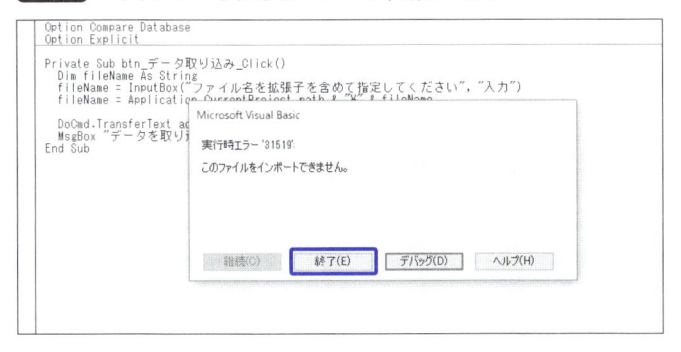

このような「キャンセルされたらどう動くのか」という、**期待されていない操作に対して適切な動きをすることを例外処理と呼びます**。例外処理まで含めて、ようやく業務で使用できるレベルのシステムになるのです。

それでは、例外処理を実装してみましょう。キャンセルされた場合の処理である4～7行目を追記します（**コード3**）。

コード3 キャンセルを押されたときの処理

```
01  Private Sub btn_データ取り込み_Click()
02    Dim fileName As String
03    fileName = InputBox("拡張子を含めてファイル名を指定してください", "入力")
04    If fileName = "" Then    ← 変数「fileName」が空だったら
05      MsgBox "ファイル名が指定されていないため中止します", vbInformation, "確認"   ← メッセージ
06      Exit Sub    ← プロシージャをここで終了
07    End If    ← If文ここまで
08    fileName = Application.CurrentProject.path & "¥" & fileName
09
10    DoCmd.TransferText acImportDelim, , "T_販売データ", fileName, True
11    MsgBox "データを取り込みました", vbInformation, "確認"
12  End Sub
```

4行目の「If fileName = "" Then」へブレイクポイントを設置して実行してみましょう。InputBoxをキャンセルすると、4行目で条件分岐してIfブロックの中へ入ります（**コード4**）。

コード4 キャンセルを押されたときのコードの動き

```
01  Private Sub btn_データ取り込み_Click()
02    Dim fileName As String
03    fileName = InputBox("拡張子を含めてファイル名を指定してください", "入力")
04    If fileName = "" Then  ← 条件分岐
05      MsgBox "ファイル名が指定されていないため中止します", vbInformation, "確認" ←  「fileName」が空の場合
06      Exit Sub
07    End If
08    fileName = Application.CurrentProject.path & "¥" & fileName  ← 「fileName」が空ではない場合
09
10    DoCmd.TransferText acImportDelim, , "T_販売データ", fileName, True
11    MsgBox "データを取り込みました", vbInformation, "確認"
12  End Sub
```

F8 キーでステップ実行すると5行目のMsgBoxが表示され（**図28**）、6行目の「Exit Sub」はこのプロシージャから離脱（途中終了）という意味なので、ここでプログラムが終了します（**コード5**）。

図28 キャンセル時のメッセージ

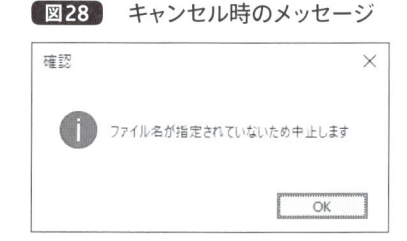

コード5 「Exit Sub」でプログラムが終了

```
01  Private Sub btn_データ取り込み_Click()
02    Dim fileName As String
03    fileName = InputBox("拡張子を含めてファイル名を指定してください", "入力")
04    If fileName = "" Then
05      MsgBox "ファイル名が指定されていないため中止します", vbInformation, "確認"
06      Exit Sub  ← 終了
07    End If                                      ここより下は実行されない
08    fileName = Application.CurrentProject.path & "¥" & fileName
09
10    DoCmd.TransferText acImportDelim, , "T_販売データ", fileName, True
11    MsgBox "データを取り込みました", vbInformation, "確認"
12  End Sub
```

ここで終了すれば、それ以降のコードは実行されないので、「キャンセルを選択されたら途中終了する」という実装ができました。

7-3-2　If条件の結果によって中止する

さて、キャンセル時の例外処理はできましたが、このままでは入力されたファイル名が存在する
ものでなければエラーになってしまいます。また、インポートのような影響の大きな処理は、事前
に処理を実行するか確認を行いたいという場合もあるでしょう。

これらを想定して盛り込んだものが**コード6**です。

コード6　存在確認と実行確認

```
01  Private Sub btn_データ取り込み_Click()
02    Dim fileName As String
03    fileName = InputBox("拡張子を含めてファイル名を指定してください", "入力")
04    If fileName = "" Then
05      MsgBox "ファイル名が指定されていないため中止します", vbInformation, "確認"
06      Exit Sub
07    End If
08    fileName = Application.CurrentProject.path & "¥" & fileName
09
10    If Dir(fileName) <> "" Then      ← ファイルが存在していたら
11      If MsgBox("CSVファイルを取り込みます。よろしいですか?", _
12        vbOKCancel + vbExclamation, "確認") = vbOK Then  ← 「OK」ボタンが押されたら
13        DoCmd.TransferText acImportDelim, , "T_販売データ", fileName, True  ← インポート
14        MsgBox "データを取り込みました", vbInformation, "確認"  ← 終了メッセージ
15      End If
16    Else
17      MsgBox "指定したファイルは存在しません", vbCritical, "注意"  ← ファイルが存在しなかった
                                                                      ときのメッセージ
18    End If
19  End Sub
```

このコードは10行目でDir()関数を使用しています。カッコの中にパスを含めたファイル名を入
れて実行すると、そのファイルが存在しなければ「""」を、存在したらそのパス（PC内でファイルの
ある場所）＋ファイル名の文字列を返してくれる関数です。パスは環境によって異なるので、Dir()
関数の戻り値が「<> ""（空白でない）」という条件文を満たせばファイルは存在していることになり
ます。

このコードでも問題なく動くのですが、ここでちょっと「スマートな書き方」を考えてみましょう。
わたしたち人間は、どちらかというと「Yes」と「No」なら、「Yes」のほうで条件を考える傾向があり
ます。このケースなら、「ファイルが存在していて」「実行確認でOKを押された」場合です。

イメージとしてはその通りなのですが、その文脈のままコードを書くと、Ifの上段にコードが集中
しているちょっと「頭でっかち」のようなイメージになってしまうのです。特に、Ifの中にIfが入る

と**ネスト（入れ子構造）**と呼ばれる状態となり、**ネストが深くなるほど複雑で読みにくくなってしまうので、できる限り浅く作ったほうが、あとで読みやすくなります**。

こういった場合は、「No」の条件でこまめにExitするほうが、ネストが深くならずスマートなコードになります（**コード7**）。

コード7 改善したコード

```
01  Private Sub btn_データ取り込み_Click()
02    Dim fileName As String
03    fileName = InputBox("拡張子を含めてファイル名を指定してください", "入力")
04    If fileName = "" Then
05      MsgBox "ファイル名が指定されていないため中止します", vbInformation, "確認"
06      Exit Sub
07    End If
08    fileName = Application.CurrentProject.path & "¥" & fileName
09
10    If Dir(fileName) = "" Then          ← ファイルが存在しなければ
11      MsgBox "指定したファイルは存在しません", vbCritical, "注意"  ← メッセージ
12      Exit Sub          ← 終了
13    End If
14
15    If MsgBox("CSVファイルを取り込みます。よろしいですか?", _
16      vbOKCancel + vbExclamation, "確認") = vbCancel Then  ← キャンセルされたら
17      Exit Sub          ← 終了
18    End If
19
20    DoCmd.TransferText acImportDelim, , "T_販売データ", fileName, True  ← インポート
21    MsgBox "データを取り込みました", vbInformation, "確認"  ← 確認メッセージ
22  End Sub
```

動作としては同じですが、条件に合わないものからどんどんExitしていくため、最後に残ったコードが一番重要な処理をする部分、という見方もできて、コードが読みやすくなります。

7-3-3 特定の場所へジャンプする

今度は、特定の場所へジャンプする**Goto**という構文を使ってみましょう。先ほどは、指定ファイルが存在しないときは終了していましたが、InputBoxまで戻って再入力してもらう仕様にします（**コード8**）。

コード8　Gotoサンプル

```
01  Private Sub btn_データ取り込み_Click()
02    Dim fileName As String
03
04  reDo:    ←  行ラベルを設定する
05    fileName = InputBox("拡張子を含めてファイル名を指定してください", "入力")
06    If fileName = "" Then
07      MsgBox "ファイル名が指定されていないため中止します", vbInformation, "確認"
08      Exit Sub
09    End If
10    fileName = Application.CurrentProject.path & "\" & fileName
11
12    If Dir(fileName) = "" Then   ←  ファイルが存在しなければ
13      MsgBox "指定したファイルは存在しません。再入力してください。", vbCritical, "注意"
14      GoTo reDo ←  「reDo」の行へジャンプする
15    End If
16
17    If MsgBox("CSVファイルを取り込みます。よろしいですか?", _
18      vbOKCancel + vbExclamation, "確認") = vbCancel Then
19      Exit Sub
20    End If
21
22    DoCmd.TransferText acImportDelim, , "T_販売データ", fileName, True
23    MsgBox "データを取り込みました", vbInformation, "確認"
24  End Sub
```

これで実行してみると、ファイルが存在しなかった場合には再びInputBoxに戻り、キャンセルするか存在するファイル名が入力されるまで終了しない仕様となります。

Goto もまた、多用するとコードが読みにくくなってしまうので注意が必要です。一般的には**7-4-3**（198ページ）で紹介する「エラートラップ」で使われることが多いので、そちらも参照ください。

CHAPTER

7

想定外の動作への対処
エラー処理

7-4

プログラムを始めた人がつまずいてしまうのは、やはり「エラーが出た場合」です。エラーメッセージは「ここが間違っているよ」というヒントをくれているものなので、焦らずに読み解いてみましょう。

7-4-1 コンパイルエラー

エラーは大きく分けて2種類あります。試しに、先ほどのコードの「End If」を1つコメントアウトして実行してみましょう。すると図29のような表示がでました。

図29 コンパイルエラー

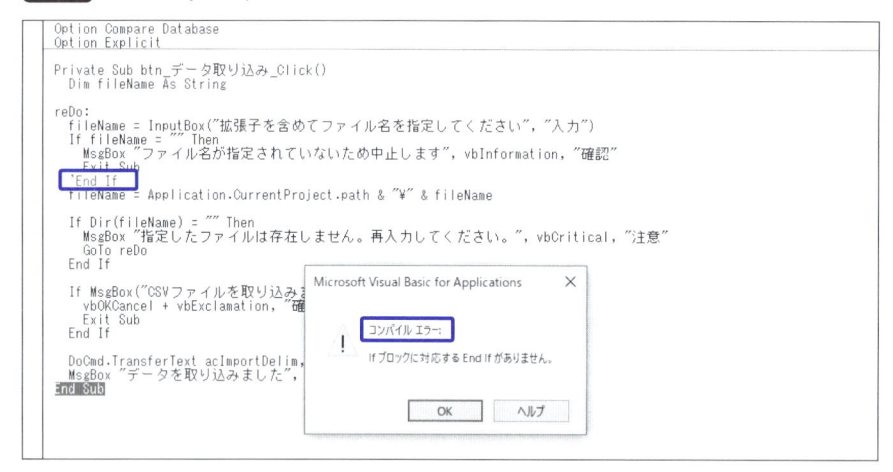

「コンパイルエラー」と書かれています。これは、文が間違っているなど、「プロシージャを実行する以前に問題がある」というエラーです。たとえるなら、「私　は　リンゴ　を　買います」とすべきところを「私　は　を　買います」のように、必要な記述が抜けていたり、文章として成り立っていなかったり、このままでは実行できないですよ、というニュアンスです。

エラーメッセージは決して「わけのわからない怖いもの」ではありません。落ち着いて読めばヒントが書いてあります。上記のエラーも「If ブロックに対応する End If がありません。」とあります。

End Ifをコメントアウトしましたから、その通りのことが書いてありますよね。

　他にも、Option Explicitを設定していると「変数が定義されていません。」というコンパイルエラーはよく出てきます。スペルミスで定義した変数と違う文字になっていた場合などでは、このエラーのおかげで間違いに気付けるので重宝します。

　メソッドや関数などで指定しなければならない引数が抜けていたりズレていたりすると、「引数は省略できません。」というエラーもよく遭遇します。

7-4-2 実行時エラー

　それでは今度は、2行目の変数宣言の型を「Long（整数型）」に書き換えて実行してみましょう。InputBoxにファイル名を入力すると図30のような表示が出ます。

図30 実行時エラー

　「実行時エラー」と書いてあります。コンパイル（構文チェック）は「OK」で実行開始したものの、途中で何かおかしなことが起こって中断している状態です。原因を突き止めるには、「デバッグ」をクリックすると、黄色のハイライトが表示されて一時停止している箇所がわかります（図31）。

図31 エラーが起きている行を確認

```
Option Compare Database
Option Explicit

Private Sub btn_データ取り込み_Click()
  Dim fileName As Long

reDo:
⇨ | fileName = InputBox("拡張子を含めてファイル名を指定してください", "入力")
  If fileName = "" Then
    MsgBox "ファイル名が指定されていないため中止します", vbInformation, "確認"
    Exit Sub
  End If
  fileName = Application.CurrentProject.Path & "¥" & fileName

  If Dir(fileName) = "" Then
    MsgBox "指定したファイルは存在しません。再入力してください。", vbCritical, "注意"
    GoTo reDo
  End If

  If MsgBox("CSVファイルを取り込みます。よろしいですか？", _
    vbOKCancel + vbExclamation, "確認") = vbCancel Then
    Exit Sub
  End If
```

CHAPTER
7

この部分でエラーが起きているということなので、コンパイルエラーよりも比較的原因はわかりやすい場合が多いです。この場合は整数型の変数に文字列を入れようとしているので「型が一致しません。」といわれています。

実行時エラーは多種多様なのでよく出現するものを挙げるのは難しいですが、「オブジェクトは、このプロパティまたはメソッドをサポートしていません。」というエラーはよく目にします。これはたいてい、プロパティやメソッドの記述にスペルミスがあったり、記憶違いで存在しない命令を書いたりして、「そんな命令ないですよ」といわれていることが多いのです。このミスは入力支援機能を使うと大幅に軽減できるので、積極的に使っていきましょう。

また、**7-3-1**（191ページ）でInputBoxをキャンセルしてファイル名が空のままインポートのコードを実行しようとしたとき、**図32**のエラーが出ましたよね。これも実行時エラーで、ファイル名が正しく指定されていない状態でインポートを実行しようとしているのでエラーになっていました。

図32 実行時エラーの例

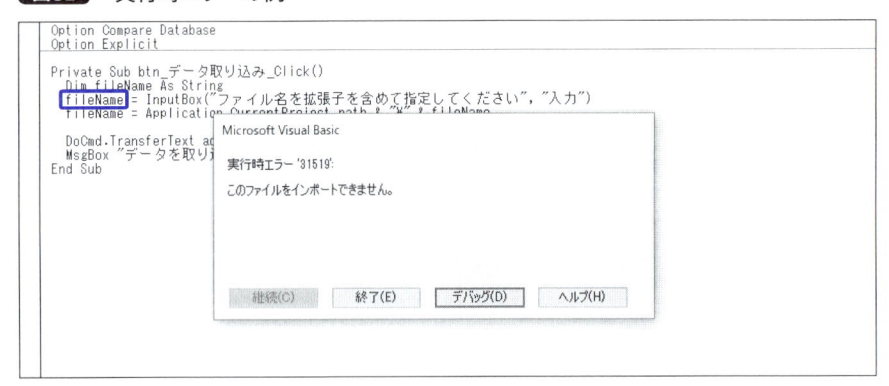

7-4-3 エラートラップ

7-3（189ページ）で例外処理を実装しましたが、あれはまだ「予想できる範囲」です。それ以外の「想定外」によってエラーが起こる場合も十分ありえますし、エラーが起こるとプログラムが中断してしまうため、ユーザーには対処ができません。エラーが起きた場合に適切な処理をしてプログラムをきちんと終了させるのも大切で、そういった処理を**エラートラップ**と呼びます。

VBAでは、**7-3-3**（194ページ）で使ったGotoの仲間の**On Error Goto**で、**エラーが起きた場合指定の行へジャンプする**という仕組みを利用して実装します（**コード9**）。

コード9 On Error Goto サンプル

```
01  Private Sub btn_データ取り込み_Click()
02    On Error GoTo ErrorHandler
03    Dim fileName As String
04
05  reDo:
06    fileName = InputBox("拡張子を含めてファイル名を指定してください", "入力")
07    If fileName = "" Then
08      MsgBox "ファイル名が指定されていないため中止します", vbInformation, "確認"
09      Exit Sub
10    End If
11    fileName = Application.CurrentProject.path & "¥" & fileName
12
13    If Dir(fileName) = "" Then
14      MsgBox "指定したファイルは存在しません。再入力してください。", vbCritical, "注意"
15      GoTo reDo
16    End If
17
18    If MsgBox("CSVファイルを取り込みます。よろしいですか?", _
19      vbOKCancel + vbExclamation, "確認") = vbCancel Then
20      Exit Sub
21    End If
22    [エラーが発生したらジャンプ]
23    DoCmd.TransferText acImportDelim, , "T_販売データ", fileName, True
24    MsgBox "データを取り込みました", vbInformation, "確認"
25
26    Exit Sub   ← [エラートラップ前にプロシージャを終了させる]
27    -------------------------------------------------- [正常時はここで終了]
28  ErrorHandler:   ← [エラートラップ用の行ラベル]
29    MsgBox "Error #: " & Err.Number & vbNewLine & vbNewLine & _
30      Err.Description, vbCritical, "エラー"   ← [エラーメッセージ]
31  End Sub
```

2行目の「OnErrorGoto」宣言により、このプロシージャではエラーが起きた場合、28行目の「ErrorHandler」という行へジャンプします。そのまま終了させることもできますが、エラーが起きたこと、何が起こったのかを表示したほうが親切なので、エラー番号とエラーメッセージをMsgBoxへ出力してから、End Subで終了します。この28〜30行はエラーが起きたときにしか実行されないIfブロックのようなイメージなので、たとえば日付や時間などを別の場所へ格納して履歴を残す、といった処理を書いてもよいでしょう。

なお、26行目のExit Subがないと、エラーが起きていない正常時でも28行目以降へ行ってしまうので、忘れずにエラートラップの前へ書いておかなくてはなりません。

CHAPTER

7

　エラー発生用に不備のデータを入れてあるcsvファイルが同フォルダーに入っているので、それを使って動作検証してみましょう。

　ファイル名の入力で、「error.csv」と指定します（**図33**）。このcsvファイルは、意図的に取り込み先テーブルには存在しないフィールドが含まれているので、インポートができません。

図33 エラー発生用のファイル名を指定

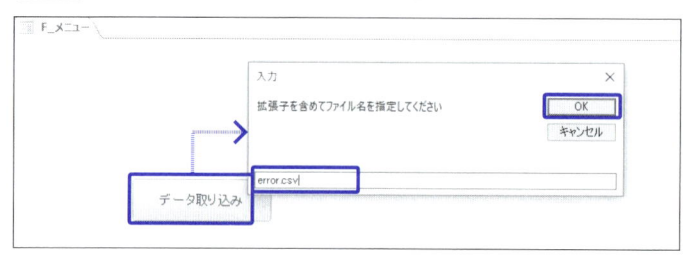

　ファイル自体は存在するので**コード9**の18行目まで実行されます。**図34**が表示されたら、「OK」をクリックします。

図34 取り込み前確認

　23行目のインポートでエラーが発生するので、28行目にジャンプしてメッセージが出力され（**図35**）、エラーが起きてもきちんとプロシージャを終了させることができます。

図35 MsgBoxで出力したエラーメッセージ

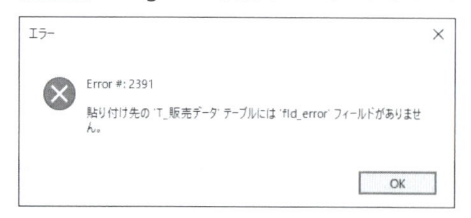

　また、エラーの宣言は**On Error Resume Next**と書くことで、その行以降で発生したエラーを無視して、中断せずに次の行を実行させるということもできます。ただしこれは、決まったエラーが予測できて、それを無視してもよい場合など、限定的な場面で使うのがよいでしょう。

CHAPTER

8

モジュールとスコープ
似ているコードを使い回す

8-1 適用範囲を知る スコープ

変数を使うことで、プログラムを柔軟にかつ便利に書けるということを学びました。もう少し踏み込んで、変数の使える場所と使えない場所について学んでみましょう。

8-1-1 スコープとは

プログラム上で宣言された変数は、そのプログラム上のどこでも使えるというわけではありません。**変数には、使える範囲が決まっていて、そして変数が使える範囲を設定することができます**。これを**スコープ（適用範囲）**と呼びます。

ここまで紹介してきた形はプロシージャの中で、

```
Dim 変数名 As 型
```

と宣言してきました。**この形で宣言された変数のスコープ（適用範囲）は、宣言したプロシージャ内**となります。それとは別に宣言エリアに、

```
Private 変数名 As 型
```

と宣言すると、その**変数のスコープは宣言したモジュール内**となるのです（図1）。

ではなぜ、スコープ（適用範囲）が必要なのでしょうか？　範囲など設けずにどこからでも使えたほうが便利な気がしますよね。

たとえば、プロシージャを小さな機能のひとまとまりだとイメージしてみましょう。その中の変数をいろんな場所から出し入れできてしまったら、便利かもしれませんが入れ間違いが起こってバグが発生する可能性は確実に高くなります。悪意のある第三者から情報を盗まれてしまうかもしれません。

機能は小さくまとめてそれぞれに制限をかけておく使い方が、間違いや漏洩の危険性が低く、また、メンテナンス性もよくなるのです（図2）。

図1 スコープの違い

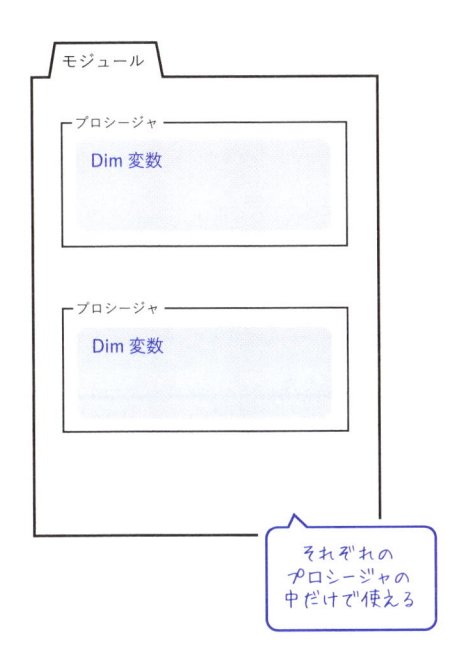

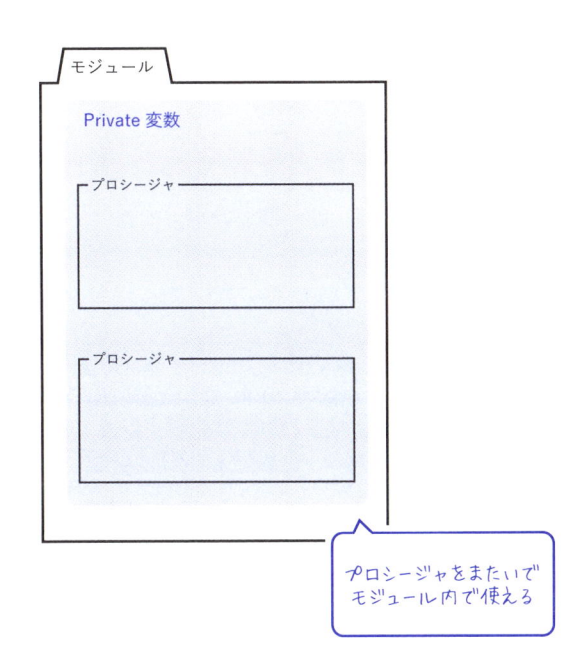

図2 スコープがあることで安全性が高まる

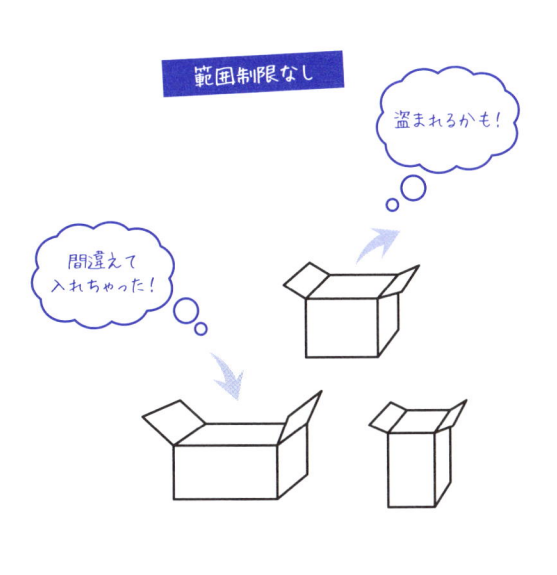

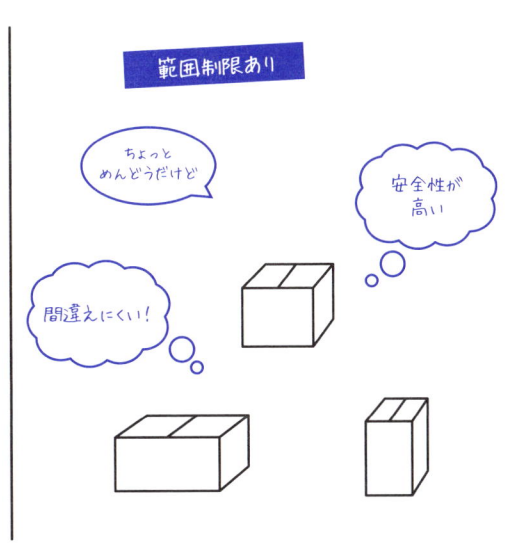

CHAPTER
8

8-1-2 DimとPrivateの違い

実際にDimとPrivateで変数宣言して、動きの違いを確認してみましょう。本書付属CD-ROMの
CHAPTER 8→Beforeフォルダーから、SampleData8-1.accdbを開いてみてください。

VBEには、「btn_実行」ボタンのクリックイベントプロシージャと、もう1つ「addInt（整数を加算
する）」という名前のプロシージャが用意されています。この中身を**コード1**のように書いてみてくだ
さい。想定としては、❶～❾番の順番で動いて、結果は「2」と表示されるはずです。

コード1 初期サンプル

```
01  Private Sub btn_実行_Click()  ← ❶ フォームのボタンクリックで起動
02    Dim tgtInt As Long  ← ❷ 整数型の変数「tgtInt（ターゲットの整数）」を宣言
03    tgtInt = 1  ← ❸「tgtInt」に1を代入
04    Call addInt  ← ❹「addInt」プロシージャ呼び出し
05    MsgBox tgtInt  ← ❽ 呼び出し先から戻ってきて、結果をMsgBoxへ出力
06  End Sub  ← ❾ ボタンクリックプロシージャ終了
07
08  Private Sub addInt()  ← ❺ 呼び出される
09    tgtInt = tgtInt + 1  ← ❻ 変数「tgtInt」に+1
10  End Sub  ← ❼「addInt」プロシージャ終了
```

しかし、この状態で実行するとコンパイルエラーとなります（**図3**）。Dim宣言された変数「tgtInt」は、
スコープ（適用範囲）が「btn_実行_Click」プロシージャ内のみなので、「addInt」プロシージャ内で
は「そんな変数ありませんよ」といわれてしまうのです。

図3 コード1の実行結果

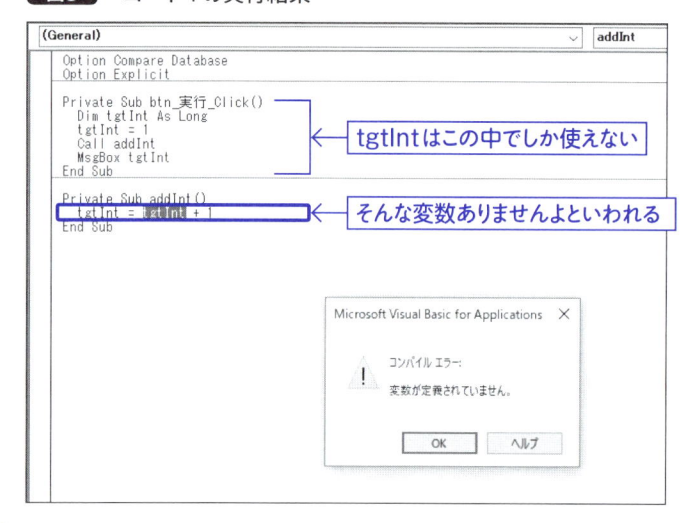

では、「addInt」プロシージャ内でも同じ変数を宣言してみたらどうでしょうか（**コード2**）。

コード2 Dim宣言を追加

```
01  Private Sub btn_実行_Click()
02    Dim tgtInt As Long
03    tgtInt = 1
04    Call addInt
05    MsgBox tgtInt
06  End Sub
07
08  Private Sub addInt()
09    Dim tgtInt As Long ←── こちらのプロシージャでも「tgtInt」を宣言
10    tgtInt = tgtInt + 1
11  End Sub
```

これで実行してみましょう。冒頭にブレイクポイントを設置してステップ実行すると、動きがよく見えます。エラーは起こらず、**図4**の結果が出ました。

図4 コード2の実行結果

しかし、想定ではここは「2」になるはずなのに、どうして「1」と出てしまうのでしょうか？　それは、それぞれのプロシージャで宣言した「tgtInt」は、**そのプロシージャ内でしか使えない、同じ名前だが違う変数**という存在になるからです（**図5**）。「btn_実行_Click」プロシージャでMsgBoxに表示される「tgtInt」は、「addInt」プロシージャの影響を受けることができません。

CHAPTER **8**

図5 同名の別変数は値を引き継げない

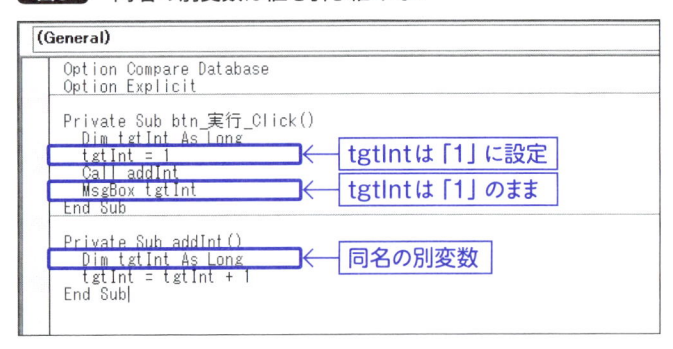

それでは今度は、「tgtInt」を宣言セクションにてPrivateにしてみましょう。プロシージャ内でDim宣言していたほうは重複してしまうのでコメントアウトします（**コード3**）。

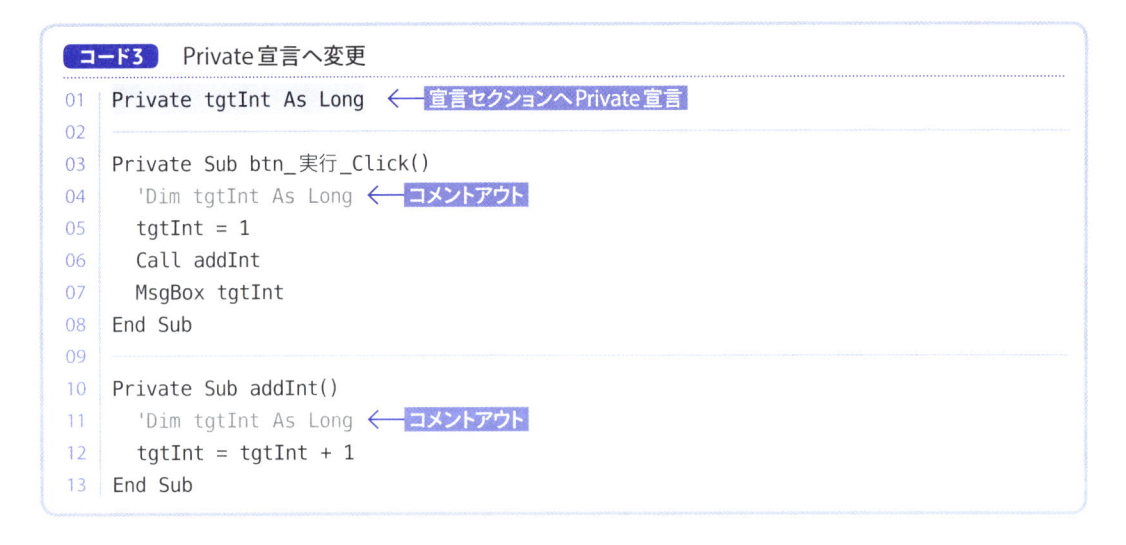

コード3 Private宣言へ変更

```
01  Private tgtInt As Long    ← 宣言セクションへPrivate宣言
02
03  Private Sub btn_実行_Click()
04    'Dim tgtInt As Long    ← コメントアウト
05    tgtInt = 1
06    Call addInt
07    MsgBox tgtInt
08  End Sub
09
10  Private Sub addInt()
11    'Dim tgtInt As Long    ← コメントアウト
12    tgtInt = tgtInt + 1
13  End Sub
```

実行してみると、今度はプロシージャをまたいでも値を引き継いで使えるようになり、図6の結果を得ることができました。

このように、**変数の用途によって、プロシージャ内だけで完結させるか複数のプロシージャから操作できるようにするかを制御**することができます。

図6 コード3の実行結果

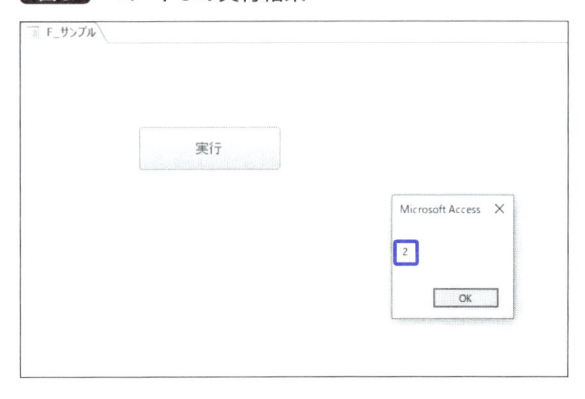

CHAPTER 8

8-2 プログラムの分割
プロシージャ

これまでプロシージャを使って、機能を実装する方法を学んできました。
今度はプロシージャを使って、似ている機能を共通化するという方法にも
チャレンジしてみましょう。

8-2-1 プロシージャを分割して呼び出す

本書付属CD-ROMのCHAPTER 8→Beforeフォルダーから、SampleData8-2.accdbを開いてみてください。「F_フォーム1」を開くとテキストボックスが3つ並んでいます（**図7**）。このテキストボックスへの入力を、正の整数に限定する、という機能を付けてみましょう。

図7 サンプルの確認

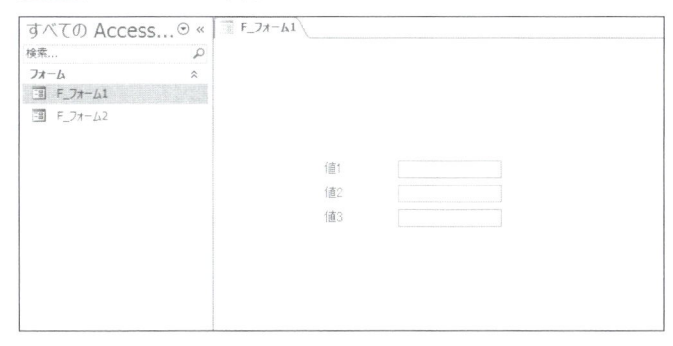

サンプルでは、プロパティシートにて、このテキストボックスの「書式」を「数値」にしてあるので、文字列など他の型のものはすでに制限されています。しかしそれだけでは、マイナスの数値も小数点を含む数値も許容されてしまいます。

まずは「txb_値1」に機能を付けてみましょう。デザインビューのプロパティシートで「フォーカス喪失時」イベントのプロシージャを作成します（**図8**）。ただし、プロパティシートには「フォーカス喪失後」と「フォーカス喪失時」というよく似たイベントがあるので注意してください。

「喪失後」がLostFocusイベント、「喪失時」がExitイベントと区別されています。どちらもフォーカスを失ったときに起動するイベントプロシージャですが、Exit → LostFocusの順番で動きます。今回は「喪失時」のExitイベントを使います。

図8 「フォーカス喪失時」イベントプロシージャを作成

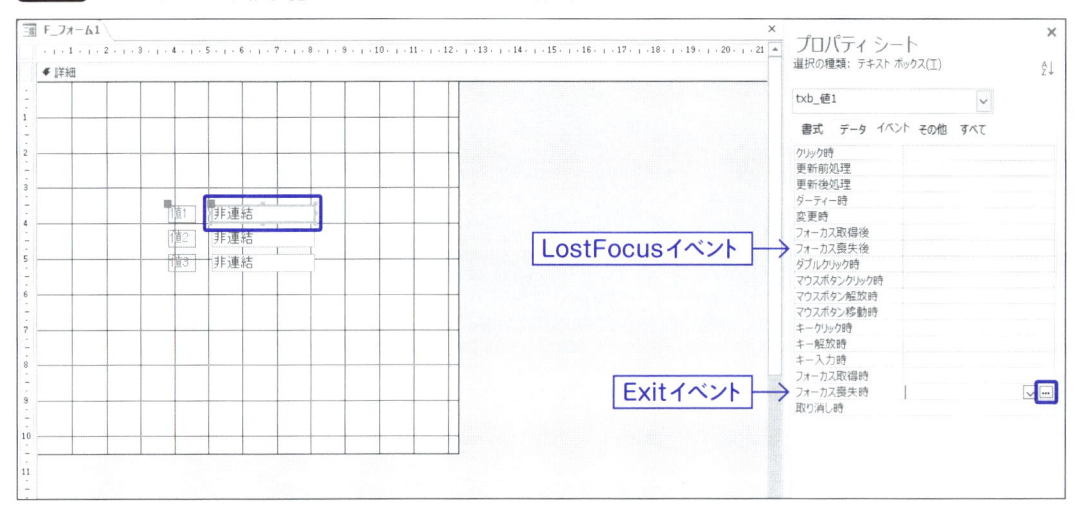

作成されたExitイベントプロシージャに**コード4**を書いてみましょう。

コード4 フォーカス喪失時に値チェック

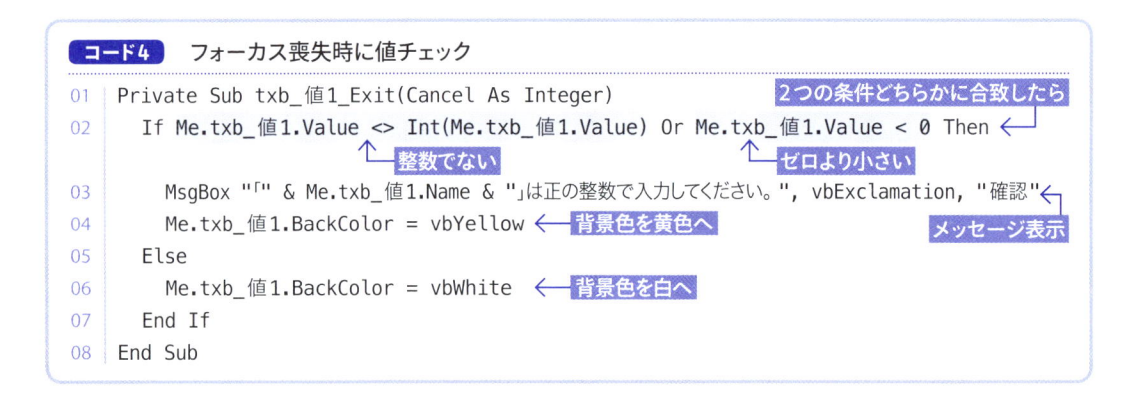

```
01  Private Sub txb_値1_Exit(Cancel As Integer)
02      If Me.txb_値1.Value <> Int(Me.txb_値1.Value) Or Me.txb_値1.Value < 0 Then
03          MsgBox "「" & Me.txb_値1.Name & "」は正の整数で入力してください。", vbExclamation, "確認"
04          Me.txb_値1.BackColor = vbYellow
05      Else
06          Me.txb_値1.BackColor = vbWhite
07      End If
08  End Sub
```

このコードでは「正の整数ではない判定」を、「整数ではない」「ゼロより小さい」という2つの条件を使って行っています。

これを「If 条件1 **Or** 条件2 Then」と書くことで、「条件1**もしくは**条件2を満たせば」とします。なお、**And**にすると「条件1**かつ**条件2を満たせば」となります。

フォームビューに切り替えて動作確認してみましょう。「txb_値1」に小数点を含む数値もしくはマイナスの値を入力します。このプロシージャは「フォーカス喪失時」に起動するので、 Enter キーを押すなどして他のコントロールへ移ってみると、メッセージが出て背景が黄色くなりました（**図9**）。

図9 Exitイベントの動作確認

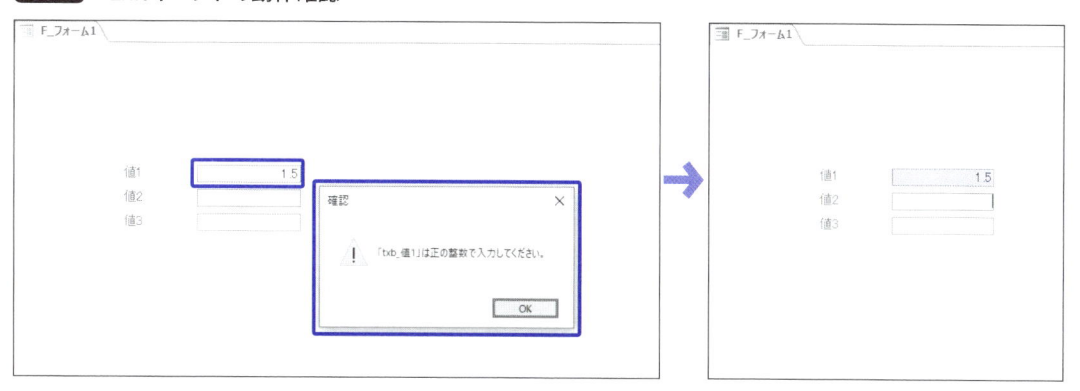

値をクリアしたり整数を入力したりすると、Elseブロックを通って背景色が白に戻ります（**図10**）。

さて、これで「txb_値1」のテキストボックスへは機能を実装できましたが、他の2つへも同じ機能を付けたいですよね。コントロール名だけ変えて同じプロシージャを3つ作っても動きますが、せっかくなのでこのプロシージャを「共通化」するべく、まずは機能部分を分割しましょう。

先ほど書いた、値をチェックする部分を「checkValue」という名前のジェネラルプロシージャ（**88ページ**）で作成し、Exitのイベントプロシージャから呼び出す形にします（**コード5**）。

図10 Elseブロックの動作

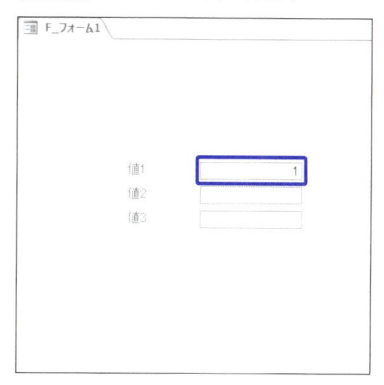

コード5 プロシージャを分割して呼び出す

```
01  Private Sub txb_値1_Exit(Cancel As Integer)
02      Call checkValue    ← 呼び出す
03  End Sub
04
05  Private Sub checkValue()    ← ジェネラルプロシージャへ
06      If Me.txb_値1.Value <> Int(Me.txb_値1.Value) Or Me.txb_値1.Value < 0 Then
07          MsgBox "「" & Me.txb_値1.Name & "」は正の整数で入力してください。", vbExclamation, "確認"
08          Me.txb_値1.BackColor = vbYellow
09      Else
10          Me.txb_値1.BackColor = vbWhite
11      End If
12  End Sub
```

プロシージャは2つに分かれましたが、動かしてみると、先ほどと同じ動作をすることが確認できます。

ところで、プロシージャの先頭にも「Private」と付いていますよね。これは**8-1-2**（204ページ）で解説した変数のPrivateと同じ意味で、**スコープ（適用範囲）が同一モジュール内のプロシージャ**という意味なのです。そのため、同じモジュールである「txb_値1_Exit」プロシージャから呼び出すことができるのです。

8-2-2 引数を使って共通化する

さて、分割したのはよいものの、これだけではどこから呼び出しても対象は「txb_値1」にしかなりません。これを、「txb_値2」「txb_値3」でも共通して使えるようにしたいですよね。

今回のような場合、プロシージャを呼び出す際に**引数を渡す**とよいでしょう。今まで関数やメソッドなどで、命令に使う「材料」として引数を指定してきましたが、自作のプロシージャでも引数を設定することができるのです。

図11のように、プロシージャを呼び出す際にカッコ内に引数を書き、呼び出されるプロシージャ名直後のカッコの中に、「ByVal 引数 As 型」と書くことで、引数を受け取って使うことができます。呼び出される側で引数に型を設定すると、その型に合致する引数しか指定することができなくなります。

図11 引数のやり取り

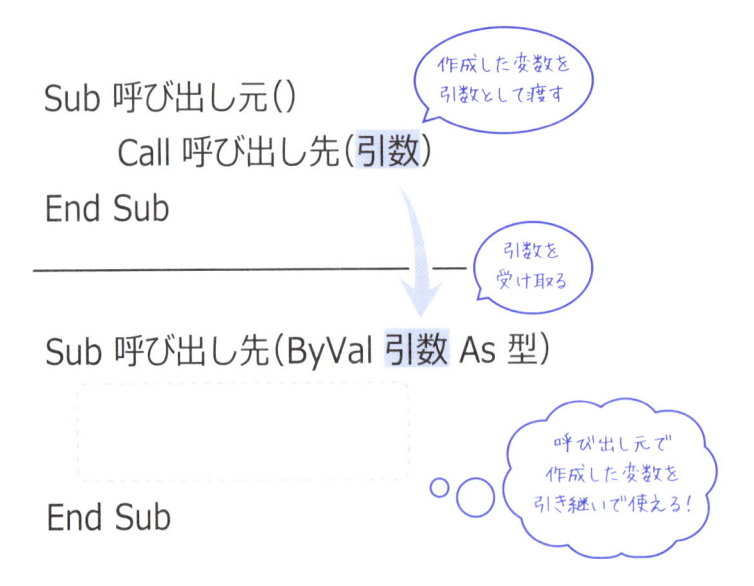

実際にやってみましょう。checkValueプロシージャで、「tgtTxb」というテキストボックス型（そういう型もあるのです）の引数を設定し、今まで「Me.txb_値1」だった部分を、この引数で置き換えます（**コード6**）。

コード6　checkValueプロシージャに引数を設定する

```
01  Private Sub checkValue(ByVal tgtTxb As TextBox)  ← テキストボックス型の引数を設定
02    If tgtTxb.Value <> Int(tgtTxb.Value) Or tgtTxb.Value < 0 Then  ← 引数で置き換える
03      MsgBox "「" & tgtTxb.Name & "」は正の整数で入力してください。", vbExclamation, "確認"
04      tgtTxb.BackColor = vbYellow
05    Else
06      tgtTxb.BackColor = vbWhite
07    End If
08  End Sub
```

そして、プロシージャを呼び出す側で、対象にしたいテキストボックスを引数として持たせます（**コード7**）。

コード7　txb_値1_Exitプロシージャに引数を持たせる

```
01  Private Sub txb_値1_Exit(Cancel As Integer)
02    Call checkValue(Me.txb_値1)  ← 引数として使うテキストボックスを渡して呼び出す
03  End Sub
```

checkValueプロシージャでは、渡された引数に対して処理を行うので、動作はこれまでと変わりません。同様に「txb_値2」「txb_値3」からも同様にExitイベントから呼び出すプロシージャを作成すれば、3つのテキストボックスの値チェックを共通化することができるのです（**コード8**）。

コード8　他のコントロールからも呼び出す

```
01  Private Sub txb_値2_Exit(Cancel As Integer)  ← txb_値2のフォーカス喪失時
02    Call checkValue(Me.txb_値2)  ← txb_値2を引数にする
03  End Sub
04
05  Private Sub txb_値3_Exit(Cancel As Integer)  ← txb_値3のフォーカス喪失時
06    Call checkValue(Me.txb_値3)  ← txb_値3を引数にする
07  End Sub
```

CHAPTER
8

　プロシージャの順番は入れ替えても問題ないので、自分やチームのわかりやすい順番にしておきましょう（図12）。

図12　共通化して順番を整理したプロシージャ

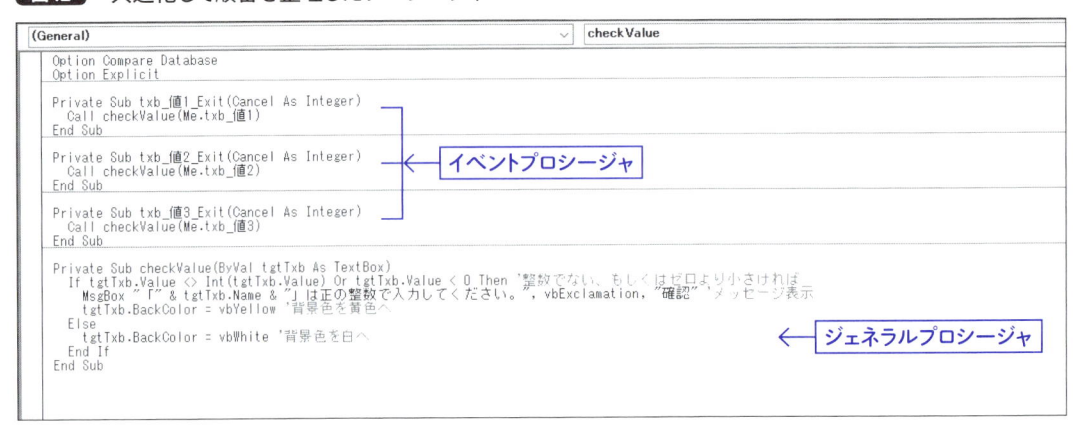

　これで、3つのテキストボックスに任意の値を入れて、動作確認してみてください。ステップ実行を行うと、どのテキストボックスからでも「checkValue」プロシージャが呼び出されて、それぞれ違う引数で実行されている様子を見ることができます。

8-3 いろんな場所から便利に使う
モジュール

Privateを使って変数やプロシージャを同一モジュール内で扱えるということがわかりましたが、ではモジュールを超えて使いたい場合、どうしたらよいのでしょうか?

8-3-1 PrivateとPublic

8-2に引き続きSampleData8-2.accdbを使います。「F_フォーム1」を閉じて、「F_フォーム2」を開いてみてください。「F_フォーム1」と同様にテキストボックスが3つ用意されています。こちらのフォームのテキストボックスにも、同様に「正の整数」に限定する機能を付けてみましょう。

8-2-1(207ページ)と同じように、それぞれのテキストボックスのExitイベントプロシージャを作成します(図13)。

図13 イベントプロシージャを作成

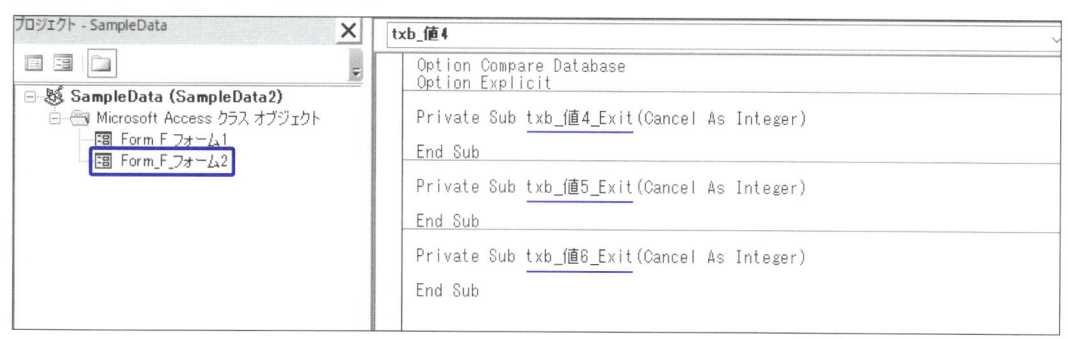

8-2-2(210ページ)の「checkValue」プロシージャをこちらから呼び出してみましょう。「txb_値4」のExitイベントプロシージャを例にコード9のように書きます。別モジュールのプロシージャを呼び出す場合は、モジュール名.プロシージャ名と指定します。

> **コード9** 他のモジュールから呼び出す

```
01   Private Sub txb_値4_Exit(Cancel As Integer)   ← txb_値4のフォーカス喪失時
02     Call Form_F_フォーム1.checkValue(Me.txb_値4)  ← txb_値4を引数にする
03   End Sub
```

しかし、これで動作確認してみると、「メソッドが見つからない」というコンパイルエラーになってしまいます（**図14**）。あるはずなのに、おかしいですね？

図14 コンパイルエラー

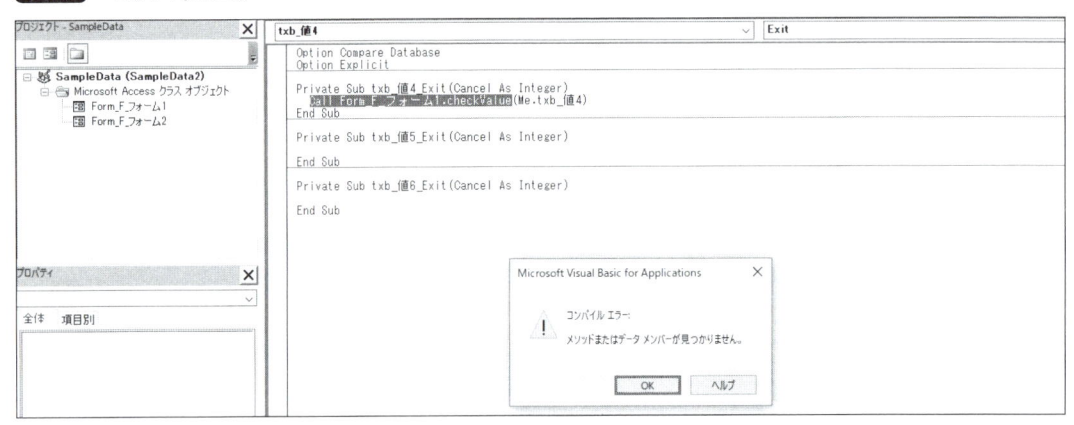

ここで「F_フォーム1」のモジュールに書いた「checkValue」プロシージャを確認してみましょう。このプロシージャのスコープは、「Private」です（**図15**）。そう、このままでは「F_フォーム2」のモジュールからは範囲外なので「見つからない」ことになってしまうのです。モジュールを超えて使いたい場合、「Public」と書き換えます。

図15 プロシージャのスコープを変更する

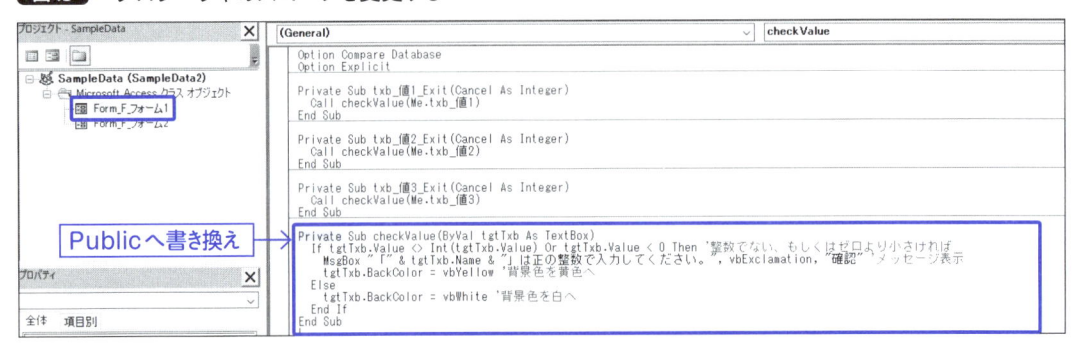

スコープを書き換えて実行すると、今度は動作しました（**図16**）。

図16　Publicプロシージャにした結果

　このように、モジュールを超えてプロシージャや変数を使いたい場合、スコープを「Public」にすると使用できます（**図17**）。

図17　PrivateとPublicのイメージ

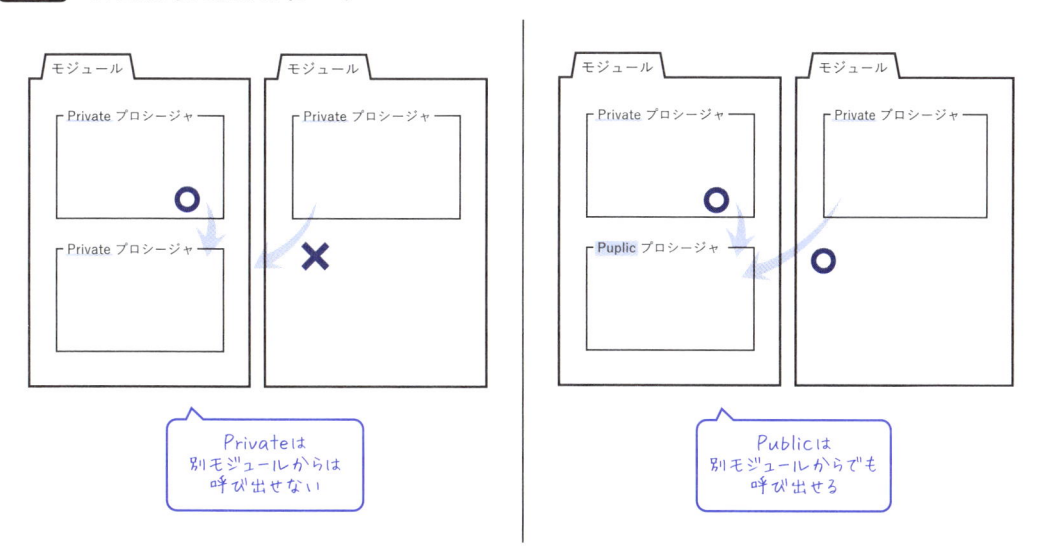

　ただし、**どこからでも使えるということはそれだけバグが発生しやすくなったり、安全性が低くなったりといったデメリットもある**ので、**スコープは基本的に小さめで設定し、本当に必要なものだけ範囲を広げる**という考え方がよいでしょう。

　なお、プロシージャのスコープは省略すると「Public」となります。スコープがなく、「Sub」や「Function」から始まっているプロシージャは「Public」が省略されていると覚えておきましょう。本書では、スコープを明確にするため、省略せずに記述します。

8-3-2 フォームモジュールと標準モジュール

さて、**8-3-1**では元々「F_フォーム1」のモジュールに書いてあったPrivateプロシージャ「checkValue」を、「Public」に変更しました。この状態でも動作はしますが、メンテナンス性を考慮するとあまりよい形ではありません。

フォームモジュールは言葉の通りフォームに依存しており、主にそのフォーム上の操作で起動するイベントプロシージャを使うものです。したがって、フォームに依存しない共通処理などは、標準モジュールを使うと可読性がよくなります（図18）。

図18 標準モジュールを使うと可読性がよくなる

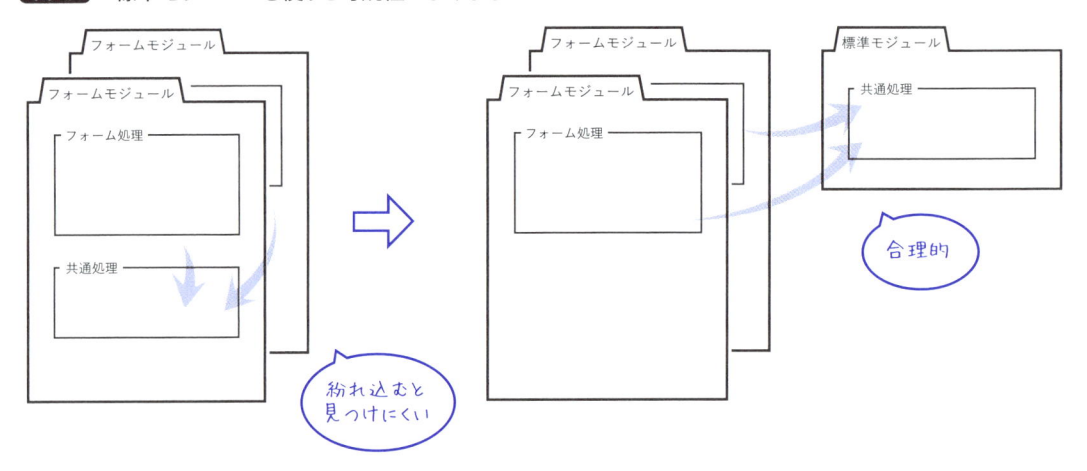

CHAPTER 2を参考に、「挿入」から「標準モジュール」を新たに作成して「Common」という名前にしてみましょう（図19）。

図19 標準モジュールを作成して名前を変更

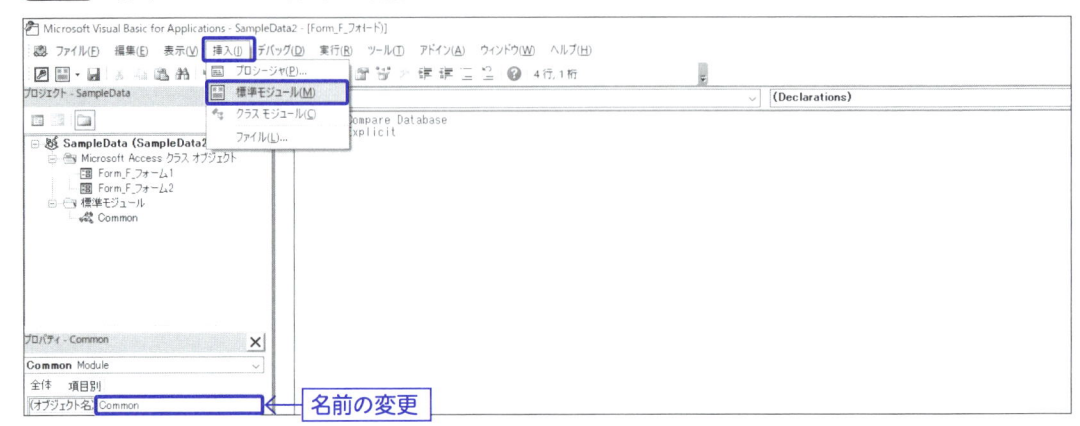

「F_フォーム1」に書かれていた「checkValue」プロシージャを「Common」モジュールへ移動します（図20）。

図20 プロシージャを標準モジュールへ移す

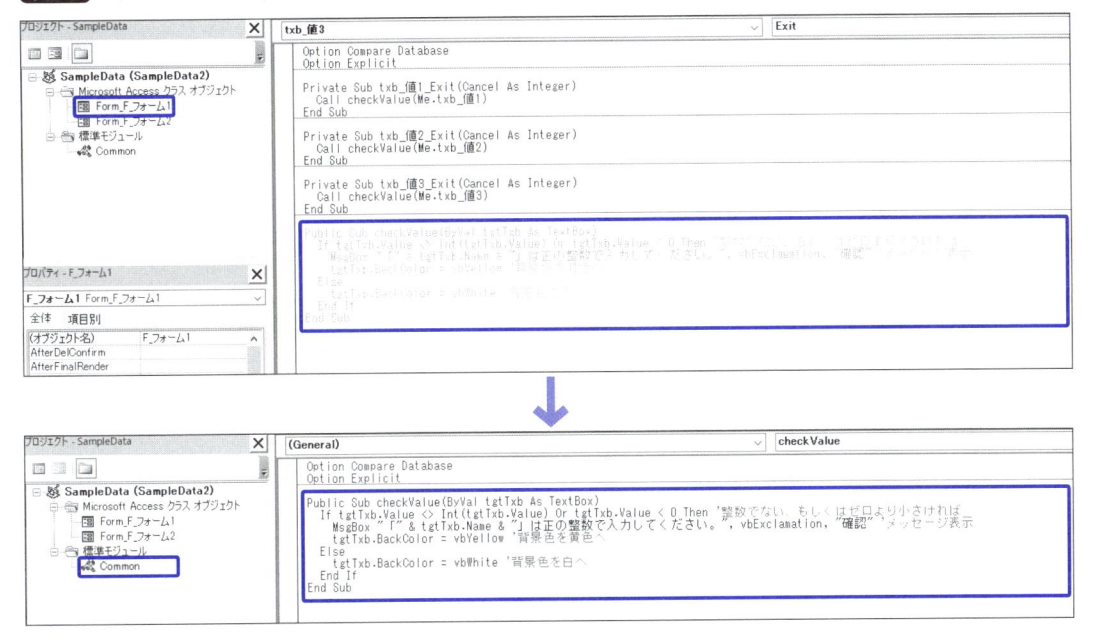

変更を保存します。Access側のオブジェクトの変更が伴う場合、VBEで図21のような表示が出る場合があります。

図21 変更を保存

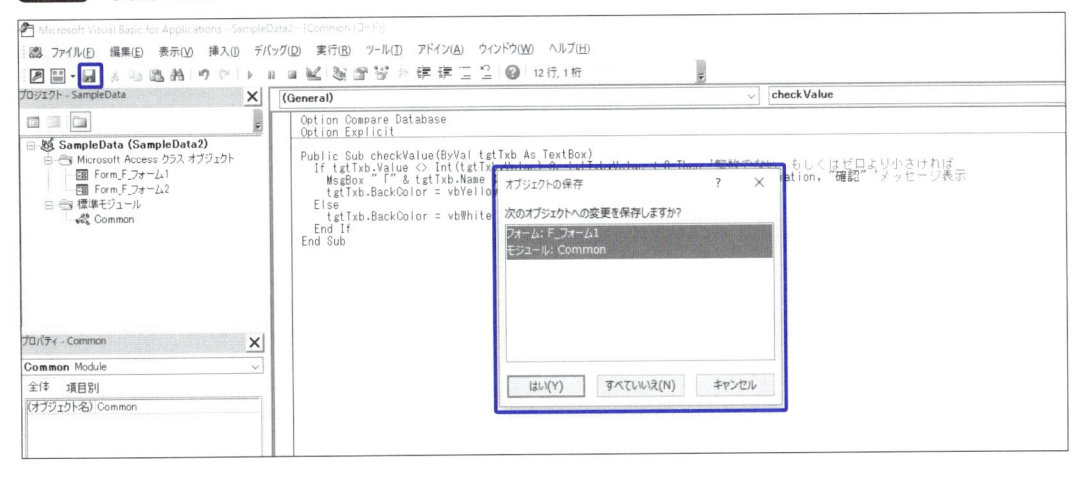

これで、「F_フォーム1」「F_フォーム2」各3つずつのテキストボックスのExitイベントプロシージャで呼び出す記述の、モジュール名.プロシージャ名を整備します（**コード10**）。

コード10 フォームモジュールから標準モジュールの共通処理を呼び出す

```
01 | Private Sub txb_値1_Exit(Cancel As Integer)   ← 全部で6つ
02 |   Call Common.checkValue(Me.txb_値1)   ← モジュール名を修正
03 | End Sub
```

これで、「共通処理」を標準モジュールに分割し、同じ動作でコードをすっきりさせることができました。

なお、標準モジュールに書いたプロシージャは、呼び出す際にモジュール名を省略することもできます。規模が大きく、標準モジュールが複数になる場合などはモジュール名が書いてあったほうが可読性も増しますし、入力支援機能も使えますので、本書ではモジュール名は省略せずに記述しています。

8-3-3 Functionプロシージャ

CHAPTER 6でメソッド、プロパティ、関数について特徴を学びましたが、プロシージャは、このメソッド、プロパティ、関数を「自分の好きなように自作して使う」ことができます。今まで使ってきた**Sub（サブルーチン）プロシージャ**は、メソッドを自作する種類のプロシージャです。他にも**Property（プロパティ）**、**Function（ファンクション・関数）プロシージャ**が存在します。

6-1-3（**158ページ**）にて、関数とは引数を渡して戻り値を受け取ることができる機能だと紹介しました。そんな関数も、自分で作ることができるのです。ここまで作ってきた数値チェックのSubプロシージャを参考に、入力値が「受け入れ可能か否か」という機能の「isAccept」関数を自作してみましょう。

引き続きSampleData8-2.accdbを使います。Commonモジュールに**コード11**のFunctionプロシージャを追加してみてください。

コード11　Functionプロシージャ

```
01  Public Function isAccept(ByVal tgtTxb As TextBox) As Boolean
```
　　　　　　　　　　↑ 関数名　　　　↑ 引数名　↑ 引数の型　↑ 関数の戻り値の型

```
02    If tgtTxb.Value <> Int(tgtTxb.Value) Or tgtTxb.Value < 0 Then  ← 整数でない、
                                                                        もしくはゼロより
                                                                        小さければ
03      isAccept = False   ← 戻り値に「False」を返す
04    Else
05      isAccept = True    ← 戻り値に「True」を返す
06    End If
07  End Function
```

　Functioinプロシージャの場合は、プロシージャ名がそのまま使用する関数名になるので、何かを取得する場合はget○○のような名前にすることが多く、特に戻り値の型がBoolean型の場合はis○○、has○○などの名前にすると「戻り値がTrueかFalseである」と予測できて読みやすくなります。

　プロシージャの中では、受け取った引数を使って判定を行い、戻り値として返す値をプロシージャ名（関数名）に代入します。

　「F_フォーム1」の「txb_値1」のExitイベントプロシージャを、いま作成したFunctionを使う形にしてみましょう（**コード12**）。

コード12　自作の関数を使う

```
01  Private Sub txb_値1_Exit(Cancel As Integer)
02    If Common.isAccept(Me.txb_値1) = False Then  ← 「isAccept」関数の結果がFalseだったら
```
　　　　　　↑ 省略可

```
03      MsgBox "正の整数で入力してください。", vbExclamation, "確認"  ← メッセージ表示
04      Cancel = True   ← このイベントをキャンセルする
05    End If
06  End Sub
```

CHAPTER
8

　今までに出てきた「IsNull」や「IsNumeric」と同じように使えるので、Ifの条件として使って、判定がFalseだった場合（正の整数ではなかった場合）のみ、メッセージを出すことができます。

　また、Exitなど「Cancel As Integer」が引数として設定されているイベントは、「Cancel = True」と書くことで、そのイベントをキャンセルして元の状態に戻すことができます。この場合、「フォーカス喪失」イベントのキャンセルなので、フォーカスがそのテキストボックスに留まることになります。

　動作確認してみましょう。保存して「txb_値1」に適当な数値を入力してフォーカスを移そうとすると、メッセージが表示されて、フォーカスが留まります（**図22**）。

図22 動作確認

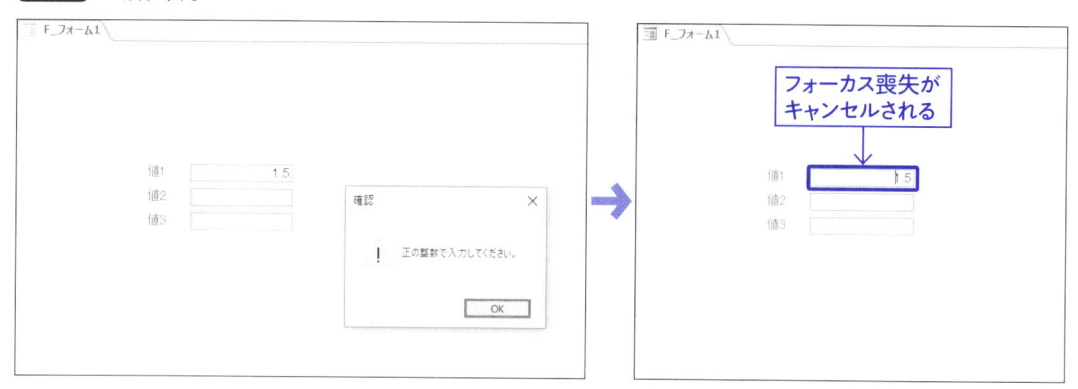

　この場合、正しい数値を入力しないとフォーカスが留まり「どこが間違っているか」が迷うことがないので、背景色の変更はお好みでよいでしょう。

CHAPTER

9

レコードセット
繰り返しで連続処理

9-1 データを簡潔に取り出すには DAOとレコードセット

Accessではテーブルに格納されているデータを取り出すのはクエリを使うのが一般的ですが、VBAを使ってテーブルのデータを操作することもできます。

9-1-1 レコードセットとは

VBAには**レコードセット**と呼ばれる表形式の型があり、テーブルのデータを一時格納して扱うことができます。

とはいえ、Accessではクエリや連結フォームを使えばかんたんにデータの抽出や変更を行うことができますし、それがAccessの大きなメリットです。わざわざ難しいプログラミングをしてまでVBAでデータを扱うことが必要なのでしょうか？

3-2（58ページ）や3-3（69ページ）で解説したようなテーブルと連結しているフォームは作成も楽ですし、フォーム上で値を書き換えればダイレクトにテーブルへも反映される、とてもわかりやすく使いやすい機能です。ただし、Access特有のこの仕組みは、**意図せずにデータが書き換わってしまう可能性**に注意しなくてはなりません。

これは、Accessでシステムを開発する人間だけでなく、それを利用するユーザーひとりひとりが知っていないと、操作ミスなどで意図しない変更があっても気付かずにレコードを離脱して上書きしてしまう、という事態も起こりかねません。

システムの使われ方にもよりますが、テーブルから取り出したデータを「非連結（テーブルに変更が反映されない）」な状態で確認や加工などの作業を行いたい、という場合には、VBAのレコードセットで取り出すという方法が有効なのです（図1）。

図1 レコードセットを使った非連結データの取り出し

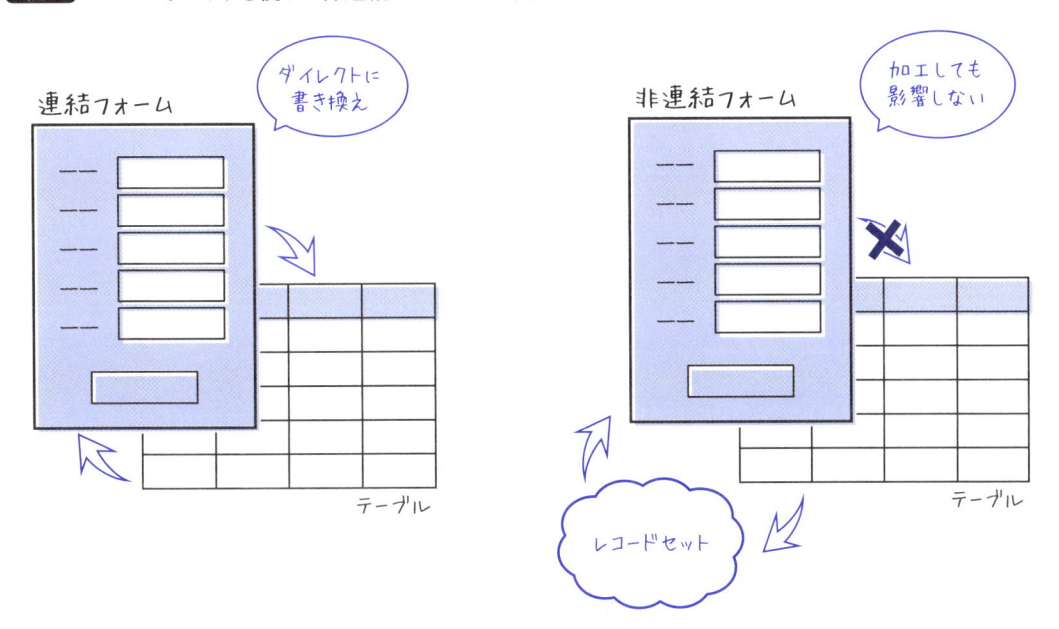

9-1-2 DAOを使ってデータベースに接続する

　VBAを使ってテーブルのデータを取り出すには、連結フォームでいうところの**連結（テーブルとつながっている）部分もプログラミングで作成**しなければなりません。

　Access VBAでは、**データベースに接続する手段としてDAOとADOという技術があります**（図2）。**DAO（Data Access Objects）**はAccessのデータベースのみに特化している技術です。**ADO（ActiveX Data Objects）**はAccessやSQL Server、Oracleなど他のデータベースでも幅広く使われています。

　なお、ADOは**A-5**（313ページ）で解説しています。

図2 DAOとADO

どちらでも実装できるのですが、Access 2007以降のバージョンでは、DAOが既定の機能として備わっているので、ここではDAOを使って接続してみましょう。

本書付属CD-ROMのCHAPTER 9→Beforeフォルダーから、SampleData9.accdbを開いてみてください。「F_サンプルフォーム」上にボタンがあり、クリックイベントプロシージャが用意されています。ここへ**コード1**のように書きます。

コード1 DAOでデータベースを扱う

```
01 Private Sub btn_実行_Click()
02     SQLを作成する(コード2で実装)
03
04     Dim daoDb As DAO.Database ← データベースオブジェクトの宣言
05     Set daoDb = CurrentDb ← 現在のデータベースをセット
06
07     Dim daoRs As DAO.Recordset ← レコードセットオブジェクトを宣言
08     Set daoRs = daoDb.OpenRecordset() ← SQLでレコードを読み込む
09
10     出力(コード3で実装)
11
12     daoRs.Close ← レコードセットを閉じる
13     Set daoRs = Nothing ← レコードセットオブジェクトの破棄
14     daoDb.Close ← データベースを閉じる
15     Set daoDb = Nothing ← データベースオブジェクトの破棄
16 End Sub
```

4、5行目でデータベースへの接続、7、8行目でレコードセットの読み込みを行っています。レコードセットの読み込みは「SQL」というものを使いますが、こちらは次の**9-1-3**で説明します。

接続後、データを取り出すなどの処理が終わったら接続の解除を行います。それが12～15行目です。

9-1-3 SQLでデータを読み込む

テーブルのデータをレコードセットに読み込むには、**SQL**というプログラム言語を使います。**SQLはデータベースのデータを操作するための言語**で、VBAとはまた別のものです。

実はAccessのクエリも実態はSQLで、デザインビュー画面でドラッグしたり条件を付けたりしたクエリは、SQLに変換されて動いているのです。

サンプルに「Q_販売一覧」というクエリを用意してありますので、デザインビューで開いてみてください。リボンの「表示」を展開すると、「SQLビュー」というものがあります(**図3**)。

図3　クエリをSQLビューで開く

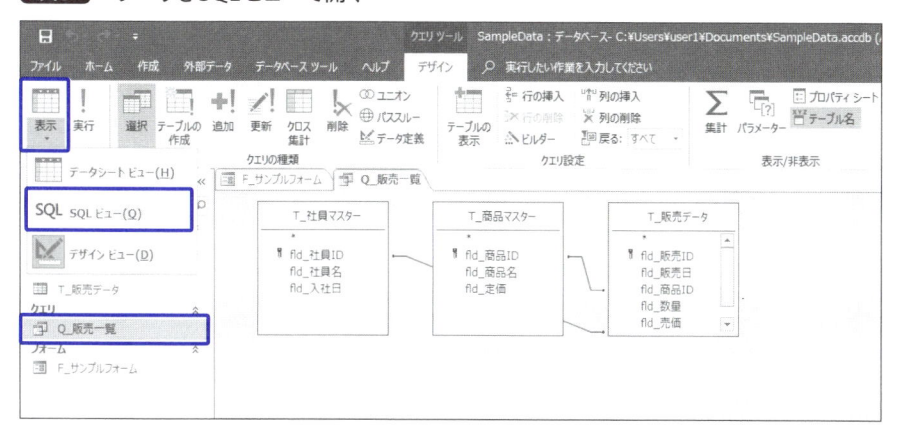

　クリックしてみると、図4のような表示になりました。ここに書かれているのが、デザインビューで設計されたクエリをSQLへ書き換えた形です。データベースはこれを使ってレコードを抽出しているのです。マクロとVBAの関係に似ていますね。

図4　クエリデザインから作成されたSQL

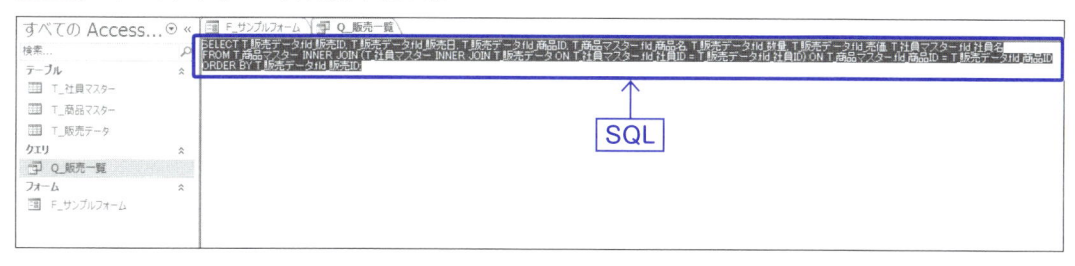

　「Q_販売一覧」クエリを閉じてVBEへ切り替え、先ほどのコードにかんたんなSQLを追記してみましょう（**コード2**）。

コード2　SQLを追記

```
01  Private Sub btn_実行_Click()
02    Dim strSQL As String    ← SQL用変数の宣言
03    strSQL = "SELECT * FROM T_販売データ;"  ← SQL
04
05    Dim daoDb As DAO.Database
06    Set daoDb = CurrentDb
07
08    Dim daoRs As DAO.Recordset
09    Set daoRs = daoDb.OpenRecordset(strSQL)  ← カッコの中にSQLを入れる
```

```
10
11      出力（コード3で実装）
12
13      daoRs.Close
14      Set daoRs = Nothing
15      daoDb.Close
16      Set daoDb = Nothing
17  End Sub
```

　SQLは文字列型で作成し、それを使ってレコードセットを読み込む形になります。「SELECT ＊ FROM テーブル名;」と書くと、「そのテーブルのすべてのレコードを取り出す」という意味になります。

9-1-4 読み込んだ内容を出力する

　レコードセットにテーブルの情報を読み込むことができたら、その情報を出力する部分を追記して中身を確認してみましょう（**コード3**）。

コード3 レコードセットの内容を出力

```
01  Private Sub btn_実行_Click()
02    Dim strSQL As String
03    strSQL = "SELECT * FROM T_販売データ;"
04
05    Dim daoDb As DAO.Database
06    Set daoDb = CurrentDb
07
08    Dim daoRs As DAO.Recordset
09    Set daoRs = daoDb.OpenRecordset(strSQL)
10
11    Dim rsCnt As Long      ← レコード数を格納する変数を宣言          出力用の処理
12    If daoRs.BOF = True And daoRs.EOF = True Then  ← レコードが存在しなければ
13      rsCnt = 0 ← ゼロを代入
14    Else ← 存在していたら
15      daoRs.MoveLast ← 最後のレコードへ移動
16      rsCnt = daoRs.RecordCount    ← 現在地のレコード数を代入
17    End If
18    Debug.Print rsCnt    ← イミディエイトウィンドウへ出力
19
20    daoRs.Close
21    Set daoRs = Nothing
22    daoDb.Close
23    Set daoDb = Nothing
24  End Sub
```

　レコードセットは、実際のテーブルと同じように、カレントレコード（現在いる場所のレコード）という情報を持っています。

　12行目は、BOFとEOFというプロパティがどちらもTrueの場合、レコードが存在しないと判断できるので、Ifの条件として使用しています。

　Else（レコードが存在している）の場合は、カレントレコードを最後へ移動させて、その位置のレコード数を取得することで、レコード総数がわかります。

　「F_サンプルフォーム」をフォームビューで開き、「実行」ボタンをクリックしてみましょう。一見何も起きないように思えますが、VBEに切り替えてみると、18行目の記述によりイミディエイトウィンドウに「300」と表示されています（**図5**）。「T_販売データ」テーブルのレコードの総数を取得、出力することができました。

■図5 **実行すると件数が取得できる**

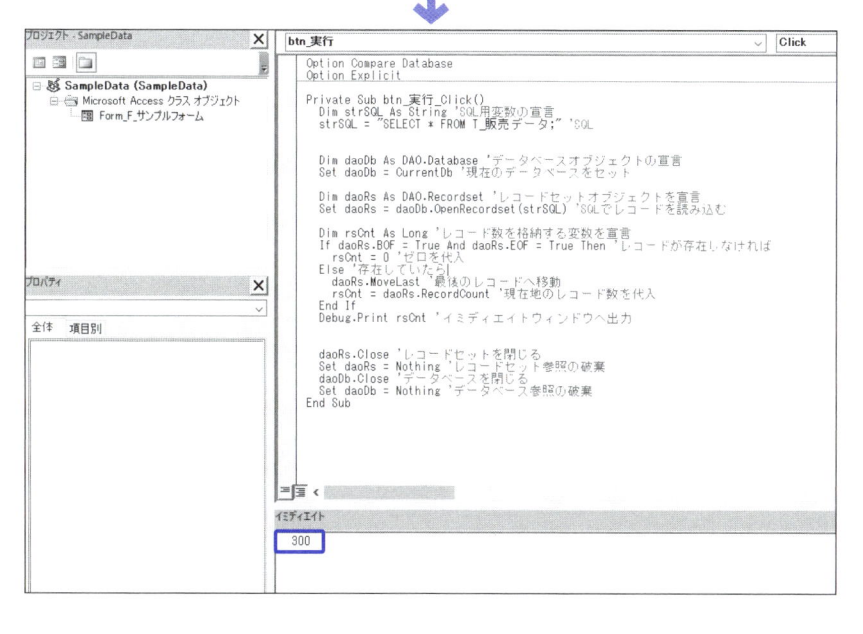

9-2 レコードセットを操作する SQL文の活用

SELECT構文をもう少し詳しく学んで、件数だけではなく、指定のフィールドなども出力してみましょう。

9-2-1 SELECTの基本構文

9-1-3で書いたのは、レコードを抽出するために使うSELECT構文と呼ばれる種類のものです。先ほどは一番シンプルに、「SELECT * FROM テーブル名;」という形で書きました。

もう少し詳しく書くと、SELECT構文は図6のように書くことができます。

図6 SELECT構文

SELECT　フィールド名1, フィールド名2, …

FROM　テーブル名

　WHERE　抽出条件

　ORDER BY　並び替え条件;

フィールド名は「*」と書くと「すべて」という意味で、条件を省略すると「条件なし」という意味になります。

また、クエリのように複数のテーブルからデータを取り出したい場合は、図7のように書きます。

図7　複数テーブルからデータを抽出するSELECT構文

SELECT　テーブル名.フィールド名, テーブル名.フィールド名, …

FROM　テーブル名1　INNER JOIN　テーブル名2

ON　テーブル名1.フィールド名　=　テーブル名2.フィールド名

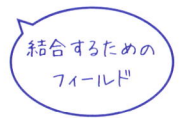

WHERE　抽出条件

ORDER BY　並び替え条件;

　ここでの「INNER JOIN」は、テーブル結合の種類のことで、他にも「LEFT JOIN」「RIGHT JOIN」があり、クエリのデザインビューでリレーションを右クリック→「結合プロパティ」にて設定できる内容と同じことができます（**図8**）。

図8　結合の種類

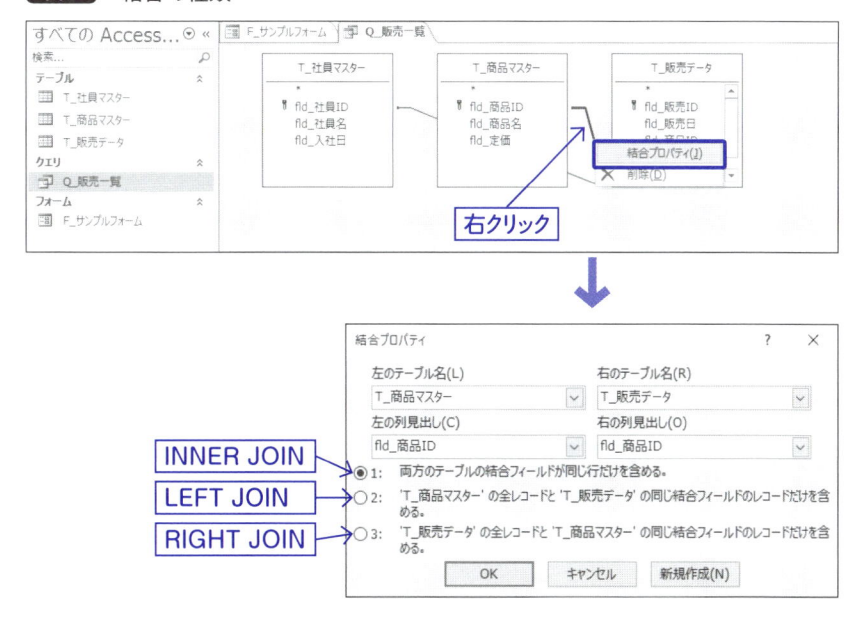

9-2-2 複雑なSQLをVBE上で書く工夫

9-1-3で使用したSQLはとても短かったので**コード4**のように1行で書きました。

> **コード4** 1行で書けるSQL
>
> ```
> 01  strSQL = "SELECT * FROM T_販売データ;"
> ```

しかし、SQLは内容を充実させようとすると長くなってしまうので、**コード5**のようにVBE上で改行を行い、文字列を結合しながら書いていくと読みやすくなります。

> **コード5** VBE上で改行を利用してSQLを書く例
>
> ```
> 01  strSQL = _        改行          文字列結合
>
> 02      "SELECT fld_販売ID, fld_販売日 " & _
>                                      改行
> 03      "FROM T_販売データ " & _
>                    SQL内のスペース忘れずに!
> 04      "ORDER BY fld_販売ID;"
>        インデント
> ```

5-3-2（145ページ）で説明しましたが、VBE上で「_」と入力して改行した部分は1つのコードとして認識されます。SQL内ではSELECTやFROMの区切りをスペースで認識しているので、抜けがないように気を付けてください。また、「ここからここまで1つのコード」というのがわかりやすいように、インデントも使用するとよいでしょう。

複数テーブルを結合させる書き方になると「テーブル名.フィールド名」と書かなければならないので、さらにボリュームが増えてしまいますが、同じルールで書けば理解しやすくなります（**コード6**）。

> **コード6** 複数テーブルを結合する例
>
> ```
> 01  strSQL = _
> 02      "SELECT T_販売データ.fld_販売日, T_商品マスター.fld_商品名 " & _
> 03               テーブル名      フィールド名
> 04      "FROM T_販売データ INNER JOIN T_商品マスター " & _
> 05      "ON T_販売データ.fld_商品ID = T_商品マスター.fld_商品ID " & _
> 06      "ORDER BY T_販売データ.fld_販売日;"
>                                    SQL内のスペース忘れずに!
> ```

実用的なSQLとなるとどうしても長くなってしまいますが、最大限読みやすく書くことを心がけましょう。

それでは、せっかくなので、**9-1-3**（225ページ）で紹介したサンプルの「Q_販売一覧」クエリのSQLビューからSQL文をコピーして、VBE上で整形してみましょう（**コード7**）。

コード7 複雑なSQLの整形

```
01  strSQL = _
02    "SELECT " & _
03      "T_販売データ.fld_販売ID, " & _
04      "T_販売データ.fld_販売日, " & _
05      "T_販売データ.fld_商品ID, " & _
06      "T_商品マスター.fld_商品名, " & _
07      "T_販売データ.fld_数量, " & _
08      "T_販売データ.fld_売価, " & _
09      "T_社員マスター.fld_社員名 " & _
10    "FROM T_商品マスター  INNER JOIN " & _
11      "(T_社員マスター  INNER JOIN T_販売データ " & _
12      "ON T_社員マスター.fld_社員ID = T_販売データ.fld_社員ID) " & _
13    "ON T_商品マスター.fld_商品ID = T_販売データ.fld_商品ID " & _
14    "ORDER BY T_販売データ.fld_販売ID;"
```

> SQL内のスペース忘れずに！

> フィールド数が多いのでインデントして1行ずつ

> 2度目のJOIN〜ON部分をインデントして見やすく

ちょっと難しく感じるかもしれませんが、「SELECT」に続くのはフィールド、「FROM」以下は対象テーブル、「ON」以下は接続フィールド、など大文字部分に注目すると文節の区切りがわかりやすくなります。

正しく整形できれば、実行したときにイミディエイトウィンドウに総数の「300」が表示されます。

9-2-3 条件を付けたレコードセットを出力する

さらにこのSELECT文に条件を付けてレコードの絞り込みをしてみましょう。「WHERE 条件」部分を追加します（**コード8**）。**SQL内の文字列は'（シングルクォーテーション）で括ります。これはVBAの文字列である"（ダブルクォーテーション）と区別するため**です。

CHAPTER
9

コード8 WHERE条件を追加

```
01  strSQL = _
02    "SELECT " & _
03      "T_販売データ.fld_販売ID, " & _
04      "T_販売データ.fld_販売日, " & _
05      "T_販売データ.fld_商品ID, " & _
```

```
06        "T_商品マスター.fld_商品名, " & _
07        "T_販売データ.fld_数量, " & _
08        "T_販売データ.fld_売価, " & _
09        "T_社員マスター.fld_社員名 " & _
10      "FROM T_商品マスター INNER JOIN " & _
11        "(T_社員マスター INNER JOIN T_販売データ " & _
12        "ON T_社員マスター.fld_社員ID = T_販売データ.fld_社員ID) " & _
13      "ON T_商品マスター.fld_商品ID = T_販売データ.fld_商品ID " & _
14      "WHERE T_販売データ.fld_商品ID = 'BL05-01' " & _    ← 条件を追加
15      "ORDER BY T_販売データ.fld_販売ID;"
```

　このSQLで実行してみると、条件を付ける前はイミディエイトウィンドウに「300」と表示されていたのが「9」になります。このSQLに該当するレコード数が9件ということですね。

　さらに条件を追加することもできます。商品IDに加え、販売日でも絞り込んでみましょう（**コード9**）。日付は「#」で括って識別します。「AND」で続けると「〜かつ」、「OR」で続けると「〜または」という意味になります。

コード9　ANDで条件を追加

```
01  strSQL = _
02    "SELECT " & _
03      "T_販売データ.fld_販売ID, " & _
04      "T_販売データ.fld_販売日, " & _
05      "T_販売データ.fld_商品ID, " & _
06      "T_商品マスター.fld_商品名, " & _
07      "T_販売データ.fld_数量, " & _
08      "T_販売データ.fld_売価, " & _
09      "T_社員マスター.fld_社員名 " & _
10    "FROM T_商品マスター INNER JOIN " & _
11      "(T_社員マスター INNER JOIN T_販売データ " & _
12      "ON T_社員マスター.fld_社員ID = T_販売データ.fld_社員ID) " & _
13    "ON T_商品マスター.fld_商品ID = T_販売データ.fld_商品ID " & _
14    "WHERE T_販売データ.fld_商品ID = 'BL05-01' " & _
15    "AND T_販売データ.fld_販売日 = #2019/01/10# " & _    ← 条件を追加
16    "ORDER BY T_販売データ.fld_販売ID;"
```

　このSQLで実行すると、9件だったレコードが2件になります。ここまで絞り込めたので、今度は件数ではなく、抽出したレコードの内容を出力してみましょう。

　レコード数を格納して出力していた部分を**コード10**のように書き換えます。条件を絞るということは、対象レコードが存在しなくなる可能性もあるので、その場合は出力せずにGoTo（194ページ）を使って接続解除の工程へジャンプする仕組みにします。

コード10　レコードを出力

```
01  Private Sub btn_実行_Click()
02    Dim strSQL As String
03    strSQL = 省略
04
05    Dim daoDb As DAO.Database
06    Set daoDb = CurrentDb
07
08    Dim daoRs As DAO.Recordset
09    Set daoRs = daoDb.OpenRecordset(strSQL)
10
11    If daoRs.BOF = True And daoRs.EOF = True Then  ← レコードが存在しなければ
12      MsgBox "対象レコードがありません。", vbInformation, "確認"  ← メッセージ
13      GoTo Finally  ← 接続解除の工程へジャンプ
14    End If
15
16    Debug.Print _
17      daoRs!fld_販売ID, daoRs!fld_販売日, daoRs!fld_商品ID, _
18      daoRs!fld_商品名, daoRs!fld_数量, daoRs!fld_売価, daoRs!fld_社員名 ←
19                       イミディエイトウィンドウへフィールドを出力
20  Finally:  ← 行ラベルを付けておく
21    daoRs.Close
22    Set daoRs = Nothing
23    daoDb.Close
24    Set daoDb = Nothing
25  End Sub
```

　レコードセットの内容は、「daoRs!フィールド名」と書くと取り出せるので、カンマで区切りながらイミディエイトウィンドウに出力します。実行すると図9の結果が得られました。

図9　レコードセットの内容をイミディエイトウィンドウに出力

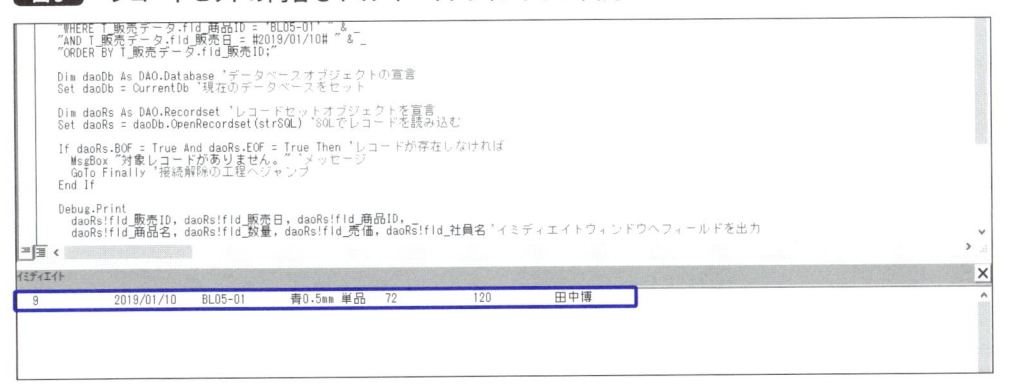

　しかし、2件あったはずなのに、どうして1件のレコードしか出力されていないのでしょうか？それは、一度の「Debug.Print daoRs!フィールド名」では、カレントレコード（ここでは先頭のレコード）しか取り出せないからなのです。2件目のレコードを出力するには、**コード11**のように書く必要があります。

コード11　カレントレコードを移動して出力

```
01   Private Sub btn_実行_Click()
02     Dim strSQL As String
03     strSQL = 省略
04
05     Dim daoDb As DAO.Database
06     Set daoDb = CurrentDb
07
08     Dim daoRs As DAO.Recordset
09     Set daoRs = daoDb.OpenRecordset(strSQL)
10
11     If daoRs.BOF = True And daoRs.EOF = True Then
12       MsgBox "対象レコードがありません。", vbInformation, "確認"
13       GoTo Finally
14     End If
15
16     Debug.Print _
17       daoRs!fld_販売ID, daoRs!fld_販売日, daoRs!fld_商品ID, _
18       daoRs!fld_商品名, daoRs!fld_数量, daoRs!fld_売価, daoRs!fld_社員名
19     daoRs.MoveNext  ← 次のレコードに移動する
20     Debug.Print _    ← もう一度出力
21       daoRs!fld_販売ID, daoRs!fld_販売日, daoRs!fld_商品ID, _
22       daoRs!fld_商品名, daoRs!fld_数量, daoRs!fld_売価, daoRs!fld_社員名
23
24   Finally:
25     daoRs.Close
26     Set daoRs = Nothing
27     daoDb.Close
28     Set daoDb = Nothing
29   End Sub
```

　これで実行すると、ちゃんと2件のレコードが出力できました（**図10**）。

図10　複数のレコードを出力

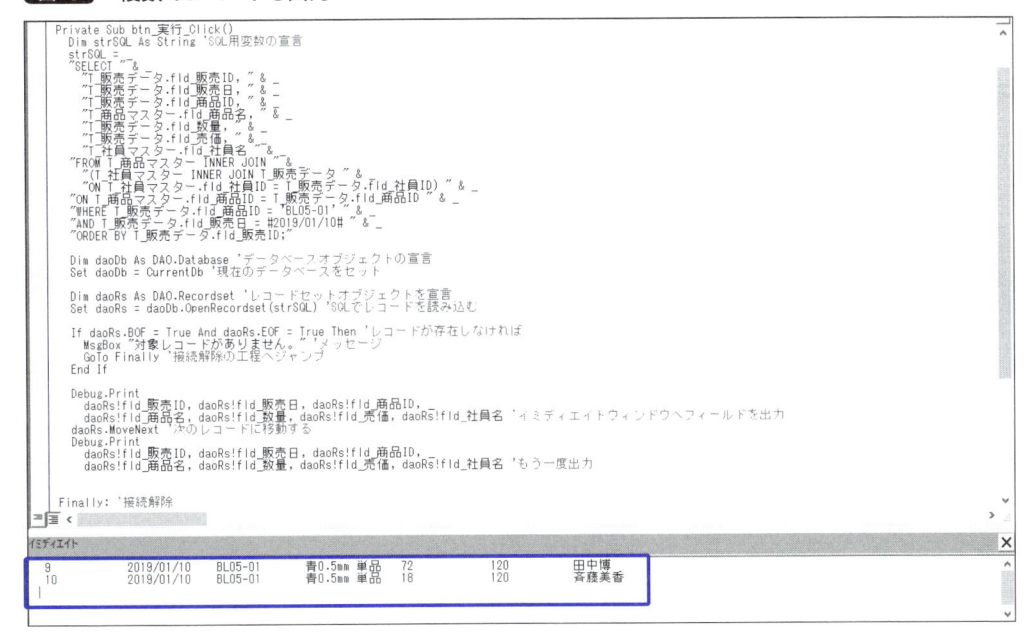

```
Private Sub btn_実行_Click()
  Dim strSQL As String 'SQL用変数の宣言
  strSQL = "_
    "SELECT " & _
      "T_販売データ.fld_販売ID, " & _
      "T_販売データ.fld_販売日, " & _
      "T_販売データ.fld_商品ID, " & _
      "T_商品マスター.fld_商品名, " & _
      "T_販売データ.fld_数量, " & _
      "T_販売データ.fld_売価, " & _
      "T_社員マスター.fld_社員名 " & _
    "FROM T_商品マスター INNER JOIN " & _
      "(T_社員マスター INNER JOIN T_販売データ " & _
      "ON T_社員マスター.fld_社員ID = T_販売データ.fld_社員ID) " & _
      "ON T_商品マスター.fld_商品ID = T_販売データ.fld_商品ID " & _
    "WHERE T_販売データ.fld_商品ID = 'BL05-01' " & _
    "AND T_販売データ.fld_販売日 = #2019/01/10# " & _
    "ORDER BY T_販売データ.fld_販売ID;"

  Dim daoDb As DAO.Database 'データベースオブジェクトの宣言
  Set daoDb = CurrentDb '現在のデータベースをセット

  Dim daoRs As DAO.Recordset 'レコードセットオブジェクトを宣言
  Set daoRs = daoDb.OpenRecordset(strSQL) 'SQLでレコードを読み込む

  If daoRs.BOF = True And daoRs.EOF = True Then 'レコードが存在しなければ
    MsgBox "対象レコードがありません。" 'メッセージ
    GoTo Finally '接続解除の工程へジャンプ
  End If

  Debug.Print _
    daoRs!fld_販売ID, daoRs!fld_販売日, daoRs!fld_商品ID, _
    daoRs!fld_商品名, daoRs!fld_数量, daoRs!fld_売価, daoRs!fld_社員名 'イミディエイトウィンドウへフィールドを出力
  daoRs.MoveNext '次のレコードに移動する
  Debug.Print _
    daoRs!fld_販売ID, daoRs!fld_販売日, daoRs!fld_商品ID, _
    daoRs!fld_商品名, daoRs!fld_数量, daoRs!fld_売価, daoRs!fld_社員名 'もう一度出力

Finally: '接続解除
```

```
イミディエイト
9     2019/01/10   BL05-01    青0.5mm 単品   72    120    田中博
10    2019/01/10   BL05-01    青0.5mm 単品   18    120    斉藤美香
```

　しかし、レコードが10件あったら10回、100件あったら100回このように書くのでしょうか？それはあまり現実的ではありませんよね。次の**9-3**では、同じ命令を何度も行いたい場合に使う、繰り返しについて解説します。

CHAPTER **9**

9-3

レコードのすべてを取り出して処理する
繰り返し処理

読み込んだレコードセットの、すべてのレコードを効率よく取り出すために、
繰り返しの構文を学びましょう。

9-3-1 リストボックスの設置

ここまではレコードセットの内容をイミディエイトウィンドウに出力してきましたが、イミディエイトウィンドウはデバッグ用の簡易的な出力を行うものなので、多数のレコードを出力するのには向いていません。

レコードをすべて出力するために、非連結のリストボックスを使ってみましょう。

「F_サンプルフォーム」をデザインビューに切り替え、「デザイン」タブの「リストボックス」を選択して任意の場所へクリックします（図11）。

図11 リストボックスの設置

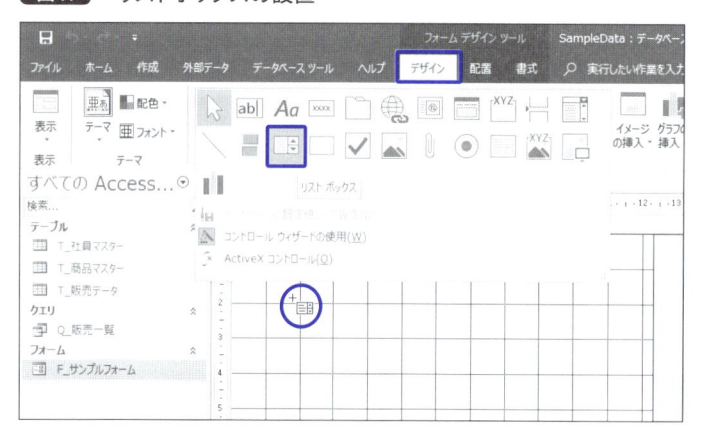

非連結で使うので、ウィザードが表示された場合はキャンセルしてください（図12）。

図12　ウィザードをキャンセル

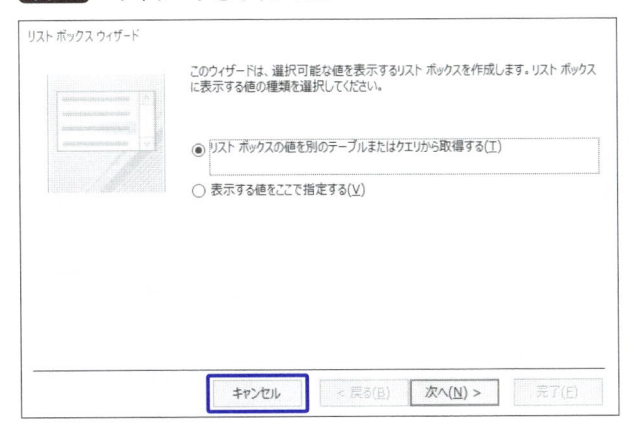

　非連結のリストボックスが作成されたら、「名前」は「lst_販売一覧」にしておきます。レコード出力を想定して横幅を広めにしておくとよいでしょう。一緒に作成されたラベルは削除して構いません（**図13**）。

図13　フォームを整える

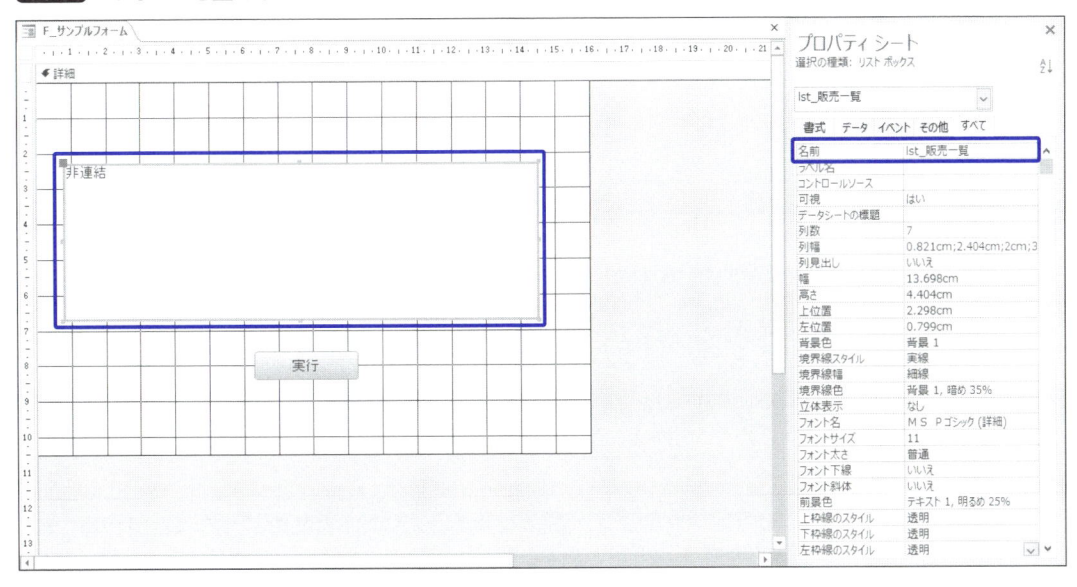

　1つのレコードに付き7つのフィールドを表示したいので、プロパティウィンドウの「書式」タブより、「列数」を7にします。また、プログラミングによりリストボックスの値を格納していくので、「データ」タブの「値集合タイプ」を「値リスト」にします（**図14**）。

　各列の幅もフィールド内容に合わせると見やすくなるので、Afterサンプルを参考にプロパティシートの「書式」タブ→「列幅」で適宜調整してみてください。

CHAPTER **9**

図14　プロパティ設定

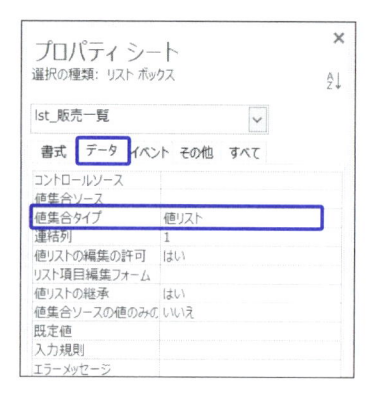

それでは、先ほどのコードに変更を加えて、このリストボックスにレコードセットの内容を出力してみましょう（**コード12**）。

コード12　レコードセットをリストボックスに出力

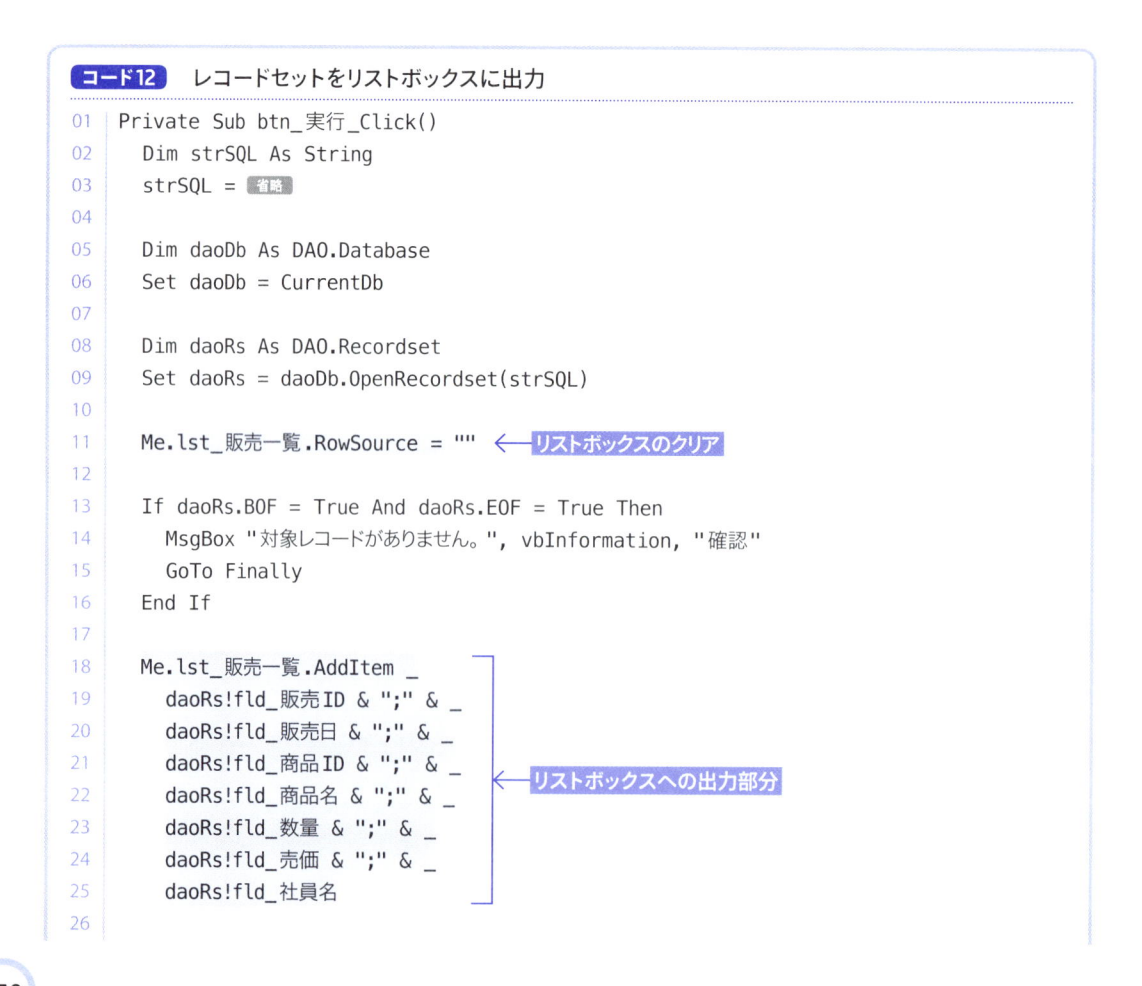

```
01  Private Sub btn_実行_Click()
02    Dim strSQL As String
03    strSQL = 省略
04
05    Dim daoDb As DAO.Database
06    Set daoDb = CurrentDb
07
08    Dim daoRs As DAO.Recordset
09    Set daoRs = daoDb.OpenRecordset(strSQL)
10
11    Me.lst_販売一覧.RowSource = ""    ← リストボックスのクリア
12
13    If daoRs.BOF = True And daoRs.EOF = True Then
14      MsgBox "対象レコードがありません。", vbInformation, "確認"
15      GoTo Finally
16    End If
17
18    Me.lst_販売一覧.AddItem _
19      daoRs!fld_販売ID & ";" & _
20      daoRs!fld_販売日 & ";" & _
21      daoRs!fld_商品ID & ";" & _         ← リストボックスへの出力部分
22      daoRs!fld_商品名 & ";" & _
23      daoRs!fld_数量 & ";" & _
24      daoRs!fld_売価 & ";" & _
25      daoRs!fld_社員名
26
```

```
27  Finally:
28    daoRs.Close
29    Set daoRs = Nothing
30    daoDb.Close
31    Set daoDb = Nothing
32  End Sub
```

11行目で、リストボックスをいったんクリアしています。これをしないと、「実行」ボタンをクリックするたびに同じ内容のレコードが増えていってしまいます。

18～25行目が、リストボックスにレコードセットの内容を出力している部分です。リストボックスへの出力は、「リストボックス名.AddItem "aaa;bbb;ccc"」のように列部分を「;（セミコロン）」で区切って書けば1行でも処理できるのですが、数が多いのでSQLのときと同様に「_」で改行しています。

この状態でフォームビューに切り替えて実行すると、カレントレコードが1つ、リストボックスに出力されます（図15）。

図15 実行結果

9-3-2 For～Nextで繰り返す

何度も同じ処理を行うには**繰り返し処理**を使います。これは**ループ**という呼び方もされ、始点と終点を設定して、ある条件下で終点にたどり着いたら始点に戻るという動き方をします。

それではいよいよ、レコードセットの繰り返し出力にチャレンジします。その前に、現状のSQLでは2件しか出てこないので、繰り返しを実感するために、もう少し多めの数を取り出せるようにしておきます。**BETWEEN～AND～という構文**を使って、2つの日付の間に含まれるレコードを対象とします（**コード13**）。

コード13 SELECTの条件を変更

```
01  strSQL = _
02    "SELECT " & _
03      "T_販売データ.fld_販売ID, " & _
04      "T_販売データ.fld_販売日, " & _
05      "T_販売データ.fld_商品ID, " & _
06      "T_商品マスター.fld_商品名, " & _
07      "T_販売データ.fld_数量, " & _
08      "T_販売データ.fld_売価, " & _
09      "T_社員マスター.fld_社員名 " & _
10    "FROM T_商品マスター  INNER JOIN " & _
11      "(T_社員マスター  INNER JOIN T_販売データ " & _
12      "ON T_社員マスター.fld_社員ID = T_販売データ.fld_社員ID) " & _
13    "ON T_商品マスター.fld_商品ID = T_販売データ.fld_商品ID " & _
14    "WHERE T_販売データ.fld_商品ID = 'BL05-01' " & _
15    "AND T_販売データ.fld_販売日 BETWEEN #2019/01/01# AND #2019/06/30# " & _   ← 変更
16    "ORDER BY T_販売データ.fld_販売ID;"
```

次に**コード12**の「リストボックスへの出力部分」として囲ってあった部分を、**コード14**のように変更します。

コード14 For～Nextで5回繰り返し

```
01  Dim i As Long ← ループ数用変数
02  For i = 1 To 5 ← 変数「i」を1から5まで繰り返す
03    Me.lst_販売一覧.AddItem _
04      daoRs!fld_販売ID & ";" & _
05      daoRs!fld_販売日 & ";" & _
06      daoRs!fld_商品ID & ";" & _      For～Next に囲まれた部分が
07      daoRs!fld_商品名 & ";" & _      繰り返される
08      daoRs!fld_数量 & ";" & _
09      daoRs!fld_売価 & ";" & _
10      daoRs!fld_社員名
11    daoRs.MoveNext ← 次のレコードに移動する
12  Next i ← 変数「i」を次の数へ変更してForへ戻り、5を超えたらループを抜ける
```

ここまで、**変数の命名規則は大切**と何度も書いてきましたが、繰返し処理を操作する変数には**iterator（イテレーター、繰り返し処理）**の頭文字である「i」1文字を使うのが一般的ですので、それにならっています。

この変数「i」が1から5になるまでの計5回、For～Nextの間に書いたコードが繰り返されます。動きを追うとわかりやすいので、ぜひステップ実行しながら見てみてください。結果は**図16**のようになります。レコードが5件出力されていますね。

図16　繰り返し処理の結果

　ただし、この方法はレコード数がいくつであろうと「5回」と固定されてしまいます。実際このレコードセットには6件あるのですが、そのうちの5件しか取り出せていないことになります。もしもレコード数が5件よりも少ない場合は、エラーが発生してしまいます。それは好ましくありません。

　そこで、**9-1-4**（**226ページ**）でレコードの総数を取得したコードを参考に、「レコードの数だけ」繰り返す、というコードにしてみましょう。**コード14**部分を**コード15**のように書き換えます。

コード15　For〜Nextでレコードの数だけ繰り返し

```
01  Dim rsCnt As Long        ← レコード数用変数
02  daoRs.MoveLast           ← 最後のレコードへ移動
03  rsCnt = daoRs.RecordCount ← 現在地のレコード数を代入
04  daoRs.MoveFirst          ← 最初のレコードへ移動
05  Dim i As Long            ← ループ数用変数
06  For i = 1 To rsCnt       ← 変数「i」を1からレコード総数まで繰り返す
07    Me.lst_販売一覧.AddItem _
08      daoRs!fld_販売ID & ";" & _
09      daoRs!fld_販売日 & ";" & _
10      daoRs!fld_商品ID & ";" & _
11      daoRs!fld_商品名 & ";" & _
12      daoRs!fld_数量 & ";" & _
13      daoRs!fld_売価 & ";" & _
14      daoRs!fld_社員名
15    daoRs.MoveNext         ← 次のレコードに移動する
16  Next i
```

　このように書くことで、SQLの条件を変えて取り出すレコードの数が変わっても、そのつどすべてのレコードを出力できるようになります（**図17**）。現在のSQLでは6件が出力されました。

CHAPTER
9

図17 すべてのレコードが取り出せた

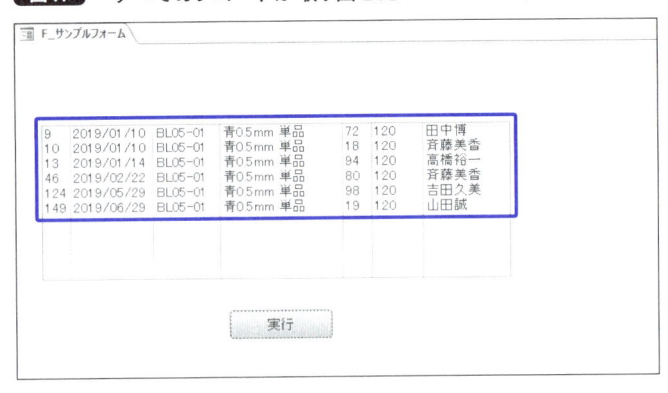

なお、For～Nextは「次に進む数」を**コード16**のように制御することができます。

コード16 For～Nextの進む数

```
01  For i = 1 To 10    ← Step 1が省略されていて、1から+1ずつ増える
02    省略
03  Next i
04
05  For i = 0 To 10 Step 2    ← 0から+2ずつ増える
06    省略
07  Next i
08
09  For i = 10 To 1 Step –1    ← 10から-1ずつ減る
10    省略
11  Next i
```

9-3-3 Do-Loopでレコードセットを処理する

9-3-2（239ページ）で解説した**For～Nextは、設定した回数によって繰り返しを行う命令**です。その他に、**条件によって繰り返すDo～Loop**という書き方もあります。

Do～Loopは明確に回数を決められない状態での繰り返しに向いていますが、回数が決まっているFor～Nextに比べると無限ループに陥りやすいので、**この状態になったらループを抜けるという条件をきちんと設定**しなければなりません。

これがなかなか想定通りにいかないこともあり、ループを抜ける条件を設定してあっても、その条件にいっこうにたどり着けずに無限ループに陥ってしまうということもあり得ます。そんな場合には Ctrl + Pause キーもしくは Ctrl + Break キーを押して実行を中断することができます。

それでは、**コード15**で書いたリストボックスへ出力する部分を、Do〜Loopで書き直してみましょう（**コード17**）。書き方は違いますが、実行結果は同じになります。

コード17　Do〜Loopで繰り返し

```
01  Do
02    Me.lst_販売一覧.AddItem _
03      daoRs!fld_販売ID & ";" & _
04      daoRs!fld_販売日 & ";" & _
05      daoRs!fld_商品ID & ";" & _
06      daoRs!fld_商品名 & ";" & _         ← Do〜Loopに囲まれた部分が
07      daoRs!fld_数量 & ";" & _              繰り返される
08      daoRs!fld_売価 & ";" & _
09      daoRs!fld_社員名
10    daoRs.MoveNext   ← 次のレコードに移動する
11    If daoRs.EOF = True Then Exit Do   ← 条件を満たしたらループを抜ける
12  Loop
```

このコードは、11行目で「daoRs.EOFがTrue」のときにループを抜ける設定にしてあります。EOFプロパティは、カレントレコードが最終レコードより前にあったらFalse、後ろにあったらTrueになるので、その値を見てループを抜ける条件としています。

Do While 条件〜Loopという書き方をすると、**条件を満たしている間繰り返す**という意味になります。**コード18**は、EOFプロパティがFalseの場合、つまりカレントレコードが最終レコードより前にある間ずっと繰り返す、という実装です。

コード18　Do While〜Loopで繰り返し

```
01  Do While daoRs.EOF = False   ← 条件を満たしている間処理を繰り返す
02    Me.lst_販売一覧.AddItem _
03      daoRs!fld_販売ID & ";" & _
04      daoRs!fld_販売日 & ";" & _
05      daoRs!fld_商品ID & ";" & _
06      daoRs!fld_商品名 & ";" & _
07      daoRs!fld_数量 & ";" & _
08      daoRs!fld_売価 & ";" & _
09      daoRs!fld_社員名
10    daoRs.MoveNext
11  Loop
```

CHAPTER
9

「Do Until 条件〜Loop」という書き方をすると、「条件を満たすまで繰り返す」という意味になります。**コード19**は、EOFプロパティがTrueになるまで、つまりこれも、カレントレコードが最終レコードより前にある間ずっと繰り返す、という実装です。

コード19 Do Until〜Loopで繰り返し

```
01  Do Until daoRs.EOF = True ← 条件を満たすまで処理を繰り返す
02    Me.lst_販売一覧.AddItem _
03      daoRs!fld_販売ID & ";" & _
04      daoRs!fld_販売日 & ";" & _
05      daoRs!fld_商品ID & ";" & _
06      daoRs!fld_商品名 & ";" & _
07      daoRs!fld_数量 & ";" & _
08      daoRs!fld_売価 & ";" & _
09      daoRs!fld_社員名
10    daoRs.MoveNext
11  Loop
```

同じ繰り返し処理でも実装方法はさまざまなので、そのときの状況で使いやすく、メンテナンスがしやすいものを選ぶとよいでしょう。

9-4

取得するレコードセットを動的に変更する
変数の組み込み

リストボックスへSQLの結果を表示することができましたが、条件を変えたいときに、いちいちVBEで書き換えなくてはならないのは面倒です。フォーム上のコントロールでSQLを変更できるようにしてみましょう。

9-4-1　テキストボックスの設置とコードの改変

「F_サンプルフォーム」をデザインビューに切り替え、図18のようにラベルとテキストボックスを追加します。この「商品ID」を条件1、「期間」を条件2としましょう。

図18　テキストボックスとラベルの追加

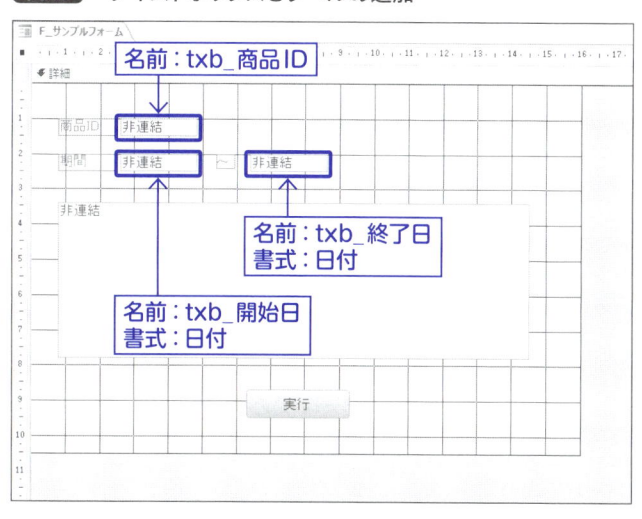

　条件1には「param1」、条件2には「param2」という変数を使う想定で、SQLの「WHERE」部分を変数に置き換えておきます（コード20）。

コード20 SQLの条件を変数に置き換える

```
01  Private Sub btn_実行_Click()
02      条件1(param1の設定)
03
04      条件2(param2の設定)
05
06      Dim strSQL As String
07      strSQL = _
08        "SELECT " & _
09          "T_販売データ.fld_販売ID, " & _
10          "T_販売データ.fld_販売日, " & _
11          "T_販売データ.fld_商品ID, " & _
12          "T_商品マスター.fld_商品名, " & _
13          "T_販売データ.fld_数量, " & _
14          "T_販売データ.fld_売価, " & _
15          "T_社員マスター.fld_社員名 " & _
16        "FROM T_商品マスター INNER JOIN " & _
17          "(T_社員マスター INNER JOIN T_販売データ " & _
18          "ON T_社員マスター.fld_社員ID = T_販売データ.fld_社員ID) " & _
19        "ON T_商品マスター.fld_商品ID = T_販売データ.fld_商品ID " & _
20        param1 & _
21        param2 & _
22        "ORDER BY T_販売データ.fld_販売ID;"
23
24
25      レコードセットをリストボックスに出力するコードは省略
26
27  End Sub
```

条件1の部分へ**コード21**のように書き、変数「param1」を作成します。

コード21 コード20の条件1

```
01  Dim param1 As String ←── 変数の宣言
02  If IsNull(Me.txb_商品ID.Value) Then  ←── テキストボックスが空だったら
03      param1 = ""  ←── 条件なし
                                                      条件文字列作成
04  Else
05      param1 = "WHERE T_販売データ.fld_商品ID = '" & Me.txb_商品ID.Value & "' "  ←──
06  End If
```

テキストボックスが空ならば、文字数ゼロの文字列、そうでなければテキストボックスの値を利用して組み込んだ条件文を変数へ代入します。次に条件2の部分へ**コード22**のように書き、変数「param2」を作成します。

コード22　コード20の条件2

```
01  Dim param2 As String ←変数の宣言
02  If IsNull(Me.txb_開始日.Value) And IsNull(Me.txb_終了日.Value) Then ←両方空だったら
03    param2 = "" ←条件なし
04  Else                                                          ←どちらか片方が空だったら
05    If IsNull(Me.txb_開始日.Value) Or IsNull(Me.txb_終了日.Value) Then ←
06      MsgBox "日付は2つ設定してください", vbInformation, "ご注意" ←メッセージを出して
07      Exit Sub ←終了
08    End If
09    Dim startDate As Date: startDate = Me.txb_開始日.Value ←String型からDate型へ
10    Dim endDate As Date: endDate = Me.txb_終了日.Value        変換するため変数へ代入
11    If startDate > endDate Then ←開始日が終了日よりあとだったら
12      MsgBox "終了日は開始日以降に設定してください", vbInformation, "ご注意"←メッセージを
13      Exit Sub ←終了                                                         出して
14    End If
15    If param1 = "" Then ←条件1がなければ
16      param2 = "WHERE " ←頭文字は「WHERE」
17    Else ←条件1があれば
18      param2 = "AND " ←頭文字は「AND」
19    End If
20    param2 = param2 & "T_販売データ.fld_販売日 " & _
21      "BETWEEN #" & startDate & "# AND #" & endDate & "# " ←条件文字列作成
22  End If
```

テキストボックスが2つあるので、「どちらかが空だった場合」や「日付の前後」などで例外処理を行っています。また、VBEでは「:」を使うと複数行を1行で表すことができるので、9〜10行目の変数宣言と代入を1行でまとめています。

なお、SQLの条件文は、1つ目はWHERE、2つ目以降はANDで書き出すルールがあるので、条件1の有無で頭文字を変えなくてはなりません。その処理を15〜19行目で行っています。

CHAPTER
9

9-4-2 エラートラップと動作確認

フォームビューへ切り替えて動作確認してみましょう。まず、すべてのテキストボックスを空欄のまま実行してみると、どちらも「条件なし」となり、300件すべてのレコードが出力されます（**図19**）。

図19 条件を入力しなかった場合

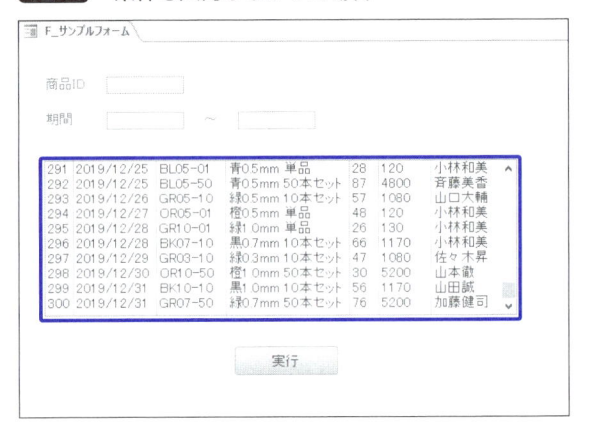

条件を入力して実行すると、対象のレコードが読み込まれて表示されます（**図20**）。

図20 条件を入力した場合

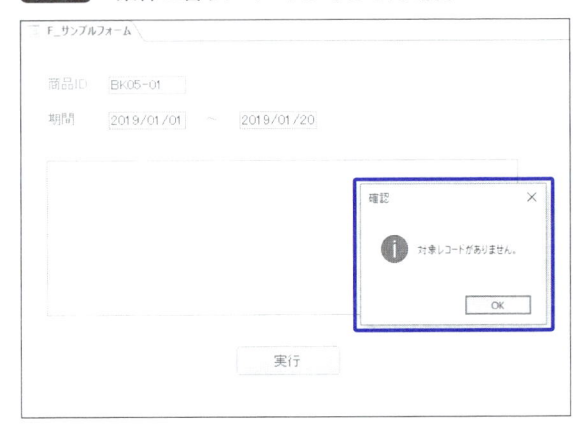

絞り込みすぎて対象レコードがなくなった場合はメッセージが出ます（**図21**）。

図21 条件に合うレコードがなかった場合

なお、現状のSQLは条件1のfld_商品IDを完全一致の条件で書いているので、1つのアイテムの絞り込みしかできません。この部分を**コード23**へ変更すると、「○○を含む」という絞り込みができます。

コード23 条件1を「○○を含む」へ

```
01  Dim param1 As String   ← 変数の宣言
02  If IsNull(Me.txb_商品ID.Value) Then   ← テキストボックスが空だったら
03      param1 = ""   ← 条件なし
04  Else                                              あいまい検索
05      param1 = "WHERE T_販売データ.fld_商品ID LIKE '*' & Me.txb_商品ID.Value & "*' " ←
06  End If
```

これで、たとえばtxb_商品IDへ「05」と書くと、「05を含むIDを持つ」レコードを取り出すことができます（図22）。

図22 「○○を含む」条件にした場合

せっかく条件変更から出力までの流れをフォームだけで完結させることができたので、予期せぬエラーでプログラムが中断してしまわないようにエラートラップを加えます。エラートラップも追加したコードの全文が**コード24**となります。

CHAPTER
9

コード24 エラートラップを実装したプロシージャ

```
01  Private Sub btn_実行_Click()
02    On Error GoTo ErrorHandler
03
04    Dim param1 As String                                          条件1
05    If IsNull(Me.txb_商品ID.Value) Then
06      param1 = ""
07    Else
08      param1 = "WHERE T_販売データ.fld_商品ID LIKE '*" & Me.txb_商品ID.Value & "*' "
09    End If
10
11    Dim param2 As String                                          条件2
12    If IsNull(Me.txb_開始日.Value) And IsNull(Me.txb_終了日.Value) Then
13      param2 = ""
14    Else
15      If IsNull(Me.txb_開始日.Value) Or IsNull(Me.txb_終了日.Value) Then
16        MsgBox "日付は2つ設定してください", vbInformation, "ご注意"
17        Exit Sub
18      End If
19      Dim startDate As Date: startDate = Me.txb_開始日.Value
20      Dim endDate As Date: endDate = Me.txb_終了日.Value
21      If startDate > endDate Then
22        MsgBox "終了日は開始日以降に設定してください", vbInformation, "ご注意"
23        Exit Sub
24      End If
25      If param1 = "" Then
26        param2 = "WHERE "
27      Else
28        param2 = "AND "
29      End If
30      param2 = param2 & "T_販売データ.fld_販売日 " & _
31        "BETWEEN #" & startDate & "# AND #" & endDate & "# "
32    End If
33
34    Dim strSQL As String                                          SQL作成
35    strSQL = _
36      "SELECT " & _
37        "T_販売データ.fld_販売ID, " & _
38        "T_販売データ.fld_販売日, " & _
39        "T_販売データ.fld_商品ID, " & _
40        "T_商品マスター.fld_商品名, " & _
41        "T_販売データ.fld_数量, " & _
42        "T_販売データ.fld_売価, " & _
43        "T_社員マスター.fld_社員名 " & _
44      "FROM T_商品マスター INNER JOIN " & _
45        "(T_社員マスター INNER JOIN T_販売データ " & _
```

```
46      "ON T_社員マスター.fld_社員ID = T_販売データ.fld_社員ID) " & _
47    "ON T_商品マスター.fld_商品ID = T_販売データ.fld_商品ID " & _
48    param1 & _
49    param2 & _
50    "ORDER BY T_販売データ.fld_販売ID;"
51
52  Dim daoDb As DAO.Database                          データベース接続
53  Set daoDb = CurrentDb
54
55  Dim daoRs As DAO.Recordset
56  Set daoRs = daoDb.OpenRecordset(strSQL)
57
58  Me.lst_販売一覧.RowSource = ""                  リストボックスのクリアと出力
59
60  If daoRs.BOF = True And daoRs.EOF = True Then
61    MsgBox "対象レコードがありません。", vbInformation, "確認"
62    GoTo Finally
63  End If
64
65  Do Until daoRs.EOF = True
66    Me.lst_販売一覧.AddItem _
67      daoRs!fld_販売ID & ";" & _
68      daoRs!fld_販売日 & ";" & _
69      daoRs!fld_商品ID & ";" & _
70      daoRs!fld_商品名 & ";" & _
71      daoRs!fld_数量 & ";" & _
72      daoRs!fld_売価 & ";" & _
73      daoRs!fld_社員名
74    daoRs.MoveNext
75  Loop
76
77    GoTo Finally  ←  最後に接続解除工程を通りたいので「Exit Sub」でないことに注意
78
79  ErrorHandler:  ←  エラートラップ
80    MsgBox "Error #: " & Err.Number & vbNewLine & vbNewLine & _
81      Err.Description, vbCritical, "エラー"  ←  エラーメッセージ
82
83  Finally:
84    If Not daoRs Is Nothing Then  ←  レコードセットオブジェクトが作成されていたら
85      daoRs.Close
86      Set daoRs = Nothing
87    End If
88    If Not daoDb Is Nothing Then  ←  データベースオブジェクトが作成されていたら
89      daoDb.Close
90      Set daoDb = Nothing
91    End If
92  End Sub
```

CHAPTER

9

　これで、エラーが起きた場合でも、最後の接続解除部分を通ってから終了することになります。ただし、データベース接続前やレコードセット作成前にエラーが起きてしまうと、作成前なので存在しておらず、閉じられない場合があります。そのため、データベースおよびレコードセットオブジェクトが作成されていた場合のみ、閉じて破棄する、という書き方にしておきます。

CHAPTER

10

非連結フォームから
データ変更
追加・更新・削除

10-1

非連結フォームの準備
初期化と読み込み

CHAPTER 9ではレコードを1つのリストボックスへ読み込みましたが、ここでは各フィールドをそれぞれのコントロールに読み込んだり、状態によってコントロールの使用可否を切り替えたりしてみましょう。

10-1-1 フォームの作成

本書付属CD-ROMのCHAPTER 10→Beforeフォルダーから、SampleData10.accdbを開いてみてください。テーブル構造は **CHAPTER 3** と同じもので、「F_メニュー」フォームのボタンから「F_商品マスター編集」フォームが開くようになっています（図1）。

図1 サンプルの確認

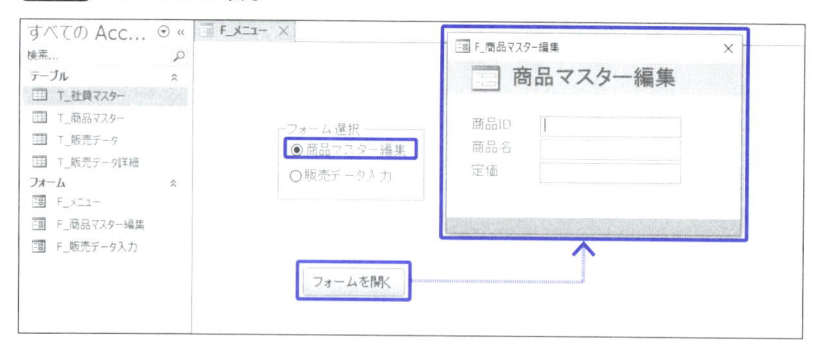

ただし「F_商品マスター編集」フォームは、フォームのレコードソース、テキストボックスのコントロールソースが設定されていない状態です（図2）。この非連結状態のフォームからレコードを操作してみましょう。

図3を参考に「F_商品マスター編集」フォームにボタンを設置します。ボタンの名前は、ここまでと同じく「btn_○○」という命名規則で付けておきましょう。

図2　非連結な状態

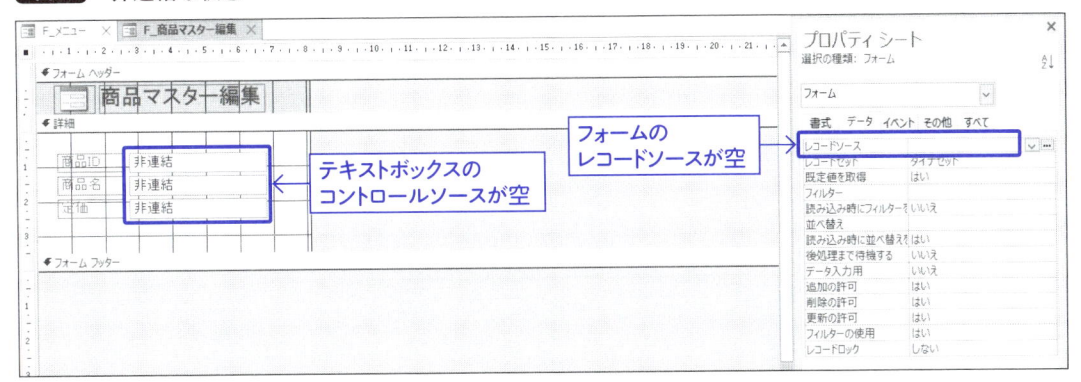

図3　ボタンの設置

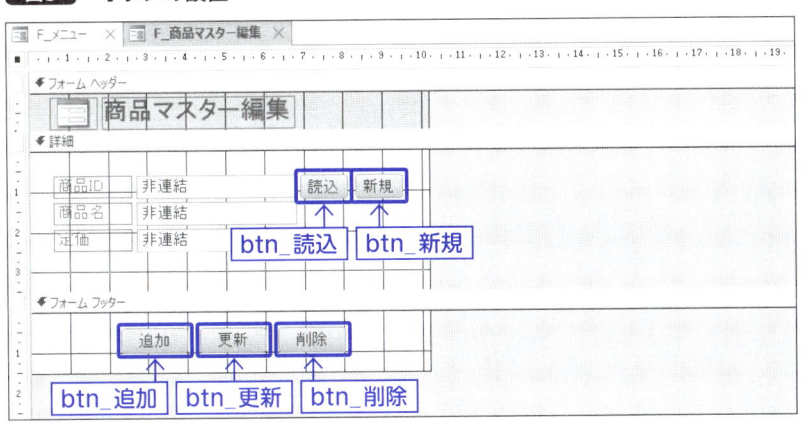

10-1-2　初期化

　テーブルとフォームが連結している場合はテキストボックスの中身は自動で変わりますが、非連結の場合はそのつどフォームをクリアしてデータを入れ替える必要があります。この「クリア」な状態を**初期状態**と呼び、**フォームを初期状態にリセットすること**を**初期化**と呼びます。

　初期状態は状況によって異なるので、そのフォームが「新しい作業をする際どんな状態なら使いやすいか」ということを考えて決めるのがよいでしょう。

　今回の「F_商品マスター編集」フォームでは、「これから新規のレコードを追加する」状態を「初期状態」として作ってみます。まずは、このフォームが開いたときに初期状態になるように「フォーム」の「読み込み時」イベントプロシージャを作成します（**図4**）。

CHAPTER

10

図4 「読み込み時」イベントプロシージャを作成

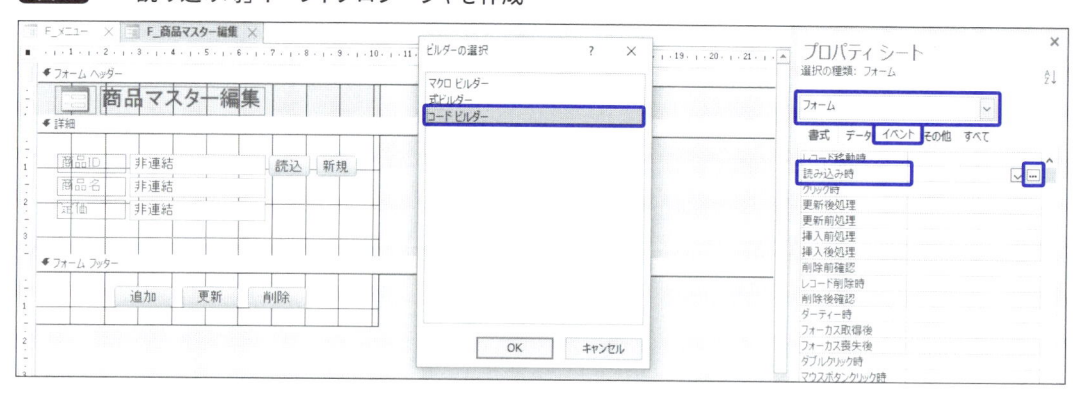

「初期化」は「読み込み時」だけでなくいろんな状態から呼び出すことが多いので、「initializeForm」というプロシージャをあとで用意する想定で、ここでは呼び出すコードだけ書いておきましょう（**コード1**）。

コード1 読み込み時に初期化のプロシージャを呼び出す

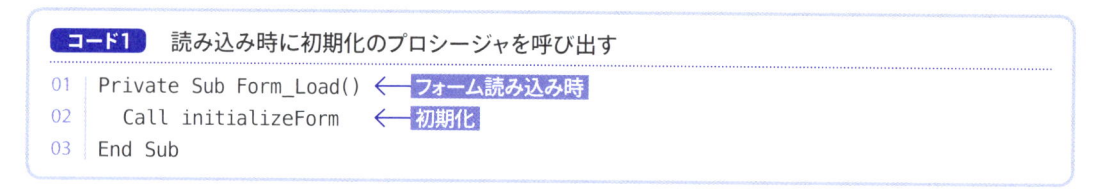

```
01  Private Sub Form_Load()    ← フォーム読み込み時
02    Call initializeForm      ← 初期化
03  End Sub
```

「btn_新規」のクリックイベントでも同じプロシージャが呼び出せるようにしておきます（**コード2**）。なお、イベントプロシージャを自動作成すると、挿入場所は選べません。プロシージャの順番は入れ替えても問題ありませんのでわかりやすい位置に変更して構いません。収録されているサンプルでは、解説順に上から並んでいます。

コード2 「新規」ボタンから初期化のプロシージャを呼び出す

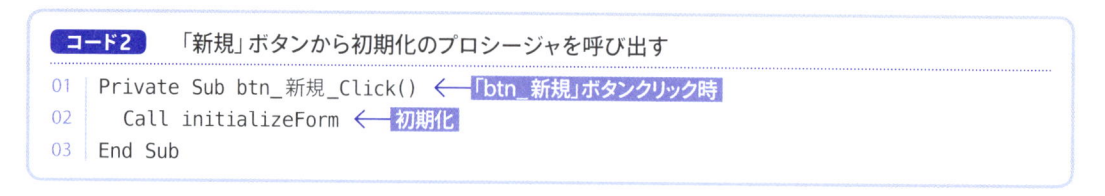

```
01  Private Sub btn_新規_Click()   ← 「btn_新規」ボタンクリック時
02    Call initializeForm         ← 初期化
03  End Sub
```

以上の2つから呼び出される「初期化」のコードを、同じ「Form_F_商品マスター編集」モジュール内にジェネラルプロシージャとして書きます（**コード3**）。

コード3　「初期化」を行うプロシージャ

```
01  Private Sub initializeForm()          ←初期化
02    Me.txb_商品ID.Value = Null           ←「txb_商品ID」を空に
03    Me.txb_商品名.Value = Null           ←「txb_商品名」を空に
04    Me.txb_定価.Value = Null             ←「txb_定価」を空に
05    Me.btn_追加.Enabled = True           ←「btn_追加」ボタンを使用可能に
06    Me.btn_更新.Enabled = False          ←「btn_更新」ボタンを使用不可に
07    Me.btn_削除.Enabled = False          ←「btn_削除」ボタンを使用不可に
08    Me.txb_商品ID.Enabled = True         ←「txb_商品ID」を使用可能に
09  End Sub
```

先ほど「新規のレコードを追加する」状態を「初期状態」と決めたので、各テキストボックスは空にして、使えるボタンは「追加」だけにしておきます。また、「fld_商品ID」は主キーなので、「追加」のときだけ編集可、それ以外の場合は編集不可にする必要があります。そのため、初期化のタイミングでは使用可能にしておきます。

これで、「フォームを開いたとき」と「新規」ボタンをクリックされたとき」に「initializeForm」プロシージャが実行されるコードが書けました。

VBAを編集すると「フォームに変更があった」ことになるので、「F_商品マスター編集」フォームを保存していったん閉じ、「F_メニュー」フォームから開きます。「更新」と「削除」ボタンが使用不可になりました（図5）。

図5　フォームを開いたとき

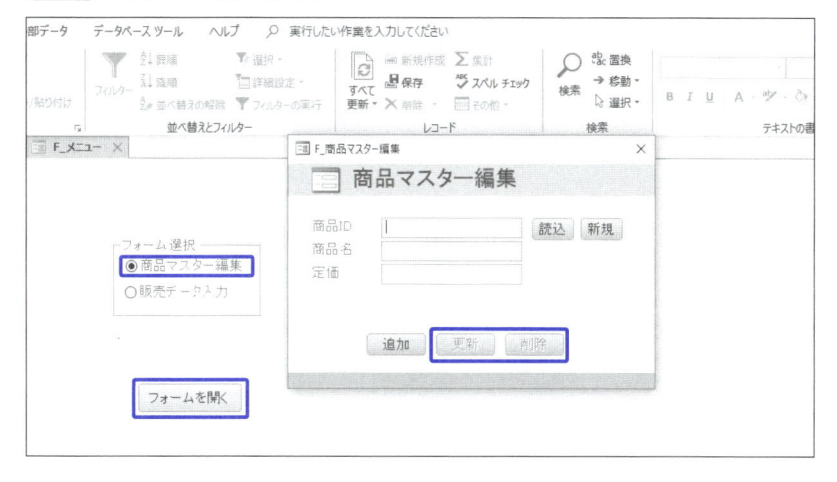

テキストボックスに値を入力して、「新規」ボタンをクリックすると、「initializeForm」が呼び出され、入力値が消えて「初期状態」へリセットされます（図6）。

図6 「新規」ボタンをクリックしたとき

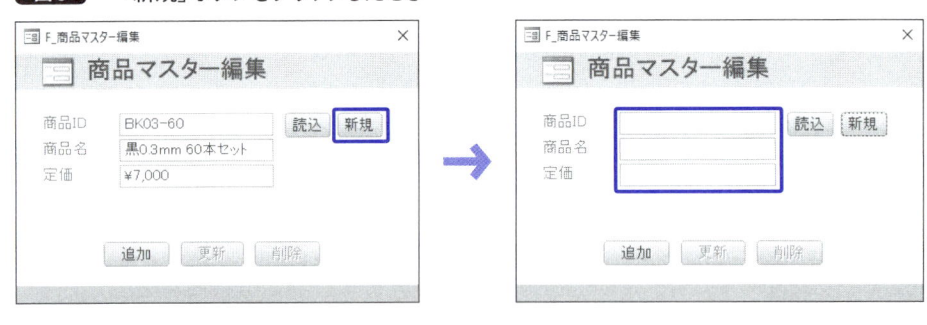

10-1-3 読み込み

　次は、レコード読込を行うプロシージャを作りましょう。他からも呼び出したいので別に作って、「読込」ボタンをクリックしたときに呼び出す形にします。**CHAPTER 9**で解説した内容の応用で、入力されている「商品ID」をキーとしたSELECT文を作り、レコードセットを読み込んで、それぞれのテキストボックスに入れる、という形です（**コード4**）。

コード4 「読み込み」を行う

```
01  Private Sub btn_読込_Click()      ← 「btn_読込」ボタンをクリックしたとき
02    Call loadForm      ← 読込呼び出し
03  End Sub
04
05  Private Sub loadForm()  ← 読込処理
06    If IsNull(Me.txb_商品ID.Value) Then Exit Sub  ← 「txb_商品ID」が空なら終了
07
08    Me.txb_商品名.Value = Null  ← 「txb_商品名」をクリア（前のデータが残らないように）
09    Me.txb_定価.Value = Null  ← 「txb_定価」をクリア
10
11    On Error GoTo ErrorHandler
12
13    Dim strSQL As String
14    strSQL = _
15      "SELECT fld_商品名, fld_定価 " & _
16      "FROM T_商品マスター " & _
17      "WHERE fld_商品ID = '" & Me.txb_商品ID.Value & "';"  ← SQLを作成
18
19    Dim daoDb As DAO.Database
20    Set daoDb = CurrentDb
21
22    Dim daoRs As DAO.Recordset
23    Set daoRs = daoDb.OpenRecordset(strSQL)
24
```

```
25    If daoRs.BOF = True And daoRs.EOF = True Then
26      MsgBox "対象レコードがありません。", vbInformation, "確認"
27      GoTo Finally  ←─ レコードがなければ終了
28    End If
29
30    Me.txb_商品名.Value = daoRs!fld_商品名  ←─ 抽出したレコードをテキストボックスへ
31    Me.txb_定価.Value = daoRs!fld_定価
32
33    Me.btn_追加.Enabled = False    ←─ 「btn_追加」ボタンを使用不可に
34    Me.btn_更新.Enabled = True     ←─ 「btn_更新」ボタンを使用可能に
35    Me.btn_削除.Enabled = True     ←─ 「btn_削除」ボタンを使用可能に
36    Me.txb_商品ID.Enabled = False  ←─ 「txb_商品ID」を使用不可に
37    GoTo Finally
38
39  ErrorHandler:  ←─ エラートラップ
40    MsgBox "Error #: " & Err.Number & vbNewLine & vbNewLine & _
41      Err.Description, vbCritical, "エラー"
42
43  Finally:
44    If Not daoRs Is Nothing Then
45      daoRs.Close
46      Set daoRs = Nothing
47    End If
48    If Not daoDb Is Nothing Then
49      daoDb.Close
50      Set daoDb = Nothing
51    End If
52  End Sub
```

　読込が正常に行われた場合、今度はそのIDを使って「更新」や「削除」を行うので、各ボタンの使用可否を切り替えます。また、IDが変更されないように「txb_商品ID」を使用不可にします。

　再度「F_商品マスター編集」フォームを保存して開き直し、存在するIDを入力して「読込」ボタンをクリックすると、そのIDに対応する商品名と定価が読み込まれ、各種コントロールの使用可否が切り替わります（図7）。

図7　「読込」ボタンをクリックしたとき

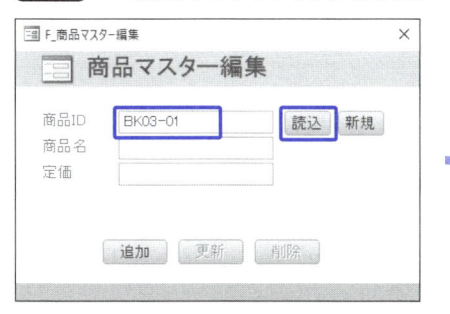
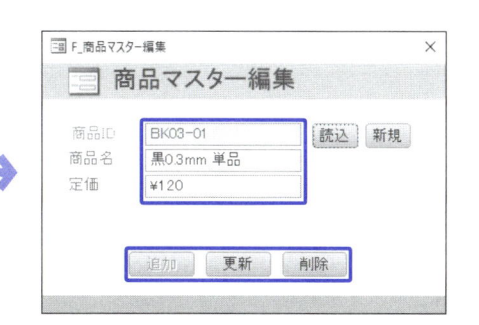

10-2 非連結な値をテーブルへ データの変更

SQLは、データを取り出す他、追加・更新・削除といったテーブルに変更を行う命令も実行することができます。

10-2-1 テーブルへ変更を加える準備

　追加・更新・削除はSELECTのときに使ったレコードセットが不要で、データベースへの接続、SQLの実行、接続解除の流れはほぼ共通しています。そのため、共通部分の処理を行うプロシージャを作っておくと、使い回すことができます。

　コード5は、SQL文を引数として受け取り、処理後のメッセージを返す自作関数です。同じモジュールに書いていきます。

コード5 テーブル変更のSQLを実行するFunctionプロシージャ

```
01  Function tryExecute(strSQL As String) As String   ← SQLを実行してメッセージを返す関数
02    On Error GoTo ErrorHandler
03
04    Dim daoDb As DAO.Database
05    Set daoDb = CurrentDb   ← 接続
06
07    daoDb.Execute strSQL   ← 実行
08
09    tryExecute = ""   ← 成功の場合は空の文字列が入る
10
11    GoTo Finally   ← 正常に終了したら接続解除へジャンプ
12
13  ErrorHandler:   ← エラー処理
14    tryExecute = "Error #: " & Err.Number & vbNewLine & vbNewLine & Err.Description   ←
15                                                              エラーの場合は
16  Finally:   ← 接続解除                                         エラーメッセージが入る
17    If Not daoDb Is Nothing Then
18      daoDb.Close
19      Set daoDb = Nothing
```

```
20    End If
21  End Function
```

　7行目で引数のSQLを実行し、問題なければ9行目の空文字が、エラーが起こったら13行目へジャンプしてエラーメッセージが返ります。この関数を使って、追加・更新・削除を行ってみましょう。

10-2-2 INSERT構文　レコードの追加

　テーブルにレコードの追加を行うには、**INSERT**という構文を使います（**コード6**）。

コード6　INSERT文の基本

```
01  INSERT INTO テーブル名 (フィールド名1, フィールド名2, …)
02  VALUES(値1, 値2, …);
```

　フォーム上の値を使ってINSERT文を作成し、**コード5**で作った関数を呼び出しているのが**コード7**です。「btn_追加」ボタンのクリックイベントプロシージャに書きます。

コード7　INSERT文の作成と実行

```
01  Private Sub btn_追加_Click()  ←──「btn_追加」ボタンのクリックイベントプロシージャ
02    Dim strSQL As String
03    strSQL = _
04    "INSERT INTO T_商品マスター (fld_商品ID, fld_商品名, fld_定価) " & _  ←── INSERT文の作成
05    "VALUES(" & _
06      "'" & Me.txb_商品ID.Value & "', " & _
07      "'" & Me.txb_商品名.Value & "', " & _
08      Me.txb_定価.Value & ");"
09
10    Dim errMsg As String
11    errMsg = tryExecute(strSQL)  ←── SQLを実行してメッセージを受け取る
12
13    If errMsg <> "" Then  ←── メッセージが空ではない（エラーがあった）場合
14      MsgBox errMsg, vbCritical, "エラー"  ←── 受け取ったエラーメッセージを出力
15      Exit Sub  ←── 終了
16    End If
17
18    Call loadForm  ←── 追加されたIDを使って読み込み処理を呼び出す
19    MsgBox "追加しました", vbInformation, "完了"  ←── 完了メッセージを出力
20  End Sub
```

CHAPTER
10

動作確認してみましょう。フォームを保存してから開き直し、適当な値を入れて「追加」ボタンをクリックします（図8）。

正常に処理が行われればそのIDで読み込み処理が行われるので、「txb_商品ID」や「btn_追加」は使用不可になり、完了メッセージが表示されます。

図8 「追加」ボタンをクリックしたとき

10-2-3 UPDATE構文　レコードの更新

既存レコードの更新を行うには、**UPDATE**という構文を使います（**コード8**）。

コード8 UPDATE文の基本

```
01  UPDATE  テーブル名
02  SET  フィールド名1 = 値1, フィールド名2 = 値2, …
03  WHERE  条件;
```

フォーム上の値を使ってUPDATE文を作成し、同様に**10-2-1**（260ページ）で作った関数を実行しているのが**コード9**です。「btn_更新」ボタンのクリックイベントプロシージャに書きます。

コード9 UPDATE文の作成と実行

```
01  Private Sub btn_更新_Click()  ←「btn_更新」ボタンのクリックイベントプロシージャ
02    Dim strSQL As String
03    strSQL = _
04      "UPDATE T_商品マスター " & _  ← UPDATE文の作成
05      "SET " & _
06        "fld_商品名 = '" & Me.txb_商品名.Value & "', " & _
07        "fld_定価 = " & Me.txb_定価.Value & " " & _
08      "WHERE fld_商品ID = '" & Me.txb_商品ID.Value & "';"
```

```
09
10    Dim errMsg As String
11    errMsg = tryExecute(strSQL)    ← SQLを実行してメッセージを受け取る
12
13    If errMsg <> "" Then    ← メッセージが空ではない(エラーがあった)場合
14      MsgBox errMsg, vbCritical, "エラー"    ← 受け取ったエラーメッセージを出力
15      Exit Sub    ← 終了
16    End If
17
18    Call loadForm    ← 再度読み込み処理を呼び出す
19    MsgBox "更新しました", vbInformation, "完了"    ← 完了メッセージを出力
20  End Sub
```

最初に「読込」ボタンを利用して、先ほど追加したレコードを読み込み、変更を加えて「更新」ボタンをクリックしてみましょう（**図9**）。

正常に処理が行われれば、再度読み込み処理が行われ、完了メッセージが表示されます。

図9 「更新」ボタンをクリックしたとき

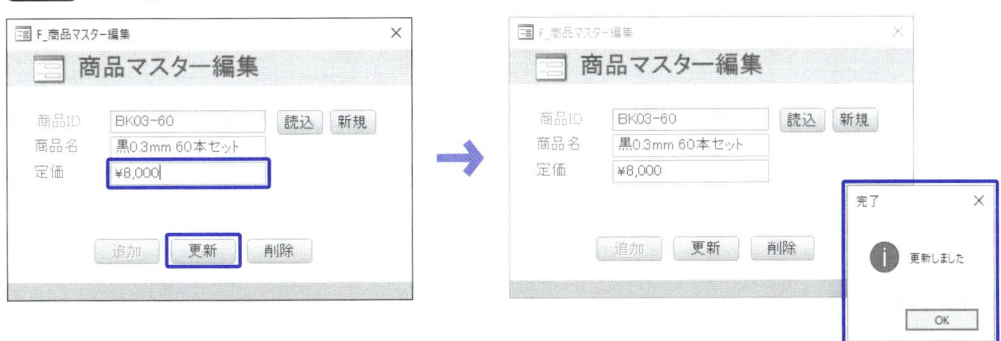

10-2-4 DELETE構文 レコードの削除

レコードの削除を行うには、**DELETE**という構文を使います（**コード10**）。

CHAPTER
10

コード10 DELETE文の基本

```
01  DELETE FROM テーブル名
02  WHERE 条件;
```

フォーム上の値を使ってDELETE文を作成し、同様に自作したtryExecute関数で実行しているのが**コード11**です。「btn_削除」ボタンのクリックイベントプロシージャに書きます。

コード11 DELETE文の作成と実行

```
01  Private Sub btn_削除_Click()  ← 「btn_削除」ボタンのクリックイベントプロシージャ
02    If MsgBox("このレコードを削除してよろしいですか?", _
03      vbQuestion + vbOKCancel, "削除") = vbCancel Then Exit Sub  ← 削除前の確認
04
05    Dim strSQL As String
06    strSQL = _
07      "DELETE FROM T_商品マスター " & _  ← DELETE文を作成
08      "WHERE fld_商品ID = '" & Me.txb_商品ID.Value & "';"
09
10    Dim errMsg As String
11    errMsg = tryExecute(strSQL)  ← SQLを実行してメッセージを受け取る
12
13    If errMsg <> "" Then  ← メッセージが空ではない(エラーがあった)場合
14      MsgBox errMsg, vbCritical, "エラー"  ← 受け取ったエラーメッセージを出力
15      Exit Sub  ← 終了
16    End If
17
18    Call initializeForm  ← 初期化
19    MsgBox "削除しました", vbInformation, "完了"  ← 完了メッセージを出力
20  End Sub
```

削除の場合、処理に進む前にいったん確認のメッセージを出しておくと親切です(2行目)。削除後は、IDがなくなって「読み込み」ができなくなるので、「初期化」処理をしてフォームをリセットします(18行目)。

　追加したレコードを削除してみましょう。最初に「読込」ボタンを利用して、既存レコードを読み込んだ状態から「削除」ボタンをクリックします。確認メッセージでは「OK」をクリックすると次へ進みます（図10）。

図10　「削除」ボタンをクリックしたとき

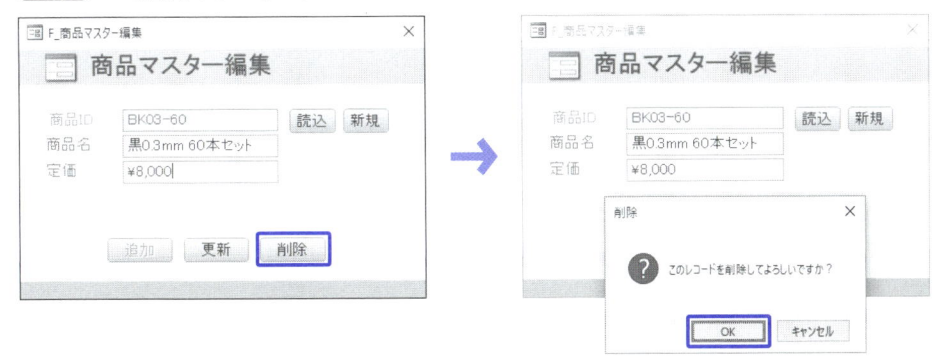

　正常に処理が行われれば、フォームが初期化され、完了メッセージが表示されます（図11）。

図11　削除完了

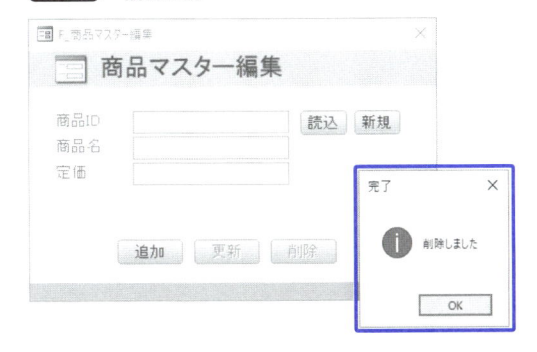

10-3 非連結で親子フォームを再現する
1対多に対応したコード

3-3で作った「親子フォーム」も、VBAで再現できるのでしょうか？　ちょっと と難しくなりますが、10-1と10-2の応用としてチャレンジしてみましょう。

10-3-1 フォームの作成

ここまでと同じサンプル（SampleData10.accdb）の「F_販売データ入力」フォームに、1対多のレコードが格納できる形で各種コントロールが配置されています（図12）。主要なコントロールは表1のような「名前」になっています。

図12 配置されているコントロール

表1 コントロールの「名前」

図12内の番号	種類	名前
❶	テキストボックス	txb_販売ID
❷	テキストボックス	txb_販売日
❸	コンボボックス	cmb_社員ID
❹	ボタン	btn_読込
❺	ボタン	btn_新規
❻	チェックボックス	chk_親レコード削除
❼	チェックボックス	chk_削除1（〜10）
❽	テキストボックス	txb_詳細ID1（〜10）
❾	コンボボックス	cmb_商品ID1（〜10）
❿	テキストボックス	txb_商品名1（〜10）
⓫	テキストボックス	txb_売価1（〜10）
⓬	テキストボックス	txb_数量1（〜10）
⓭	ボタン	btn_追加
⓮	ボタン	btn_更新
⓯	ボタン	btn_削除

ここで、「多側」のレコードを格納するコントロールは、すべてに「○○1〜10」という規則的な名前にしてあるのがポイントです。数値部分を利用して、繰り返し処理が作成できるので、レコードの読み書きがスマートになります。

10-3-2 初期化

ここでも、「これから新規のレコードを追加する」状態を「初期状態」として作ってみましょう。「フォーム」の「読み込み時」と、「btn_新規」の「クリック時」イベントプロシージャを作成し、初期化プロシージャを呼び出すコードを書きます（**コード12**）。

コード12 初期化を適用するプロシージャ

```
01  Private Sub Form_Load()          ← フォーム読み込み時
02    Me.txb_販売ID.Value = Null      ← 「txb_販売ID」を空にする
03    Call initializeForm            ← 初期化呼び出し
04  End Sub
05
06  Private Sub btn_新規_Click()      ← 「btn_新規」クリック時
07    Me.txb_販売ID.Value = Null      ← 「txb_販売ID」を空にする
08    Call initializeForm            ← 初期化呼び出し
09  End Sub
```

CHAPTER
10

　今回は初期化するコントロールが多いため、「initializeForm」プロシージャは「レコード読み込み時」にも使う想定です。レコード読み込み時は入力された販売IDを使うので、IDをクリアしてしまうと読込ができません。したがって「initializeForm」内に「txb_販売ID」のクリアは含めず、それより前で行っています。

　呼び出される初期化プロシージャを書きます（**コード13**）。

コード13　初期化プロシージャ

```
01  Private Sub initializeForm()          ← 初期化
02      Me.txb_販売日.Value = Null          ← 「txb_販売日」を空へ
03      Me.cmb_社員ID.Value = Null          ← 「cmb_社員ID」を空へ
04      Me.chk_親レコード削除.Value = False    ← 「chk_親レコード削除」をオフへ
05      Me.chk_親レコード削除.Enabled = False  ← 「chk_親レコード削除」を使用不可へ
06
07      Dim i As Long       ← コントロール番号として使用
08      For i = 1 To 10     ← 1～10まで繰り返す
09        Me("chk_削除" & i).Value = False       ← 「chk_削除」の「i番目」をオフへ
10        Me("chk_削除" & i).Enabled = False     ← 「chk_削除」の「i番目」を使用不可へ
11        Me("txb_詳細ID" & i).Value = Null      ← 「txb_詳細ID」の「i番目」を空へ
12        Me("txb_詳細ID" & i).Enabled = False   ← 「txb_詳細ID」の「i番目」を使用不可へ
13        Me("cmb_商品ID" & i).Value = Null      ← 「cmb_商品ID」の「i番目」を空へ
14        Me("txb_商品名" & i).Value = Null      ← 「txb_商品名」の「i番目」を空へ
15        Me("txb_商品名" & i).Enabled = False   ← 「txb_商品名」の「i番目」を使用不可へ
16        Me("txb_売価" & i).Value = Null        ← 「txb_売価」の「i番目」を空へ
17        Me("txb_数量" & i).Value = Null        ← 「txb_数量」の「i番目」を空へ
18      Next i
19
20      Me.btn_追加.Enabled = True    ← 各種コントロールの使用可否切り替え
21      Me.btn_更新.Enabled = False
22      Me.btn_削除.Enabled = False
23      Me.txb_販売ID.Enabled = True
24  End Sub
```

　親レコード部分は少ないのでよいですが、子レコード部分は初期化すべきコントロールが10個ずつあります。これをすべて書くのは大変です。

　そこで、別の書き方でコントロールを指定します。ここまでは「Me.名前.Value」と書いてきましたが、「Me.Controls("名前").Value」という書き方もでき、さらに.Controlsを省略して「Me("名前").Value」と書くことができます。この方式ならカッコの中で変数を使うことができるので、数値部分にループ変数を利用してスマートに書けます（8～18行目）。

動作確認してみましょう。「F_メニュー」フォームから開いてみると、**図13**のように使用可否が切り替わっています。値を入力して「新規」ボタンをクリックすると、値がクリアされるのも見ることができます。

図13 フォームを開いたとき

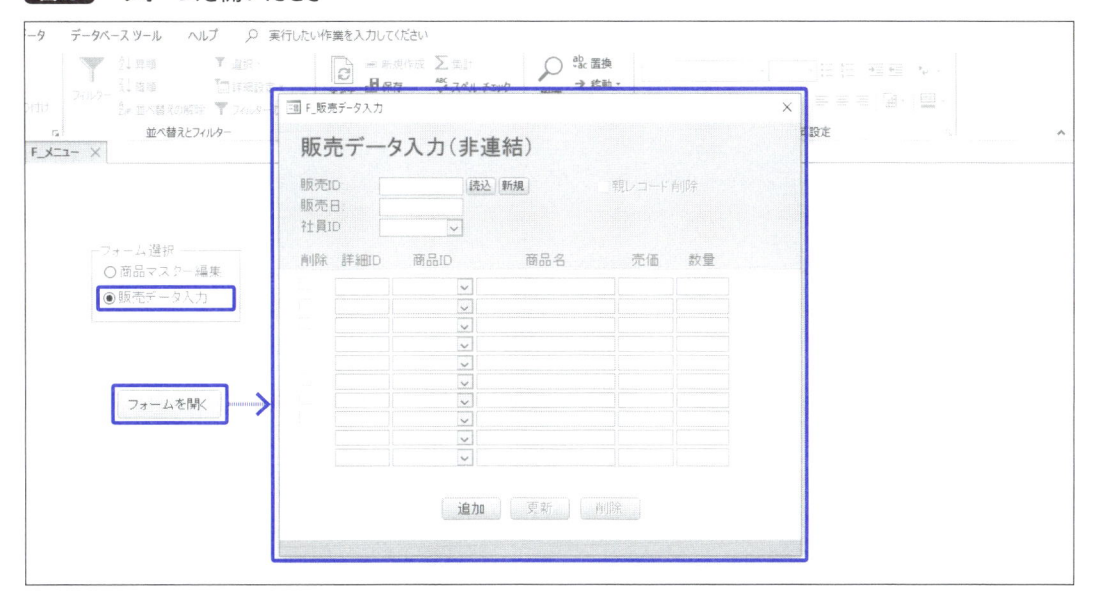

10-3-3 読み込み

次にレコード読み込みの処理を書きます。ここでも「btn_読込」クリック時に呼び出す形にします。今回は親子関係によって読み込みが二段階あるので、分割して解説します。**コード14**は接続や接続解除の大きな流れです。

コード14 レコードの読み込みの流れ

```
01  Private Sub btn_読込_Click()          ← 「btn_読込」クリック時
02    Call loadForm          ← 読込呼び出し
03  End Sub
04
05  Private Sub loadForm()          ← 読込処理
06    If IsNull(Me.txb_販売ID.Value) Then Exit Sub          ← 「txb_販売ID」が空なら終了
07
08    Call initializeForm          ← 初期化呼び出し
09
10    On Error GoTo ErrorHandler
```

269

```
11
12    Dim daoDb As DAO.Database
13    Set daoDb = CurrentDb  ←[接続]
14    Dim daoRs As DAO.Recordset
15    Dim strSQL As String
16
17    [親レコードの読込（コード15）]
18
19    [子レコードの読込（コード16）]
20
21    Me.btn_追加.Enabled = False ⌐
22    Me.btn_更新.Enabled = True
23    Me.btn_削除.Enabled = True     ←[各種コントロールの使用可否切り替え]
24    Me.txb_販売ID.Enabled = False
25    Me.chk_親レコード削除.Enabled = True ⌐
26
27    GoTo Finally
28
29 ErrorHandler:  ←[エラートラップ]
30    MsgBox "Error #: " & Err.Number & vbNewLine & vbNewLine & _
31       Err.Description, vbCritical, "エラー"  ←[エラーメッセージ]
32
33 Finally:  ←[接続解除]
34    If Not daoRs Is Nothing Then
35       daoRs.Close
36       Set daoRs = Nothing
37    End If
38    If Not daoDb Is Nothing Then
39       daoDb.Close
40       Set daoDb = Nothing
41    End If
42 End Sub
```

親レコード部分の読み込みが**コード15**です。親レコードが存在しない場合は、接続解除工程へジャンプして終了させます。また、続けて子レコードも読み込みたいため、レコードセットはいったん閉じておきます。

コード 15　親レコードの読み込み

```
01  strSQL = _
02    "SELECT fld_販売日, fld_社員ID " & _      ← 親レコードのSELECT文
03    "FROM T_販売データ " & _
04    "WHERE fld_販売ID = " & Me.txb_販売ID.Value & ";"
05
06  Set daoRs = daoDb.OpenRecordset(strSQL)   ← レコードセットを取得
07
08  If daoRs.BOF = True And daoRs.EOF = True Then   ← 該当レコードがなかったら
09    MsgBox "対象レコードがありません。", vbInformation, "確認"   ← メッセージ出力
10    GoTo Finally   ← 接続解除へジャンプ（親レコードがなければ子レコードの読込ができないため）
11  End If
12
13  Me.txb_販売日.Value = daoRs!fld_販売日   ← 販売日を格納
14  Me.cmb_社員ID.Value = daoRs!fld_社員ID   ← 社員IDを格納
15
16  daoRs.Close   ← レコードセットを閉じる（いったん閉じないと次の読込ができないため）
```

子レコード部分の読み込みが**コード 16**です。子レコードは複数存在するので、Do～Loopを使ってレコードの数だけ繰り返し、各コントロールへ格納していきます。

コード 16　子レコードの読み込み

```
01  strSQL = _
02    "SELECT fld_詳細ID, fld_商品ID, fld_売価, fld_数量 " & _   ← 子レコードのSELECT文
03    "FROM T_販売データ詳細 " & _
04    "WHERE fld_販売ID = " & Me.txb_販売ID.Value & ";"
05
06  Set daoRs = daoDb.OpenRecordset(strSQL)   ← レコードセットを取得
07
08  Dim i As Long: i = 1   ← コントロール番号として使用
09  Do Until daoRs.EOF = True   ← レコードセットが終了するまで繰り返す
10    If i > 10 Then   ← 用意したコントロールの数を超えてしまったら
11      MsgBox "表示できないレコードが存在しています", vbExclamation, "エラー"   ← メッセージを出力
12      Exit Do   ← ループを抜ける
13    End If
14
15    Me("chk_削除" & i).Enabled = True
16    Me("txb_詳細ID" & i).Value = daoRs!fld_詳細ID
17    Me("cmb_商品ID" & i).Value = daoRs!fld_商品ID
18    Me("txb_商品名" & i).Value = _
19      DLookup("fld_商品名", "T_商品マスター", "fld_商品ID = '" & daoRs!fld_商品ID & "'")
20    Me("txb_売価" & i).Value = daoRs!fld_売価
21    Me("txb_数量" & i).Value = daoRs!fld_数量
```

CHAPTER
10

```
22
23    daoRs.MoveNext ←── 次のレコードへ
24    i = i + 1 ←── 次のコントロール番号へ
25  Loop
```

存在する販売IDを「txb_販売ID」に入力して「btn_読込」をクリックすると、該当のレコードが読み込まれ、使用不可になっていたボタンやチェックボックスが使用可能になります(**図14**)。

図14 「読込」ボタンをクリックしたとき

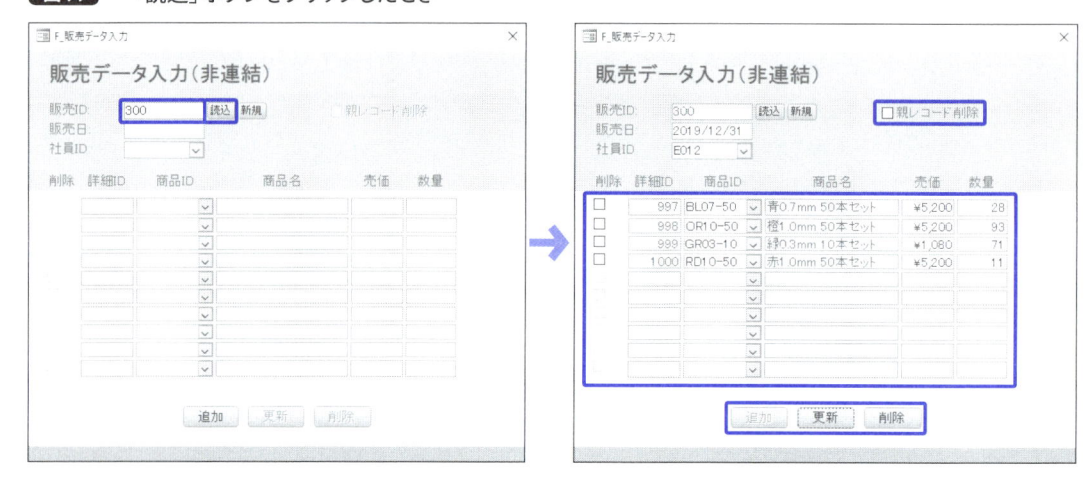

10-3-4 入力補助機能

次は、商品IDのコンボボックスを変更したときに「商品名」「売価」「数量」が変化するようにしてみましょう。商品IDは1〜10まであり、10個すべてのChangeイベントプロシージャを作っても実装は可能ですが、もっと効率的な方法を試してみましょう。

同じ「Form_F_販売データ入力」モジュールへ**コード17**を書きます。これは「cmb_商品ID1〜10」が変更されたときに動かす想定の関数です。

コード17 コンボボックスが変更されたときに動く関数

```
01  Private Function cmb_商品ID_Change(i As Long)   ← 「cmb_商品ID」変更時に実行する関数
02    Me("txb_商品名" & i) = _
03      DLookup("fld_商品名", "T_商品マスター", "fld_商品ID='" & Me("cmb_商品ID" & i).Value & "'")
04    Me("txb_売価" & i) = _   ← 同じ数値を持つ商品IDを使って該当の場所へ売価を格納
05      DLookup("fld_定価", "T_商品マスター", "fld_商品ID='" & Me("cmb_商品ID" & i).Value & "'")
06    Me("txb_数量" & i) = 1   ← 該当の場所へ「1」を格納
07  End Function
```

引数として「i」という数値を持たせれば、同じ横一行の場所が特定できるので、商品IDから商品名や売価を取り出し、それぞれ格納します。

この関数を呼び出す記述は、Access側のプロパティシートへ書きます。デザインビューで「cmb_商品ID1」を選択し、その「変更時」イベントに「=関数名（引数）」となるように、「=cmb_商品ID_Change(1)」と書きます（図15）。

図15 1番目のコンボボックスのイベントに関数を設定

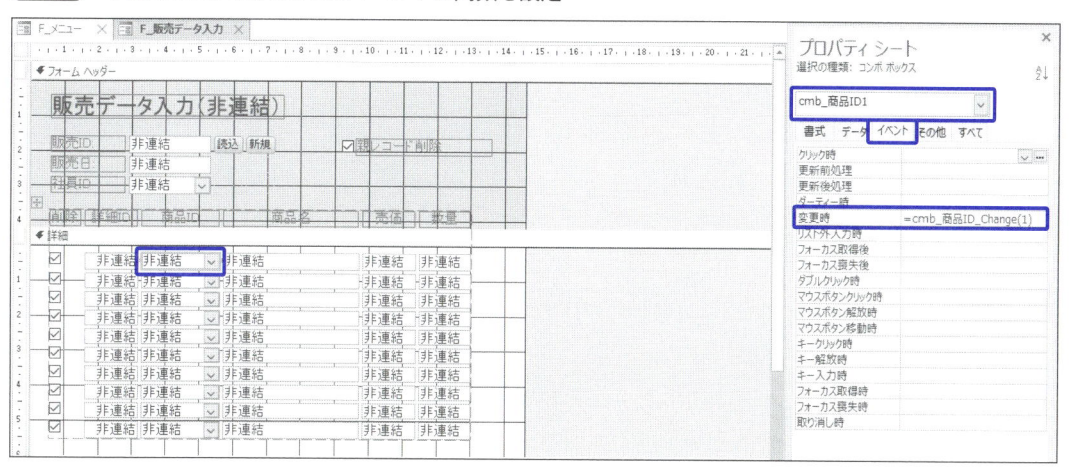

引数の数値を変えながら、「cmb_商品ID2」から「cmb_商品ID10」までのコンボボックスに同じように書きます（図16）。

図16 それぞれのコンボボックスのイベントに関数を設定

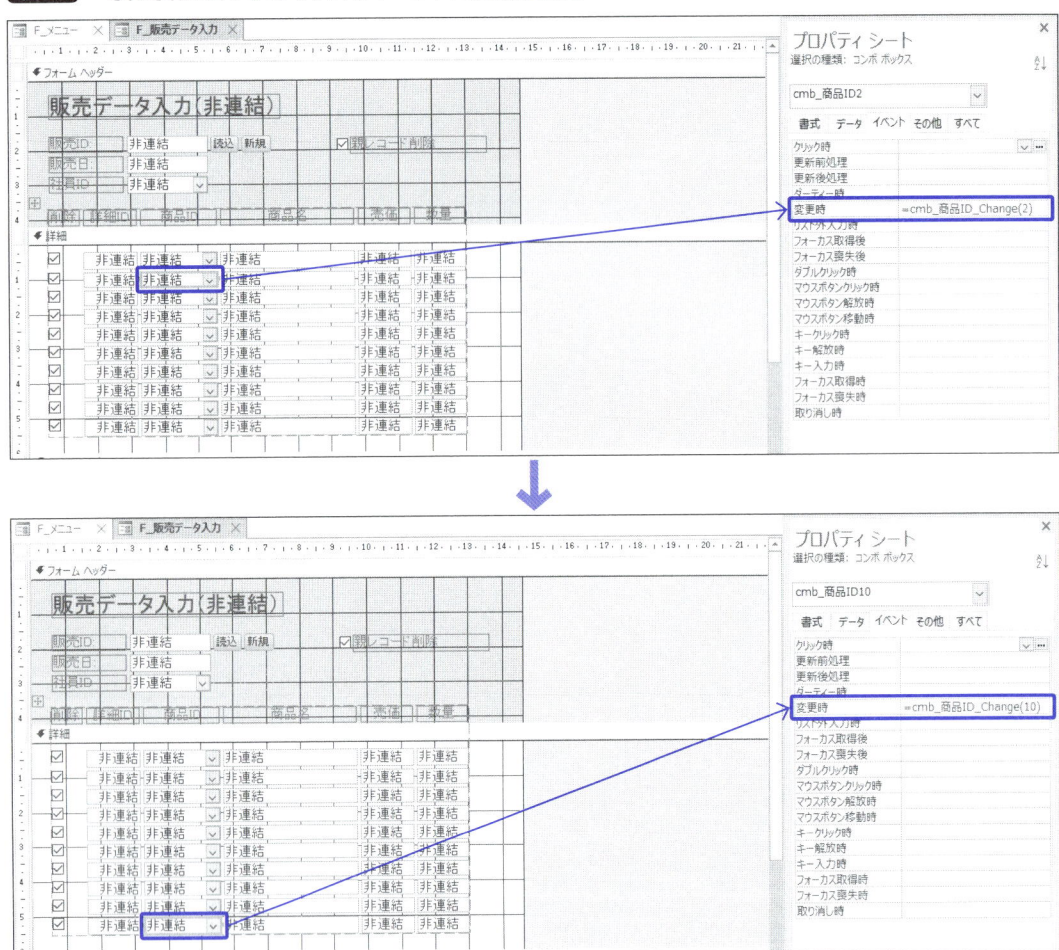

　動作確認してみましょう。商品IDコンボボックスを変更すると、同じ行の商品名、売価、数量が変化します（**図17**）。

図17 「商品ID」を変更したとき

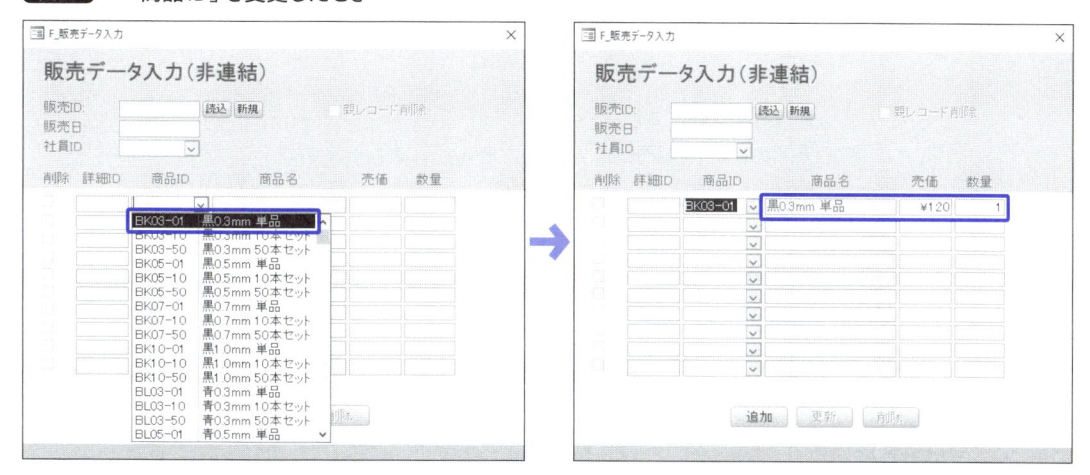

10-3-5 追加と更新

次に、「追加」と「更新」の機能を付けます。**10-2-1**(260ページ)と同じく共通部分を関数化したものを先に作っておきましょう。**10-2-1**の**コード5**と異なるのは、SQLを受け取る型が「Collection」であることです。

SQLは1文で1レコードに変更を与えるので、今回の親子レコードのように複数のレコードを変更したい場合は、複数のSQLが必要です。そのため、String型のデータを複数持てるCollection型へ、必要なSQLのリストとして格納します(**図18**)。

図18 String型とCollection型のイメージ

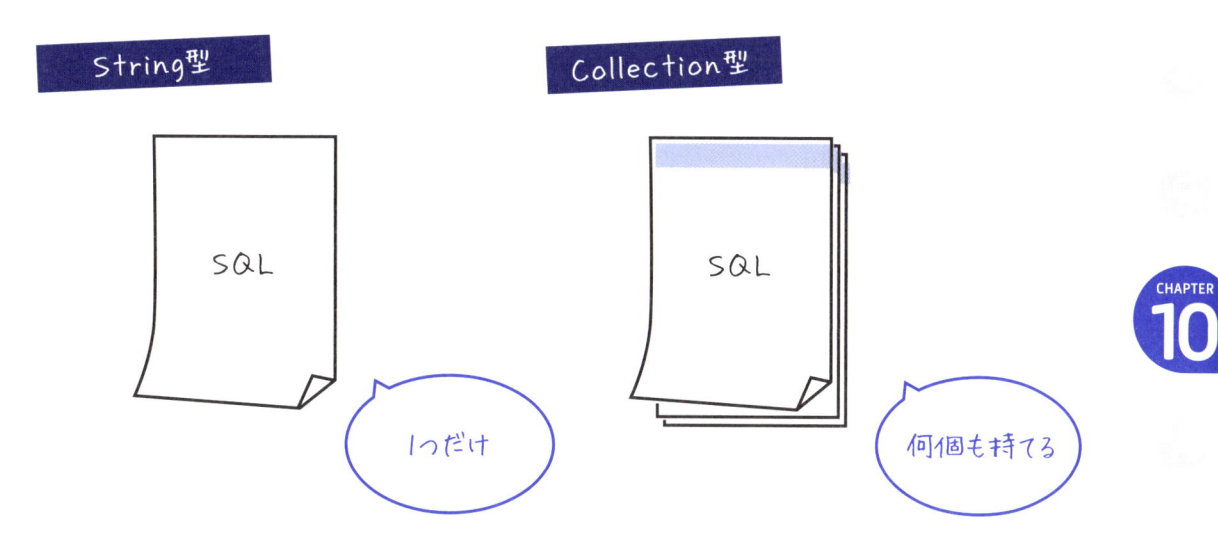

受け取った複数のSQLをループですべて実行し、結果のメッセージを返す関数が**コード18**です。ループの部分は、sqlListというコレクションから、ひとつずつstrSQLという変数に取り出して処理をするイメージです。

コード18 複数のSQLを実行するFunctionプロシージャ

```
01  Function tryExecute(sqlList As Collection) As String    ← SQLリストをすべて実行して
02    On Error GoTo ErrorHandler                              メッセージを受け取る関数
03
04    Dim daoDb As DAO.Database
05    Set daoDb = CurrentDb    ← 接続
06
07    Dim strSQL As Variant
08    For Each strSQL In sqlList    ← SQL文リストをループ
09      daoDb.Execute strSQL    ← 実行
10    Next strSQL
11
12    tryExecute = ""    ← 成功の場合は空の文字列が入る
13
14    GoTo Finally    ← 正常に終了したら接続解除へジャンプ
15
16  ErrorHandler:    ← エラー処理
17    tryExecute = "Error #: " & Err.Number & vbNewLine & vbNewLine & Err.Description ←
18                                              ← エラーの場合はエラーメッセージが入る
19  Finally:    ← 接続解除
20    If Not daoDb Is Nothing Then
21      daoDb.Close
22      Set daoDb = Nothing
23    End If
24  End Function
```

「btn_追加」のクリックイベントプロシージャに、上記の関数を使って親子レコードを追加するプロシージャを書きます（**コード19**）。いったん親レコードを登録して、新しいIDを取得してから子レコードの追加を行っています。

コード19　レコード追加のプロシージャ

```
01  Private Sub btn_追加_Click()          ←「btn_追加」クリック時
02    If IsNull(Me.txb_販売日.Value) Or IsNull(cmb_商品ID1.Value) Then  ← 入力チェック
03      MsgBox "必要項目が入力されていません", vbInformation, "確認"
04      Exit Sub
05    End If
06
07    Dim sqlList As Collection
08    Set sqlList = New Collection          ← コレクションを作成
09
10    Dim strSQL As String                                    親レコード部分
11    strSQL = _
12      "INSERT INTO T_販売データ (fld_販売日, fld_社員ID) " & _
13      "VALUES(" & _                          親レコードのINSERT文を作成
14        "#" & Me.txb_販売日.Value & "#, " & _
15        "'" & Me.cmb_社員ID.Value & "');"
16    sqlList.Add strSQL          ← コレクションへ追加
17
18    Dim errMsg As String
19    errMsg = tryExecute(sqlList)      ← SQLリストを実行してメッセージを受け取る
20
21    If errMsg <> "" Then      ← エラーメッセージが空でなければ（エラーが起こっていたら）
22      MsgBox errMsg, vbCritical, "エラー"      ← メッセージ出力
23      Exit Sub      ← 親IDの登録ができなかったら終了する
24    End If
25
26    Set sqlList = New Collection      ← コレクションをリセット
27    Me.txb_販売ID.Value = DMax("fld_販売ID", "T_販売データ")      ← 新しく登録された販売IDを取得
28
29    Dim i As Long                                            子レコード部分
30    For i = 1 To 10      ← コントロールの数だけ繰り返す
31      If Not IsNull(Me("cmb_商品ID" & i).Value) Then ← cmb_商品IDが空じゃなかったら
32        strSQL = _
33          "INSERT INTO T_販売データ詳細 (fld_販売ID, fld_商品ID, fld_売価, fld_数量) " & _
34          "VALUES(" & _                          子レコードのINSERT文を作成
35            Me.txb_販売ID.Value & ", " & _
36            "'" & Me("cmb_商品ID" & i).Value & "', " & _
37            Me("txb_売価" & i).Value & ", " & _
38            Me("txb_数量" & i).Value & ");"
39        sqlList.Add strSQL      ← コレクションへ追加
40      End If
41    Next i
42
43    errMsg = tryExecute(sqlList)      ← SQLリストを実行してメッセージを受け取る
44
```

CHAPTER
10

```
45   If errMsg <> "" Then          ← メッセージが空ではない(エラーがあった)場合
46     MsgBox errMsg, vbCritical, "エラー"   ← 受け取ったエラーメッセージを出力
47     Exit Sub      ← 終了
48   End If
49
50   Call loadForm    ← 読込
51   MsgBox "追加しました", vbInformation, "完了"   ← 完了メッセージ
52 End Sub
```

「btn_更新」のクリックイベントプロシージャに、親子レコードの両方を更新するプロシージャを書きます(コード20)。

コード20　レコード更新のプロシージャ

```
01 Private Sub btn_更新_Click()     ← 「btn_更新」クリック時
02   Dim sqlList As Collection
03   Set sqlList = New Collection    ← コレクションを作成
04
05   Dim strSQL As String                                        親レコード部分
06   strSQL = _
07     "UPDATE T_販売データ " & _     ← UPDATE文を作成
08     "SET " & _
09       "fld_販売日 = #" & Me.txb_販売日.Value & "#, " & _
10       "fld_社員ID = '" & Me.cmb_社員ID.Value & "' " & _
11     "WHERE fld_販売ID = " & Me.txb_販売ID.Value & ";"
12   sqlList.Add strSQL    ← コレクションへ追加
13
14   Dim i As Long                                               子レコード部分
15   For i = 1 To 10
16     If Not IsNull(Me("txb_詳細ID" & i).Value) Then   ← 詳細IDが空でなければ
17       strSQL = _                                        既存のレコード(更新)
18         "UPDATE T_販売データ詳細 " & _     ← UPDATE文を作成
19         "SET " & _
20           "fld_販売ID = " & Me.txb_販売ID.Value & ", " & _
21           "fld_商品ID = '" & Me("cmb_商品ID" & i).Value & "', " & _
22           "fld_売価 = " & Me("txb_売価" & i).Value & ", " & _
23           "fld_数量 = " & Me("txb_数量" & i).Value & " " & _
24         "WHERE fld_詳細ID = " & Me("txb_詳細ID" & i).Value & ";"
25       sqlList.Add strSQL    ← コレクションへ追加
26     ElseIf Not IsNull(Me("cmb_商品ID" & i).Value) Then   ← 詳細IDが空かつ商品IDが空でなければ
27       strSQL = _
28         "INSERT INTO T_販売データ詳細 (fld_販売ID, fld_商品ID, fld_売価, fld_数量) " & _
29         "VALUES(" & _                                    INSERT文を作成
30           Me.txb_販売ID.Value & ", " & _
```

```
31        """" & Me("cmb_商品ID" & i).Value & "', " & _       ← 新規のレコード（追加）
32        Me("txb_売価" & i).Value & ", " & _
33        Me("txb_数量" & i).Value & ");"
34      sqlList.Add strSQL    ← コレクションへ追加
35    End If
36  Next i
37
38  Dim errMsg As String
39  errMsg = tryExecute(sqlList)   ← SQLリストを実行してメッセージを受け取る
40
41  If errMsg <> "" Then    ← メッセージが空ではない（エラーがあった）場合
42    MsgBox errMsg, vbCritical, "エラー"   ← 受け取ったエラーメッセージを出力
43    Exit Sub  ← 終了
44  End If
45
46  Call loadForm   ← 読込
47  MsgBox "更新しました", vbInformation, "完了"   ← 完了メッセージ
48 End Sub
```

「既存の親レコードに対する既存の子レコードの更新」はUPDATEですが、「既存の親レコードに対する新規の子レコードの追加」はINSERTとなるので、子レコードはどちらか判別してSQLを変え、コレクションに追加しています。

動作確認してみましょう。新しいレコードとなる項目を入力して、「追加」ボタンをクリックします。データを書き込んだあと、loadFormプロシージャを呼び出しているので、「txb_販売ID」や「btn_追加」などのコントロールが使用不可になった「レコード読み込み」の状態で完了メッセージが表示されます（図19）。

図19　「追加」ボタンをクリックしたとき

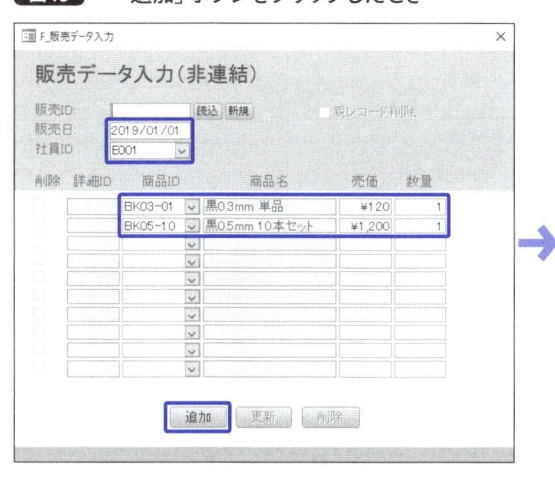
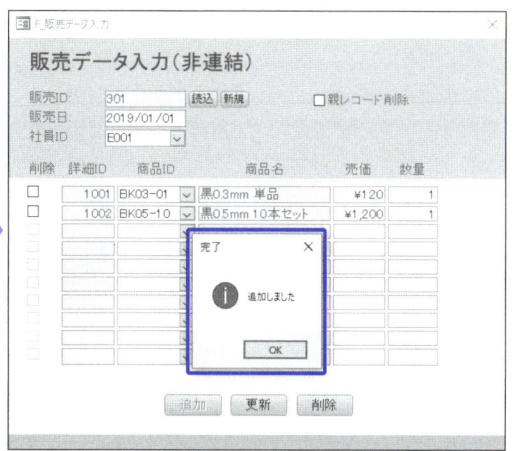

このレコードの既存部分の変更と新規の子レコードも入力して「更新」ボタンをクリックします。こちらも書き込み後、loadFormプロシージャを呼び出しているので、新しく追加された子レコードも詳細IDを取得して読み込まれ、完了メッセージが表示されました（図20）。

図20 「更新」ボタンをクリックしたとき

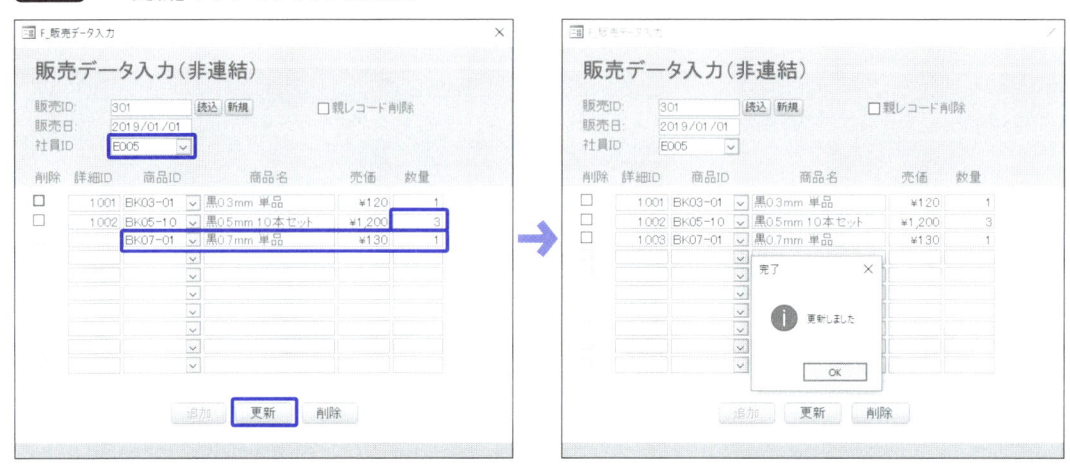

10-3-6 削除

次に、「削除」の機能を付けます。こちらは「親レコードの削除」の場合と、「子レコード個別の削除」で方法が異なるので、まずはそれを判別するために付けてあるチェックボックスの制御から書いていきます。

「chk_親レコード削除」と名前を付けたチェックボックスのクリックイベントプロシージャに、**コード21**を書きます。

コード21 削除モードを判別するチェックボックスの制御

```
01  Private Sub chk_親レコード削除_Click()      ←「chk_親レコード削除」クリック時
02    Dim checkValue As Boolean        ← 値を格納する変数
03    Dim enabledValue As Boolean       ← 使用可否を格納する変数
04
05    If Me.chk_親レコード削除.Value = True Then   ← 子レコードの削除チェックボックスに
06      checkValue = True     ← チェックをオン           適用するプロパティを配置
07      enabledValue = False    ← 使用不可
08    Else
09      checkValue = False    ← チェックをオフ
10      enabledValue = True    ← 使用可能
11    End If
12
```

```
13    Dim i As Long      ←── 子レコードに適用させる
14    For i = 1 To 10
15      If Not IsNull(Me("txb_詳細ID" & i).Value) Then ←── 詳細IDを持つ場合のみ
16        Me("chk_削除" & i).Value = checkValue
17        Me("chk_削除" & i).Enabled = enabledValue
18      End If
19    Next i
20  End Sub
```

これは、「chk_親レコード削除」のチェックボックスの値によって、子レコードの「chk_削除1〜10」の値と使用可否を設定するプロシージャです。

親レコードを削除する場合、関連する子レコードもすべて削除するため、「chk_削除1〜10」をすべてオンにしたうえで使用不可にします。

親レコードは残したまま、子レコードのみを個別に削除したい場合は、「chk_削除1〜10」はいったんオフにして使用可能にします。

動作確認してみましょう。新規の状態ではチェックボックスはロックされているので、任意のレコードを読み込んでから「chk_親レコード削除」にチェックを入れると、「chk_削除1〜10」の中で詳細IDを持つものがすべてオンになり、チェックボックスはすべて使用不可になりました（**図21**）。

図21 「親レコード削除」にチェックを入れたとき

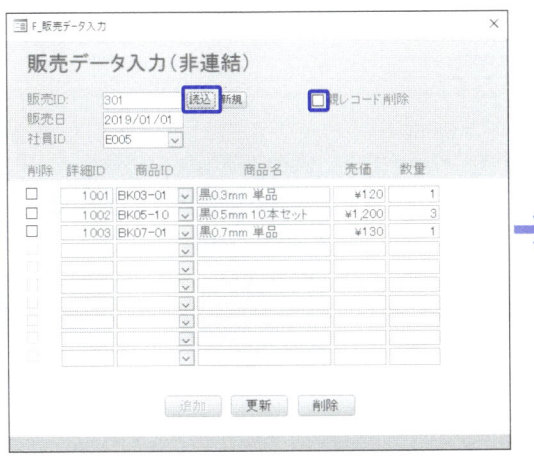 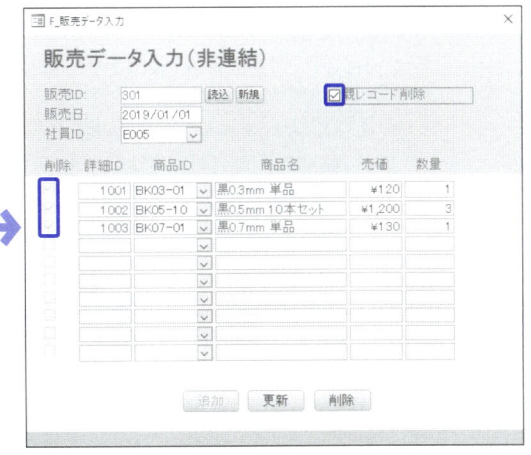

「chk_親レコード削除」をオフにすると、「chk_削除1〜10」の中で詳細IDを持つものがすべて使用可能になります（**図22**）。

CHAPTER
10

図22 「親レコード削除」のチェックが外れたとき

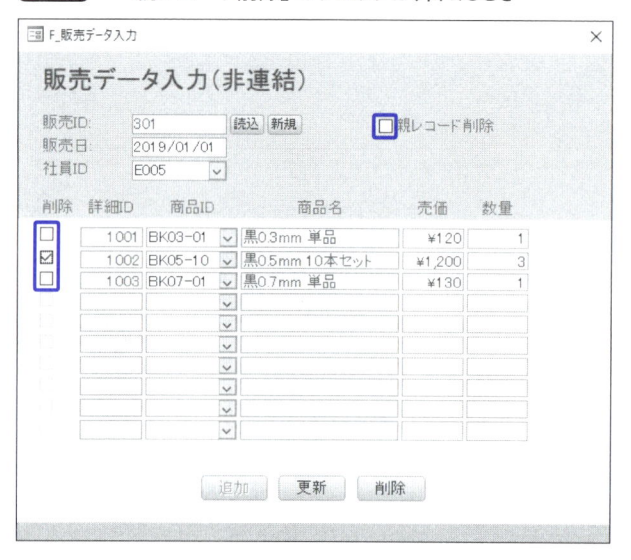

続いて「btn_削除」のクリックイベントプロシージャに、レコードを削除する処理を書きます（**コード22**）。

コード22 レコード削除のプロシージャ

```
01  Private Sub btn_削除_Click()        ←「btn_削除」クリック時
02    Dim sqlList As Collection
03    Set sqlList = New Collection    ← コレクションを作成
04
05  Dim strSQL As String    ← SQLリストを作成
06  If Me.chk_親レコード削除.Value = True Then    ← chk_親レコード削除のチェックがオンなら
07    strSQL = _                                      親子レコードともに「販売ID」で削除
08      "DELETE FROM T_販売データ " & _    ← 親レコードのDELETE文を作成
09      "WHERE fld_販売ID = " & Me.txb_販売ID.Value & ";"
10    sqlList.Add strSQL    ← コレクションへ追加
11
12    strSQL = _
13      "DELETE FROM T_販売データ詳細 " & _    ← 子レコードのDELETE文(一括)を作成
14      "WHERE fld_販売ID = " & Me.txb_販売ID.Value & ";"
15    sqlList.Add strSQL    ← コレクションへ追加
16  Else ←  chk_親レコード削除のチェックがオフなら
17    Dim 1 As Long                                   子レコードのみ「詳細ID」で削除
18    For i = 1 To 10
19      If Me("chk_削除" & i).Value = True Then    ← 子レコードの削除チェックがオンのときのみ
20        strSQL = _
21          "DELETE FROM T_販売データ詳細 " & _    ← 子レコードのDELETE文(個別)を作成
```

```
22        "WHERE fld_詳細ID = " & Me("txb_詳細ID" & i).Value & ";"
23      sqlList.Add strSQL    ← コレクションへ追加
24    End If
25   Next i
26  End If
27
28  If sqlList.Count = 0 Then  ← SQLが作成されていない場合        処理前チェック
29    MsgBox "削除するレコードが選択されていません", vbInformation, "削除"
30    Exit Sub  ← 終了
31  End If
32
33  Dim msgStr As String                                        削除前確認
34  If Me.chk_親レコード削除.Value = True Then   ← チェックの有無でメッセージの出し分け
35    msgStr = "販売ID " & Me.txb_販売ID.Value & " に関連するすべてのレコードを削除してよろしいですか?"
36  Else
37    msgStr = "チェックの入っているレコードを削除してよろしいですか?"
38  End If                                              Cancelを選択されたら終了
39  If MsgBox(msgStr, vbQuestion + vbOKCancel, "削除") = vbCancel Then Exit Sub ←
40
41  Dim errMsg As String   ← 処理
42  errMsg = tryExecute(sqlList)   ← SQLリストを実行してメッセージを受け取る
43
44  If errMsg <> "" Then  ← メッセージが空ではない(エラーがあった)場合
45    MsgBox errMsg, vbCritical, "エラー"   ← 受け取ったエラーメッセージを出力
46    Exit Sub  ← 終了
47  End If
48
49  If Me.chk_親レコード削除.Value = True Then   ← 親レコード削除後の場合
50    Me.txb_販売ID.Value = Null
51    Call initializeForm  ← 初期化
52  Else ← 子レコード削除後の場合
53    Call loadForm  ← 読込
54  End If
55
56  MsgBox "削除しました", vbInformation, "完了"   ← 完了メッセージ
57 End Sub
```

「chk_親レコード削除」のチェックの有無で、違うDELETE文を書いたり、メッセージの内容を変更したりしています。

動作確認してみましょう。先ほど追加したレコードを読み込み、まずは「chk_親レコード削除」がオフの状態で、子レコードにいくつかチェックを入れて「削除」ボタンをクリックすると、個別削除用のメッセージが表示されます(図23)。

CHAPTER
10

図23 子レコードを削除するとき

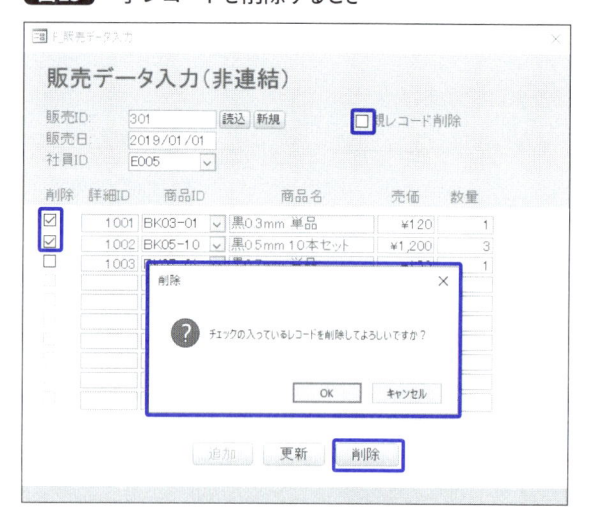

「OK」をクリックすると、該当の子レコードが削除され、再読込された状態で確認メッセージが表示されます（**図24**）。

図24 子レコード削除後

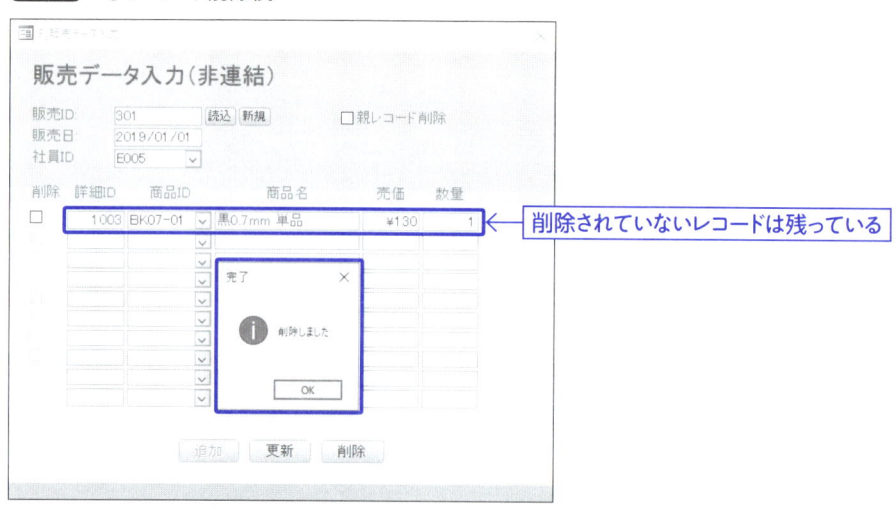

削除されていないレコードは残っている

今度は「chk_親レコード削除」にチェックを入れてみましょう。子レコードのチェックボックスがオンの状態でロックされます。「削除」ボタンをクリックすると、一括削除用のメッセージが表示されます（**図25**）。

図25 親レコードを削除するとき

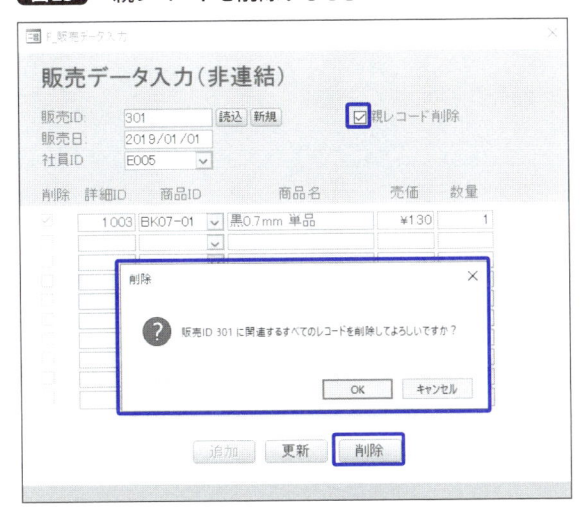

「OK」をクリックすると、親子ともにレコードが削除され、「F_販売データ入力」フォームが初期化された状態で確認メッセージが表示されます（図26）。

図26 親レコード削除後

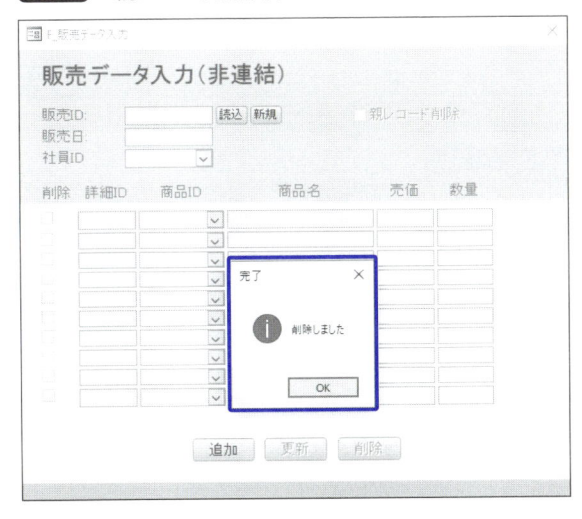

なお、現時点ではレコード移動の機能が付いていないので、子レコード削除後や追加後、更新後などに別のレコードへ移動したい場合、いったんフォームを閉じるか、「新規」ボタンをクリックしてフォームをリセットしたのち、別のIDを入力して読み込み直す必要があります。

なお、レコード移動機能については**A-3**（305ページ）にて解説しています。

CHAPTER 10

10-4 不用意な更新を防ぐ トランザクション

読み込み、追加、更新、削除とひと通りの機能を付けることができましたが、複数のSQLをまとめて実行する場合、トランザクションという大切な概念があるので、覚えておきましょう。

10-4-1 トランザクション

トランザクションとは、**ここからここまでを1つの処理として扱う概念**です。**10-3**（266ページ）のように、複数のSQLをループしながら順番に実行していく場合、途中でエラーが起こった場合に、「中途半端な状態で処理が中断してしまう」という可能性があります。この「半端な処理」は、運用上不具合になることも考えられます。

トランザクションを使うと、すべての処理がOKな場合に初めて「確定」の実行がなされ、途中でエラーが起きたときにそれまでの処理をなかったことにする、ということができるのです（図27）。

図27 トランザクション

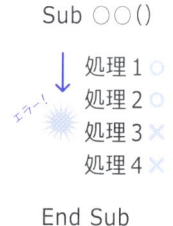
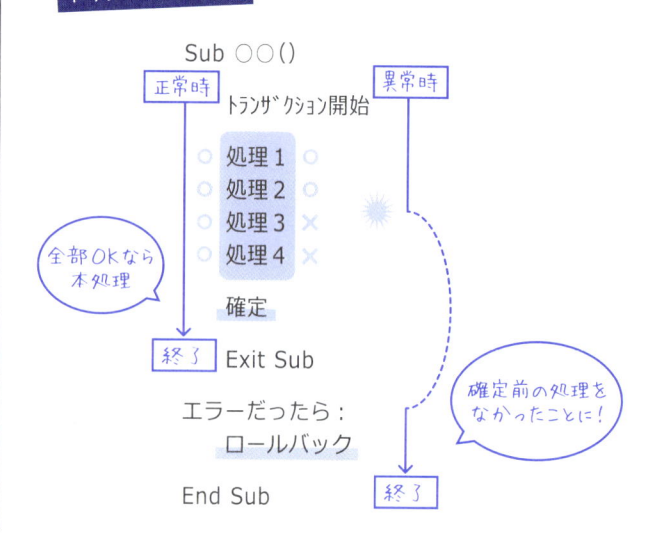

10-4-2 コードの書き方

10-3-5の**コード18**で書いたtryExecute関数へ、**コード23**のように追記します。

コード23 トランザクションの実装

```
01  Function tryExecute(sqlList As Collection) As String  ← SQLリストを実行して
                                                             メッセージを受け取る関数
02     On Error GoTo ErrorHandler
03
04     Dim daoWs As DAO.Workspace
05     Set daoWs = DBEngine(0)  ← トランザクションをサポートするオブジェクトを作成
06
07     Dim daoDb As DAO.Database
08     Set daoDb = CurrentDb
09
10     daoWs.BeginTrans  ← トランザクション開始
11
12     Dim strSQL As Variant
13     For Each strSQL In sqlList        この間で実行されたものは、
14        daoDb.Execute strSQL           確定されるまで保留になる
15     Next strSQL
16
17     daoWs.CommitTrans  ← 確定
18
19     tryExecute = ""
20
21     GoTo Finally
22
23  ErrorHandler:  ← エラーがあった場合
24     daoWs.Rollback  ← 元の状態へ戻す
25     tryExecute = "Error #: " & Err.Number & vbNewLine & vbNewLine & Err.Description
26
27  Finally:
28     If Not daoDb Is Nothing Then
29        daoDb.Close
30        Set daoDb = Nothing
31     End If
32     If Not daoWs Is Nothing Then  ← トランザクション用のオブジェクトを破棄
33        daoWs.Close
34        Set daoWs = Nothing
35     End If
36  End Function
```

CHAPTER
10

トランザクションを使用するための設定と、開始、確定、（エラーの場合の）戻す、という記述を追加しています。

10-4-3 動作検証

トランザクションの動きを見るために、故意にエラーを発生させて結果を見てみましょう。**10-4-2**（287ページ）で書いたコードに、**コード24**のように追記します。なお、この記述は本書付属CD-ROMに収録されているAfterサンプルではコメントアウトされています。

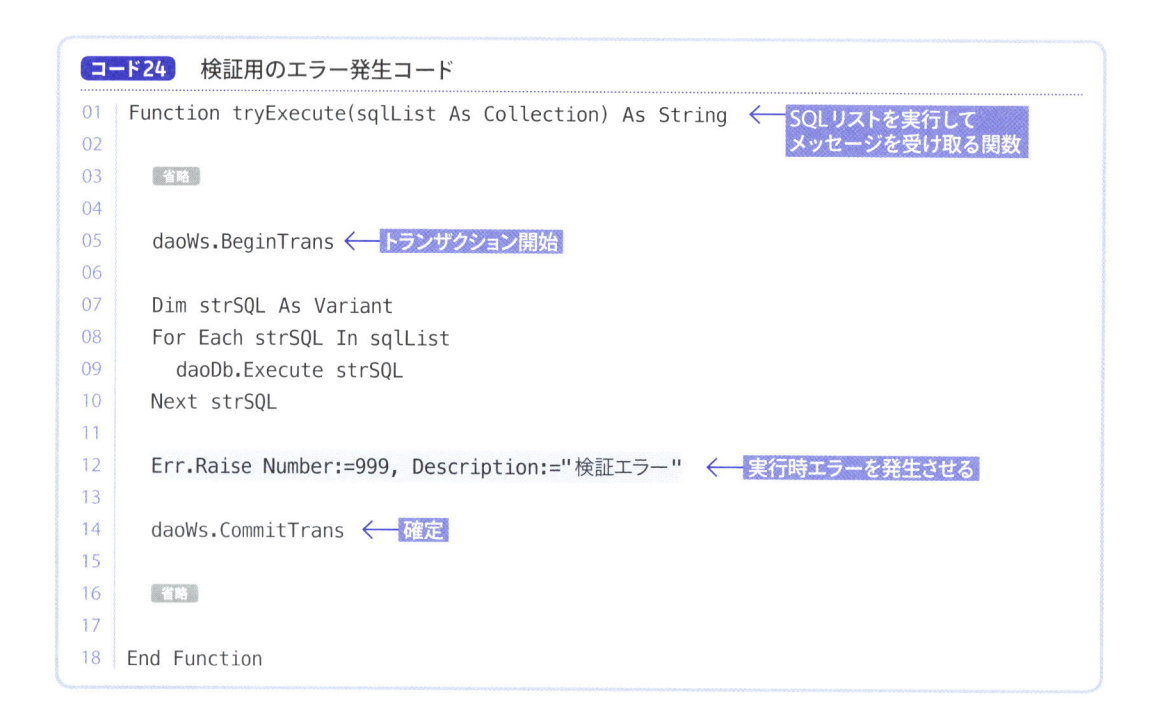

コード24 検証用のエラー発生コード

```
01  Function tryExecute(sqlList As Collection) As String    ← SQLリストを実行して
                                                              メッセージを受け取る関数
02
03    省略
04
05    daoWs.BeginTrans    ← トランザクション開始
06
07    Dim strSQL As Variant
08    For Each strSQL In sqlList
09      daoDb.Execute strSQL
10    Next strSQL
11
12    Err.Raise Number:=999, Description:="検証エラー"    ← 実行時エラーを発生させる
13
14    daoWs.CommitTrans    ← 確定
15
16    省略
17
18  End Function
```

この部分でエラーを発生させると、tryExecute関数を使って複数のSQLを実行しても、確定の直前でロールバック（元に戻る）されるので、処理が何も実行されなかったことになります。

この状態で、試しに適当なIDのレコードを読み込んで削除してみましょう（**図28**）。

図28　トランザクション確認のための操作

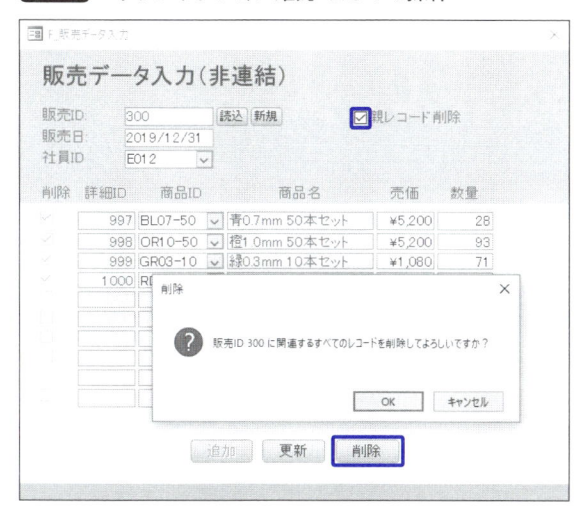

　この動作では、親レコードの削除と子レコードの削除、2つのSQL文がtryExecute関数によって実行されているはずですが、確定前に発生させたエラーによって元に戻されているため、レコードは削除されずにエラーメッセージが表示されます（**図29**）。

図29　ロールバックされた

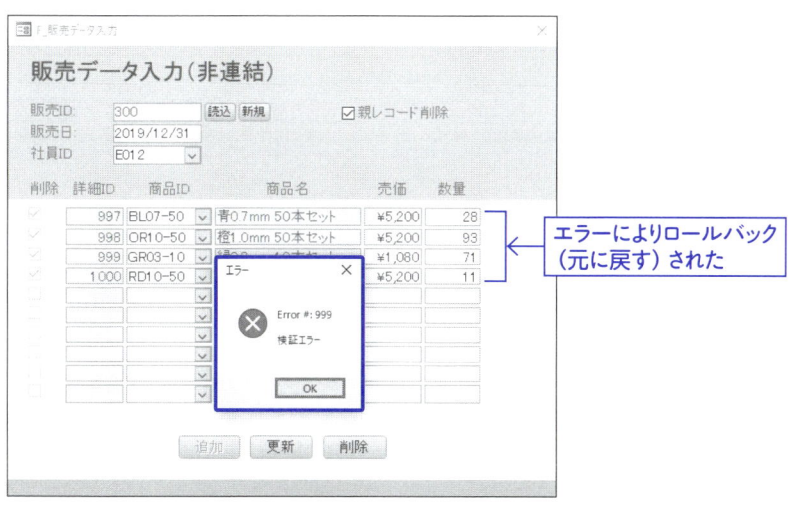

　ステップ実行で1行ずつ動きを追うと勉強になりますので、おすすめです。

10-5

完全版サンプル
高度な機能の実装例

これで非連結でも基本的な操作ができるフォームを作ることができました
が、実務を考えると少々機能が物足りなく感じます。そこで、さらに機能
を追加したサンプルも用意しました。

10-5-1 サンプルの紹介

　本書付属CD-ROMのCHAPTER 10のAfterフォルダーに32bit版Officeフォルダーと64bit版
Officeフォルダーがあります。この2つのフォルダーにはどちらにも同名のSampleData10_Plus.
accdbが収録されています。ご自身のOfficeの環境に合わせて、32bit版と64bit版を使い分けてくだ
さい。このファイルは **10-4** までのサンプルに＋αの機能を付加したサンプルです。

　開いてみると、リボンやナビゲーションウィンドウなどが非表示になっており、ユーザー操作の
制限が設定されてあります。なお、ウィンドウサイズはお使いの環境によって異なります。Access
本体の ⊠ ボタンをの無効化を設定しているので、ファイルを閉じる場合、 Alt ＋ F4 キーを使って
ください（**図30**）。

図30　サンプルの確認

無効化されているので
閉じるときは Alt ＋ F4

　メニューで「販売データ入力」を選択して「フォームを開く」ボタンをクリックすると、追加機能が実装された「F_販売データ入力」が開きます。フォームの初期画面はレコードの新規追加ができるようになっています（図31）。

図31　初期状態/新規追加画面

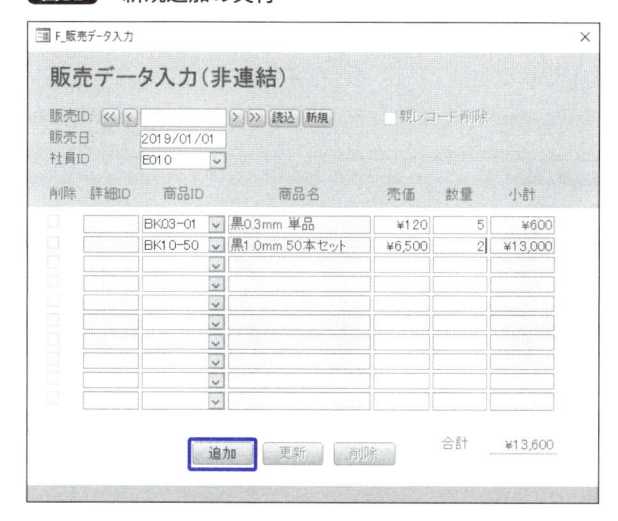

　新規レコードを追加する場合、親レコード部分と子レコード部分をそれぞれ入力して、「追加」ボタンをクリックするとテーブルに書き込まれます（図32）。販売IDはオートナンバーで割り振られるので、新規追加の場合は入力する必要がありません（入力されていても無視されます）。小計と合計は自動で計算を行い、結果が表示されます。

図32　新規追加の実行

CHAPTER
10

既存のレコードを読み込む場合は「販売ID」のテキストボックスにIDを直接入力して「読込」ボタンをクリックするか、レコード移動用のボタンでも移動することができます（図33）。既存レコードを読み込むと「削除」ボタンと「更新」ボタンが有効になります。

図33 既存レコードの操作

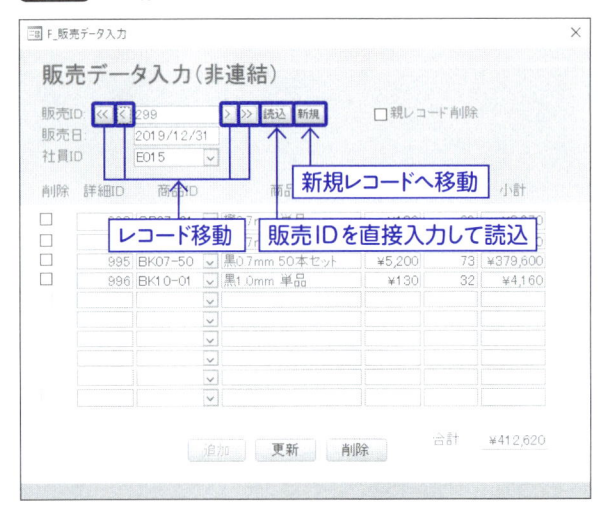

10-5-2 変更部分の解説

「小計」「合計」が追加されていて、データの変更に連動して金額が変化します（図34）。実装方法は **A-1**（296ページ）で解説しています。

図34 計算機能

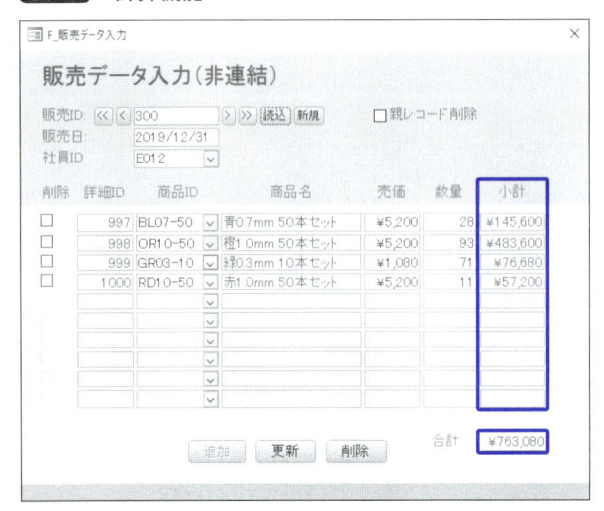

「合計」に変化があった状態で追加または更新せずにレコードを移動しようとすると、確認メッセージを出力します（図35）。実装方法は**A-2**（301ページ）で解説しています。

図35　確認機能メッセージ

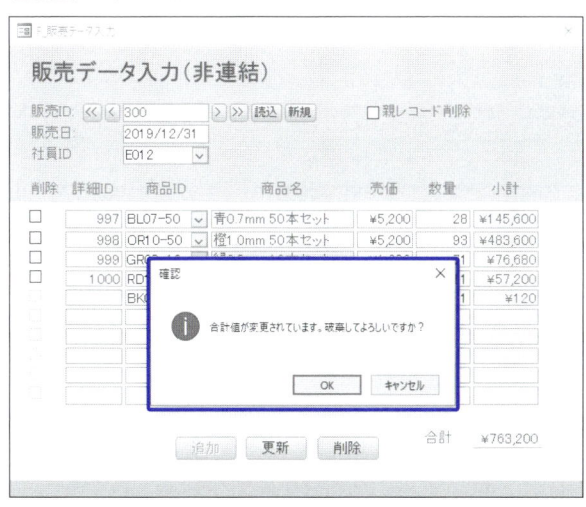

従来の「読み込み」「新規」ボタンの他にレコード移動のためのボタンが付いていて、手入力でIDを指定しなくてもレコードの移動ができるようになっています（図36）。実装方法は**A-3**（305ページ）で解説しています。

図36　レコード移動機能

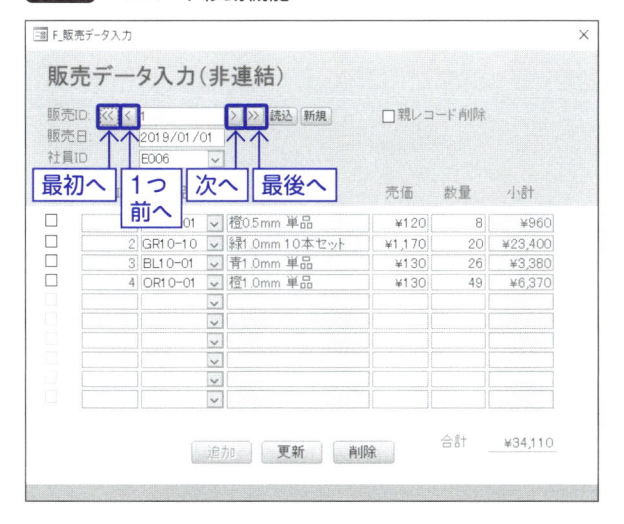

　ナビゲーションウィンドウ、ドキュメントタブ、ステータスバー、リボンを非表示に、また Access アプリケーションの ⊠ ボタンの無効化を行っています（**図37**）。実装方法は **A-4**（**308ページ**）で解説しています。

図37 機能の制限

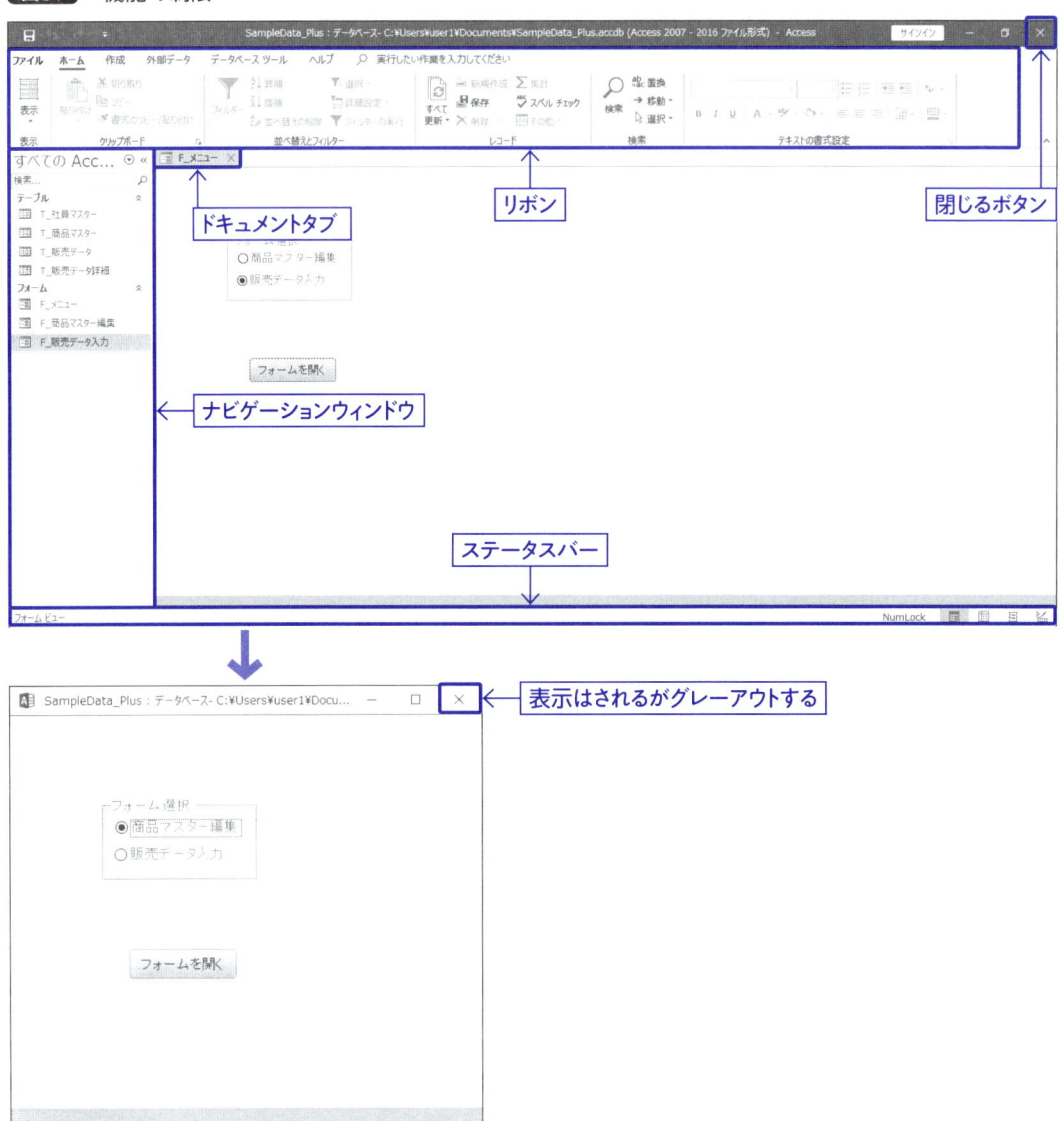

APPENDIX

VBAテクニック集
アプリケーションの使い勝手を向上

APPENDIX

A-1 非連結フォームに 小計・合計機能を付加

10-5で紹介した、「小計」「合計」が自動で計算されている機能を実装してみましょう。10-4のコードに追加していきます。

A-1-1 コントロールの追加

10-4までのサンプル（本書付属CD-ROMのCHAPTER 10→Afterフォルダー→SampleData10.accdb）へ、テキストボックスを「txb_小計1～10」と「txb_合計」という「名前」で追加します（図1）。「数量」ラベルを選択して「配置」→「右に列を挿入」を利用するとよいでしょう。また、「書式」を「通貨」にしておきます。「小計」「合計」ラベルはプログラムでは使いませんが、作成したほうがわかりやすくなります。

図1 追加するコントロール

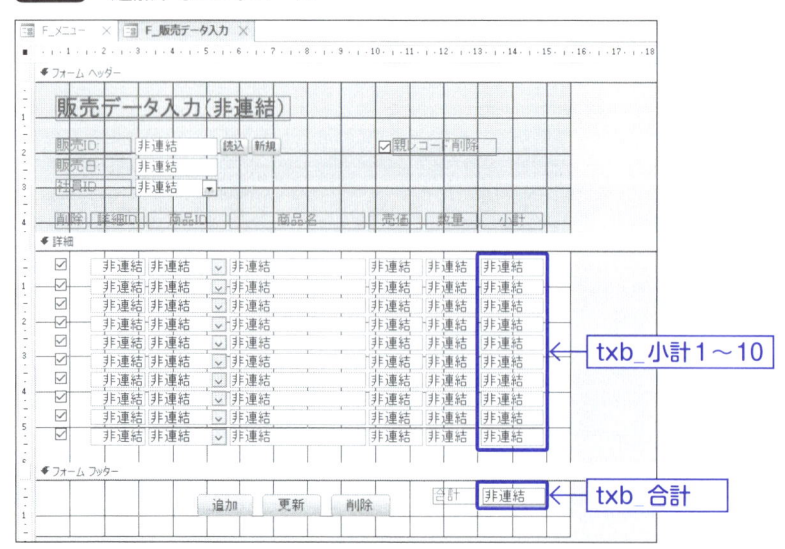

「txb_売価1～10」の「フォーカス喪失時（Exit）」イベント（**8-2-1** 207ページ）へ「=txb_売価_Exit（1～10）」、「txb_数量1～10」へ「=txb_数量_Exit（1～10）」とそれぞれ設定します（図2）。

図2 イベントの設定（各1から10まで）

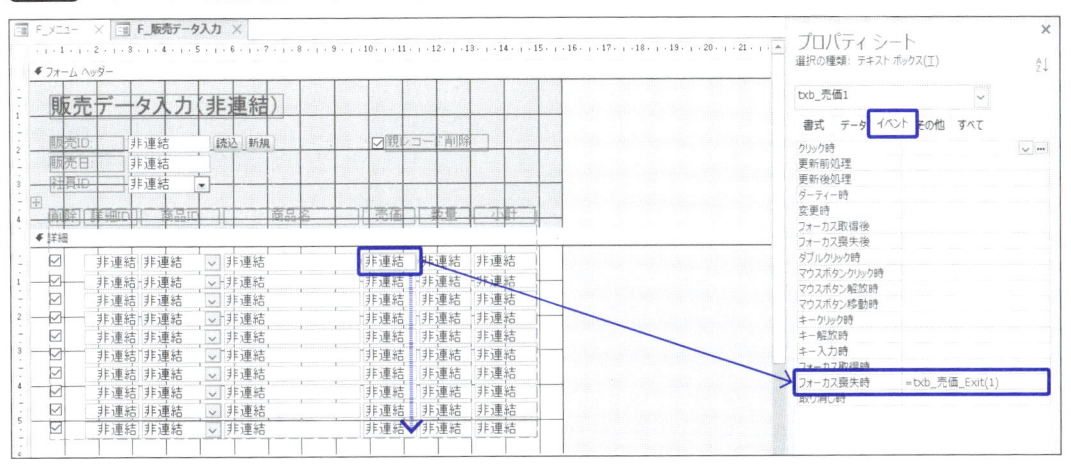

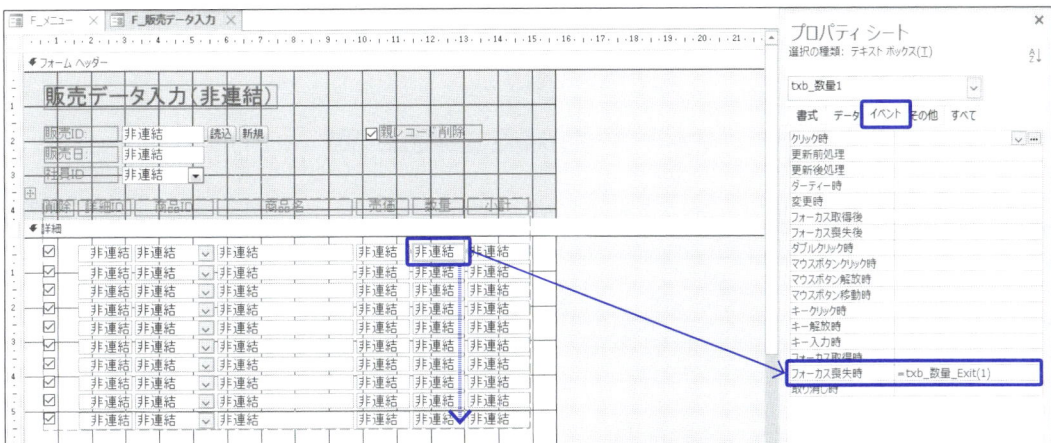

A-1-2 コードの追加と変更

「Form_F_販売データ入力」モジュール内に**コード1**を追加します。

コード1 追加するコード

```
01  Private Function txb_売価_Exit(i As Long)   ← 「txb_売価」フォーカス喪失時に実行する関数
02      Call calcSubTotal(i)   ← 「小計」の算出
03      Call calcTotal   ← 「合計」の算出
04  End Function
05
06  Private Function txb_数量_Exit(i As Long)   ← 「txb_数量」フォーカス喪失時に実行する関数
07      Call calcSubTotal(i)   ← 「小計」の算出
08      Call calcTotal   ← 「合計」の算出
```

APPENDIX

```
09  End Function
10  ────────────────────────────────
11  Private Sub calcSubTotal(i As Long)  ←──「小計」の算出
12    If IsNull(Me("txb_売価" & i)) Or IsNull(Me("txb_数量" & i)) Then ←
13      Me("txb_小計" & i).Value = Null  ←──「小計」も空(Null)        「売価」「数量」どちらか
                                                                    空(Null)だったら
14    Else
15      Me("txb_小計" & i).Value = Me("txb_売価" & i).Value * Me("txb_数量" & i).Value ←
16    End If                                                       両方値があれば計算
17  End Sub
18  ────────────────────────────────
19  Private Sub calcTotal()  ←──「合計」の算出
20    Dim i As Long, total As Currency
21    For i = 1 To 10
22      If Not IsNull(Me("txb_小計" & i)) Then total = total + Me("txb_小計" & i).Value ←
23    Next i                                                       合計額を計算
24
25    If total = 0 Then
26      Me.txb_合計.Value = Null  ←──ゼロなら空
27    Else
28      Me.txb_合計.Value = total  ←──ゼロでなければ合計を入れる
29    End If
30  End Sub
```

既存コードに、**コード2**、**コード3**、**コード4**の色部分を追記します。

コード2　初期化処理

```
01  Private Sub initializeForm()
02    省略
03
04    Dim i As Long
05    For i = 1 To 10
06      省略
07      Me("txb_小計" & i).Value = Null  ←──「txb_小計」の「i番目」を空へ
08      Me("txb_小計" & i).Enabled = False  ←──「txb_小計」の「i番目」を使用不可へ
09    Next i
10    Me.txb_合計.Value = Null  ←──「txb_合計」を空へ
11    Me.txb_合計.Enabled = False ←──「txb_合計」を使用不可へ
12
13    省略
14  End Sub
```

コード3　「cmb_商品ID」変更時に実行する関数

```
01  Private Function cmb_商品ID_Change(i As Long)
02    Me("txb_商品名" & i) = _
03      DLookup("fld_商品名", "T_商品マスター", "fld_商品ID='" & Me("cmb_商品ID" & i).Value & "'")
04    Me("txb_売価" & i) = _
05      DLookup("fld_定価", "T_商品マスター", "fld_商品ID='" & Me("cmb_商品ID" & i).Value & "'")
06    Me("txb_数量" & i) = 1
07
08    Call calcSubTotal(i)    ← 「小計」の算出
09    Call calcTotal    ← 「合計」の算出
10  End Function
```

コード4　読込処理

```
01  Private Sub loadForm()
02    省略
03
04    Dim i As Long: i = 1
05    Do Until daoRs.EOF = True
06      省略
07      Me("txb_数量" & i).Value = daoRs!fld_数量
08      Call calcSubTotal(i)    ← 小計の計算
09
10      daoRs.MoveNext
11      i = i + 1
12    Loop
13
14    Call calcTotal    ← 「合計」の算出
15
16    省略
17  End Sub
```

APPENDIX

A-1-3 動作確認

レコードの読込、商品IDの変更などで売価、数量のいずれかに変更があると再計算します（**図3**）。

図3 小計の合計の変化

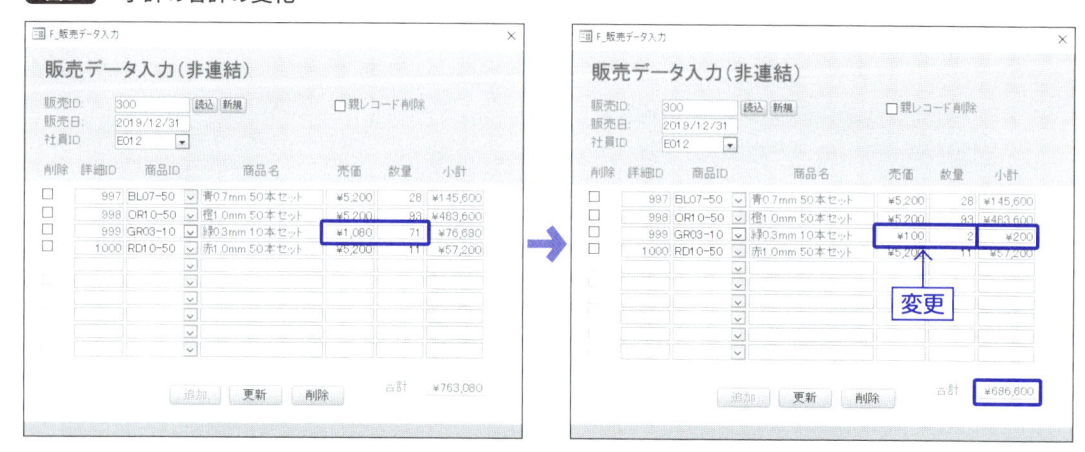

A-2 非連結フォームに 保存前確認機能の付加

変更が保存されずにレコードを移動する際、確認メッセージを出してみましょう。「1つでも変更があったら」というのを詳細に実装するのは難易度が高いので、「合計値が変更されていたら」という条件で簡易的に実装します。

A-2-1 コントロールの追加

A-1の機能を実装したうえで、レコードの読込時に「txb_合計」の値を一時保管しておき、レコード移動前にそのときの合計値と比べる、という方法にします。

「txb_比較用合計」という「名前」のテキストボックスを設置して、これを一時保管用として使います。「書式」タブの「可視」を「いいえ」にすると、フォームビューで表示したときに「存在しているけれど見えない状態」となります（図4）。

図4 テキストボックスを追加して不可視にする

APPENDIX

A-2-2 コードの追加と変更

「Form_F_販売データ入力」モジュール内に**コード5**を追加します。最後に書いてあるプロシージャはフォームを終了するときのイベントなのですが、「条件によってフォームが閉じるのをキャンセルする」という機能を付けたいため、「Form_Close（閉じるとき）」ではなく「Form_Unload（読み込み解除時）」にしています。

コード5 追加するコード

```
01  Private Function canDispose() As Boolean   ← 現在の状態を破棄してよいか判断する関数
02    Dim total As Long
03    If IsNull(Me.txb_合計.Value) Then
04      total = 0   ← 空ならゼロで取得
05    Else
06      total = Me.txb_合計.Value   ← 合計値を取得
07    End If
08
09    Dim totalTmp As Long
10    If IsNull(Me.txb_比較用合計.Value) Then
11      totalTmp = 0   ← 空ならゼロで取得
12    Else
13      totalTmp = Me.txb_比較用合計.Value   ← 比較値を取得
14    End If
15
16    If total = totalTmp Then
17      canDispose = True   ← 差異がなければ破棄OK
18    Else   ← 差異があれば
19      If MsgBox("合計値が変更されています。破棄してよろしいですか?", _
20        vbOKCancel + vbInformation, "確認") = vbOK Then   ← ユーザーに尋ねる
21        canDispose = True   ← OKがクリックされたら破棄OK
22      Else
23        canDispose = False   ← Cancelがクリックされたら破棄NG
24      End If
25    End If
26  End Function
27
28  Private Sub Form_Unload(Cancel As Integer)   ← 読み込み解除時
29    If canDispose = False Then   ← データ破棄NGだったら
30      Cancel = True   ← フォームが閉じるのをキャンセルする
31    End If
32  End Sub
```

既存コードに、**コード6**、**コード7**、**コード8**、**コード9**のように変更を加えます。

コード6 初期化処理に追加

```
01  Private Sub initializeForm()  ← 初期化
02      省略
03
04      For i = 1 To 10
05          省略
06      Next i
07      Me.txb_合計.Value = Null
08      Me.txb_合計.Enabled = False
09      Me.txb_比較用合計.Value = Null  ← 「txb_比較用合計」を空へ
10
11          省略
12  End Sub
```

コード7 「新規」ボタンクリックイベントプロシージャに追加

```
01  Private Sub btn_新規_Click()
02      If canDispose = False Then Exit Sub  ← データ破棄NGだったら終了
03      Me.txb_販売ID.Value = Null
04      Call initializeForm
05  End Sub
```

コード8 「読込」ボタンクリックイベントプロシージャに追加

```
01  Private Sub btn_読込_Click()
02      If canDispose = False Then Exit Sub  ← データ破棄NGだったら終了
03      Call reloadForm
04  End Sub
```

コード9 読込処理に追加

```
01  Private Sub loadForm()
02      省略
03
04      Call calcTotal  ← 「合計」の算出
05      Me.txb_比較用合計.Value = Me.txb_合計.Value  ← 合計値と同じ値を「txb_比較用合計」へ
06                                                     （読込時の値としてセット）
07      省略
08  End Sub
```

APPENDIX

A-2-3 動作確認

　既存レコードを読み込んだあと、編集を行ってから「新規」ボタンや ⊠ ボタンをクリックすると、「txb_合計」と「txb_比較用合計」の値を比較して異なっていたら確認メッセージを出力します（**図5**）。

図5　合計値に変更があった場合

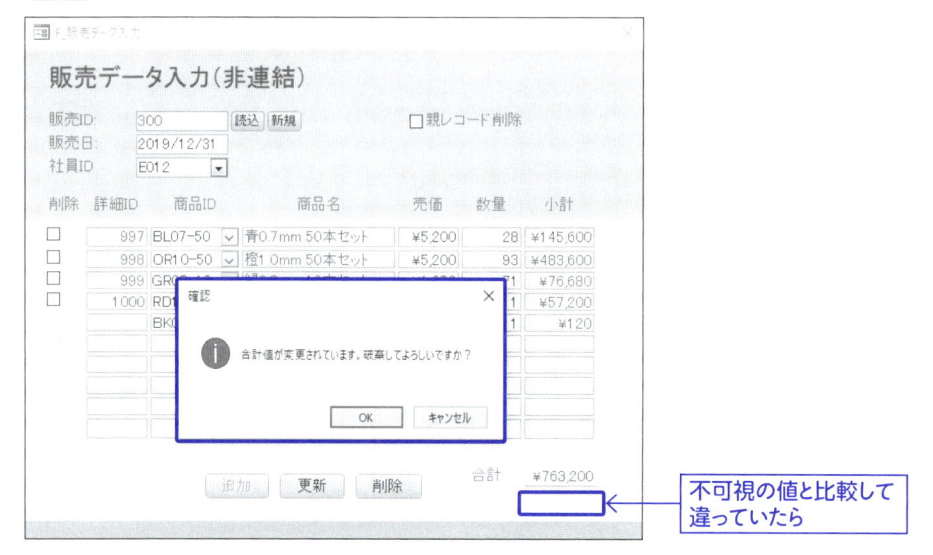

A-3 非連結フォームに レコード移動機能の付加

IDがオートナンバーの場合ならば、非連結のフォームでも、比較的かんたんにレコード移動の機能を作ることができます。

A-3-1 コントロールの追加

図6のような「名前」で、ボタンを4つ追加します。

図6 ボタンの追加

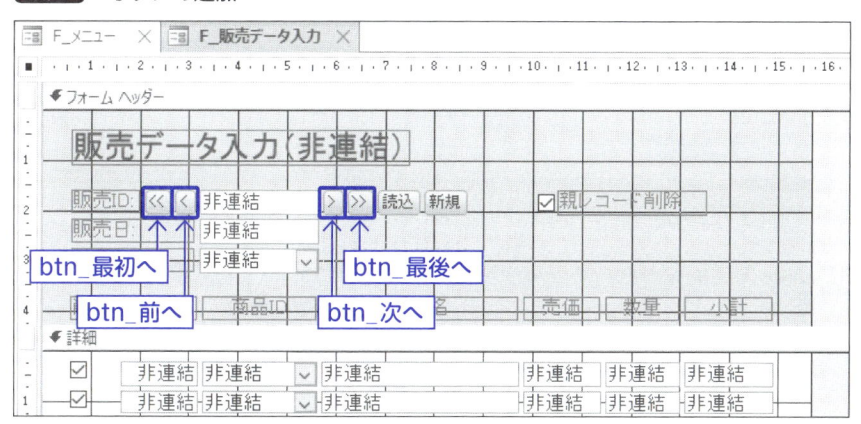

A-3-2 コードの追加

「Form_F_販売データ入力」モジュール内に**コード10**を追加します。**A-2**（301ページ）を実装していない場合、「If canDispose = False Then Exit Sub」という記述は除いてください。

コード10 追加するコード

```
01  Private Sub btn_最初へ_Click()    ← 「btn_最初へ」クリック時（最初のレコードへ移動）
02     If canDispose = False Then Exit Sub    ← データ破棄NGだったら終了
```

```
03    Me.txb_販売ID.Value = DMin("fld_販売ID", "T_販売データ")   ← 最初のIDを入れる
04    Call loadForm   ← 読み込み
05  End Sub
06
07  Private Sub btn_最後へ_Click()   ← 「btn_最後へ」クリック時（最後のレコードへ移動）
08    If canDispose = False Then Exit Sub   ← データ破棄NGだったら終了
09    Me.txb_販売ID.Value = DMax("fld_販売ID", "T_販売データ")   ← 最後のIDを入れる
10    Call loadForm   ← 読み込み
11  End Sub
12
13  Private Sub btn_前へ_Click()   ← 「btn_前へ」クリック時（前のレコードへ移動）
14    Call movePrevNext(-1)   ← 呼び出し
15  End Sub
16
17  Private Sub btn_次へ_Click()   ← 「btn_次へ」クリック時（次のレコードへ移動）
18    Call movePrevNext(1)   ← 呼び出し
19  End Sub
20
21  Private Sub movePrevNext(ByVal i As Long)
22    If canDispose = False Then Exit Sub   ← データ破棄NGだったら終了
23
24    Dim maxID As Long: maxID = DMax("fld_販売ID", "T_販売データ")   ← 最後のIDを取得
25    If Me.txb_販売ID.Enabled = True Then   ← 新規（使用可能）だったら
26      Me.txb_販売ID.Value = maxID   ← 最後のIDを入れる
27      Call loadForm   ← 読み込み
28      Exit Sub   ← 終了
29    End If
30
31    Dim minID As Long: minID = DMin("fld_販売ID", "T_販売データ")   ← 最初のIDを取得
32    Dim tgtID As Long: tgtID = Me.txb_販売ID.Value   ← ターゲットとするID
33
34    Do Until tgtID < minID Or maxID < tgtID   ← ターゲットIDが最初より小さくなるか
35      tgtID = tgtID + i                          最後より大きくなるまで繰り返し
36      If Not IsNull(DLookup("fld_販売ID", "T_販売データ", "fld_販売ID=" & tgtID)) Then Exit Do ←
37    Loop                                        レコードが存在していたらループを抜ける
38
39    If tgtID < minID Then tgtID = minID   ← 最小値より小さくなっていたらターゲットIDを置き換え
40    If tgtID > maxID Then tgtID = maxID   ← 最大値より大きくなっていたらターゲットIDを置き換え
41
42    If tgtID <> Me.txb_販売ID.Value Then   ← ターゲットIDが「txb_販売ID」の値と違っていたら
43      Me.txb_販売ID.Value = tgtID   ← IDセット
44      Call loadForm   ← 読み込み
45    End If
46  End Sub
```

A-3-3　動作確認

それぞれ、ボタンをクリックすると対応したIDを取得し、レコードが読み込まれます（**図7**）。

図7　ボタンクリックでレコード移動

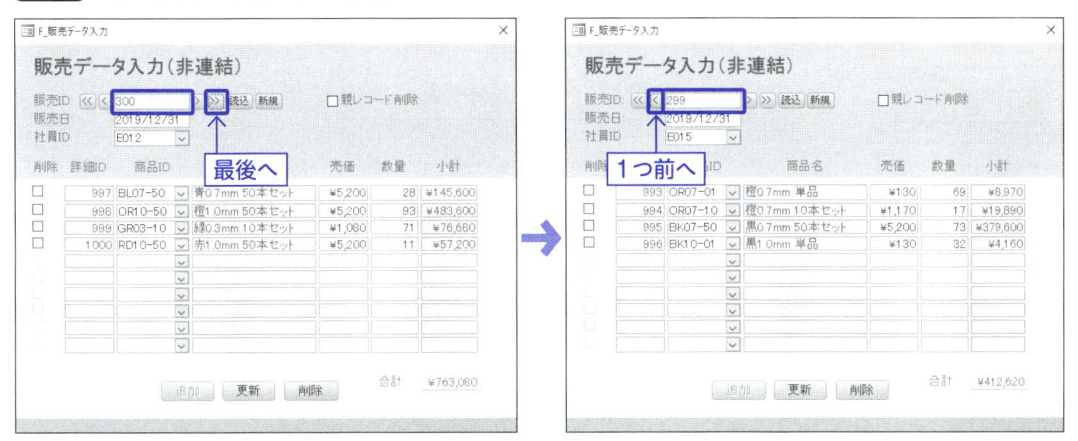

A-4 リボンやナビゲーション ウィンドウの非表示

アプリケーションとして利用する場合、オペレーターにとって不要な部分は非表示にすべきです。管理者が使う部分を隠して、より独自アプリケーションらしくしてみましょう。

A-4-1 オプションを利用した管理者項目の非表示

「ナビゲーションウィンドウ」「ドキュメントタブ」「ステータスバー」を非表示にします（図8）。

図8 非表示にする項目

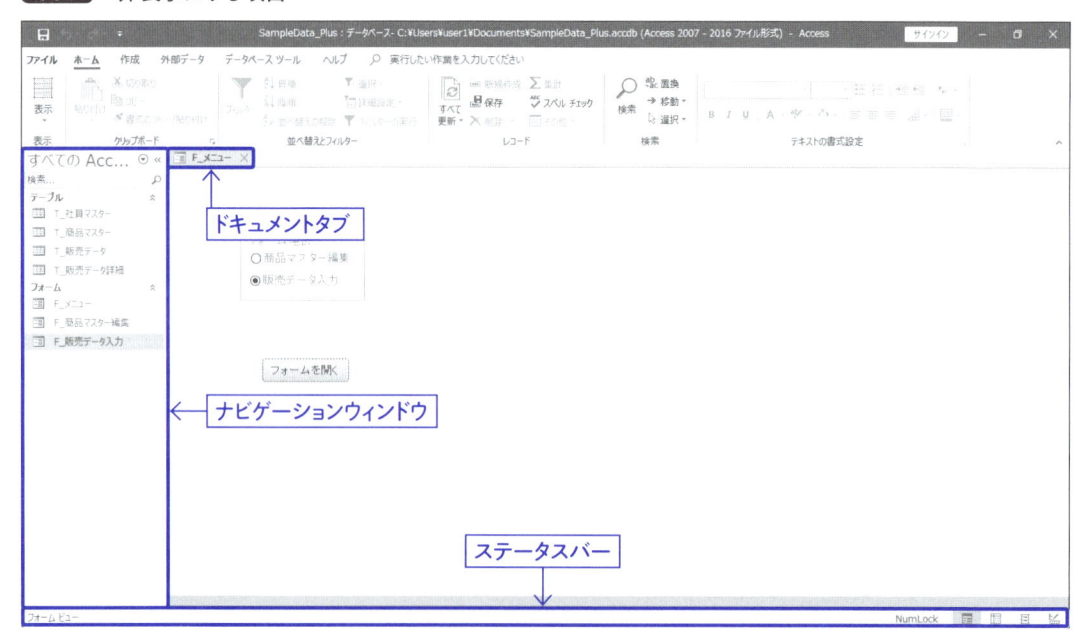

リボンの「ファイル」をクリックし（図9）、「オプション」をクリックします（図10）。

図9 「ファイル」をクリック

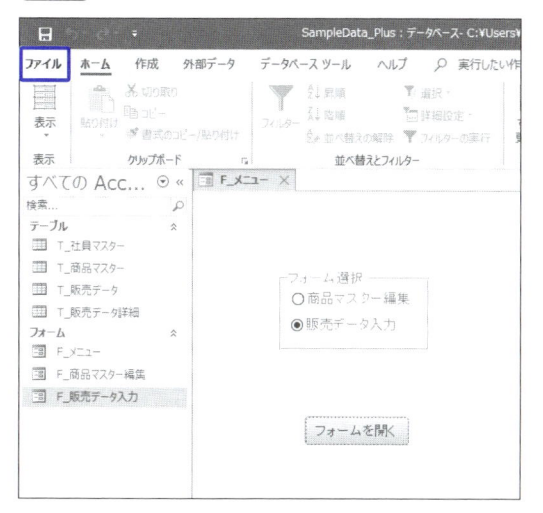

図10 「オプション」をクリック

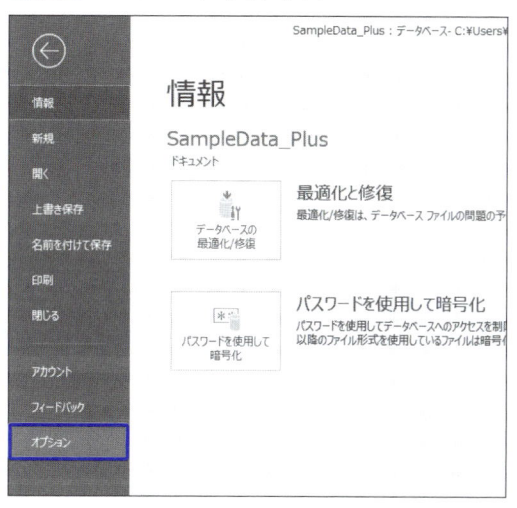

「現在のデータベース」を選択し、「ステータスバーを表示する」「ドキュメントタブを表示する」「ナビゲーションウィンドウを表示する」のチェックをそれぞれ外します（図11）。

図11 設定のチェックを外す

「OK」をクリックするとメッセージが表示されるので（図12）、Access を保存して一度閉じます。

APPENDIX

図12 確認メッセージ

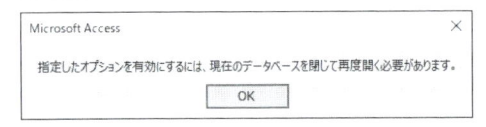

開き直すと、「ナビゲーションウィンドウ」「ドキュメントタブ」「ステータスバー」の3つが非表示になります。

A-4-2 リボンの非表示

ユーザーにリボン操作をしてほしくない場合、リボンを隠すことができます（**図13**）。

図13 リボンを非表示

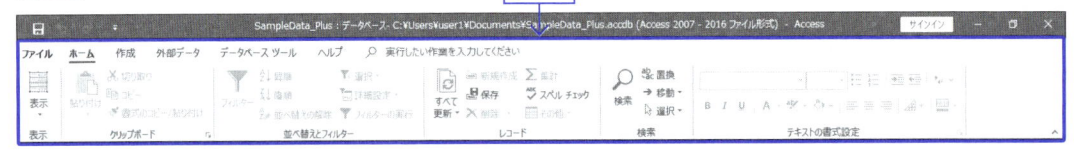

ファイルを開いたときに自動的に開く設定（**3-4-1** 83ページ）になっているフォーム（サンプルでは「F_メニュー」フォーム）の「読み込み時」イベントプロシージャに、**コード11**のように記述します。

コード11 「F_メニュー」の読み込み時イベントプロシージャ

```
01  Private Sub Form_Load()
02    DoCmd.ShowToolbar "Ribbon", acToolbarNo ← リボンを非表示
03  End Sub
```

再度リボンを表示したい場合、Alt + F11 キーでVBEを開き、**コード11**部分をコメントアウトしたのち、Accessを閉じて再度開いてください。

A-4-3 Accessアプリケーションの閉じるボタンの無効化

ユーザーにAccessアプリケーションを勝手に終了させないようにしたい、といった場合には、Accessの ✕ ボタンの無効化を行うことで対応できます（**図14**）。

この操作はVBEの標準モジュールに書く必要があるので、ツールバーの「挿入」→「標準モジュール」で挿入し、「Common」という名称のモジュールにしておきます（**図15**）。

図14　「閉じる」ボタンの無効化

図15　標準モジュールを挿入して名前を変更

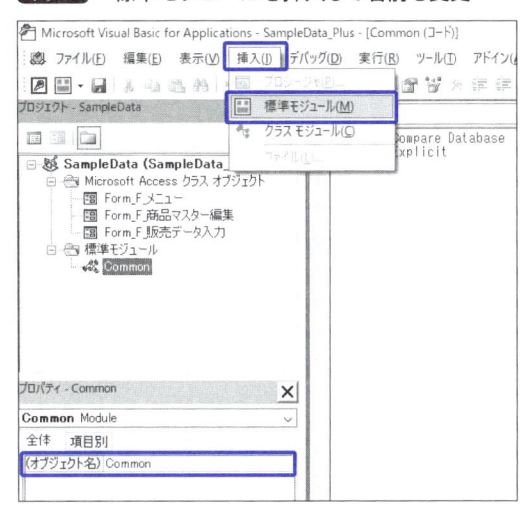

　Commonモジュールの宣言セクションに、**コード12**のように記述します。✕ボタンに関しては Accessではなく Windowsの機能にアクセスする必要があるので、そのための記述です。

　なお、**コード12**は32bit版Officeの Accessを使っている場合のコードです。64bit版Officeの Accessの場合、次のページの**コード14**を使用してください。

コード12　宣言セクション

```
01  Public Declare Function GetSystemMenu Lib "user32" _
02      (ByVal hwnd As Long, ByVal bRevert As Long) As Long
03  Public Declare Function DeleteMenu Lib "user32" _
04      (ByVal hMenu As Long, ByVal nPosition As Long, ByVal wFlags As Long) As Long
05  Public Declare Function DrawMenuBar Lib "user32" _
06      (ByVal hwnd As Long) As Long
```

　次に「F_メニュー」フォームの「読み込み時」イベントプロシージャに、**コード13**のように追記します。

APPENDIX

コード13 「F_メニュー」フォームの読み込み時イベントプロシージャ

```
01  Private Sub Form_Load()
02    DoCmd.ShowToolbar "Ribbon", acToolbarNo
03
04    Const SC_CLOSE = &HF060          ← 定数設定
05    Const MF_BYCOMMAND = &H0
06    DeleteMenu GetSystemMenu(Application.hWndAccessApp, 0), SC_CLOSE, MF_BYCOMMAND ←
07    DrawMenuBar Application.hWndAccessApp  ← メニューバー再描画          システム設定
08  End Sub
```

保存していったん閉じ、開き直すと ⊠ ボタンをクリックしても反応しなくなります。⊠ ボタンを使って Access を閉じることができないので、この状態で閉じるときは `Alt` + `F4` キーを使います。⊠ ボタンを有効に戻したい場合、`Alt` + `F11` キーで VBE を開き、**コード13** 部分をコメントアウトしたのち、Access を閉じて再度開いてください。

標準モジュールの宣言セクションに書いた**コード12**は、32bit 版 Office シリーズの書き方であり、64bit 版をお使いの場合は以下の「PtrSafe」の記述が必要です（**コード14**）。サンプルを収録している付属 CD-ROM では、32bit 版と 64bit 版でフォルダーが分かれていますので、ご自身の環境に対応するほうを使用してください。

コード14 宣言セクション（64bit 版 Office の場合）

```
01  Public Declare PtrSafe Function GetSystemMenu Lib "user32" _
02    (ByVal hwnd As Long, ByVal bRevert As Long) As Long
03  Public Declare PtrSafe Function DeleteMenu Lib "user32" _
04    (ByVal hMenu As Long, ByVal nPosition As Long, ByVal wFlags As Long) As Long
05  Public Declare PtrSafe Function DrawMenuBar Lib "user32" _
06    (ByVal hwnd As Long) As Long
```

ここまでの機能が実装されたサンプルが、CHAPTER10 の After フォルダーに収録されている SampleData10_Plus.accdb です。

非連結データの ADO接続での処理

A-5

ここまで、**Access**に特化した**DAO**を使ってデータベースへ読み書きしてきましたが、**Access**以外のデータベースでも利用できる**ADO**を使った方法を解説します。

A-5-1 レコードセットの取得

接続、レコード取得、接続解除の一連の動きを書いたものが**コード15**です。SQLの書き方や、取得したあとの取り出し方などはDAO接続と同じです。

コード15 ADO接続でレコードセットを取得するコード

```
01  Private Sub getRecordset ()
02    On Error GoTo ErrorHandler
03
04    Dim adoCn As Object        ←ADOコネクションオブジェクト
05    Set adoCn = CurrentProject.Connection
06
07    Dim adoRs As Object        ←ADOレコードセットオブジェクト
08    Set adoRs = CreateObject("ADODB.Recordset")
09
10    Dim strSQL As String
11    strSQL = "SELECT フィールド名 FROM テーブル名 WHERE 条件;"
12
13    adoRs.Open strSQL, adoCn    ←レコード取得
14
15    If adoRs.BOF = True And adoRs.EOF = True Then    ←存在確認
16      MsgBox "対象レコードがありません。", vbInformation, "確認"
17      GoTo Finally    ←レコードがなければ接続解除工程へジャンプ
18    End If
19
20    Do Until adoRs.EOF
21      Debug.Print adoRs!フィールド名    ←フィールド取り出し
22      adoRs.MoveNext    ←次のレコードへ
23    Loop
```

APPENDIX

```
24
25    GoTo Finally
26
27  ErrorHandler:     ←  エラートラップ
28    MsgBox "Error #: " & Err.Number & vbNewLine & vbNewLine & _
29      Err.Description, vbCritical, "エラー"    ←  エラーメッセージ
30
31  Finally:  ←  接続解除
32    If Not adoRs Is Nothing Then  ←  レコードセットの破棄
33      adoRs.Close
34      Set adoRs = Nothing
35    End If
36    If Not adoCn Is Nothing Then  ←  コネクションの破棄
37      adoCn.Close
38      Set adoCn = Nothing
39    End If
40  End Sub
```

　なお、こちらは現在操作している Access ファイルのデータベースに接続する書き方なので、5行目を**コード16**へ置き換えると、別の Access ファイルのデータベースに接続することができます。Excel VBA でこのコードを書けば、Excel から Access のデータベースへ接続することも可能です。

コード16 外部の Access ファイルを指定して接続する場合

```
01  Set adoCn = CreateObject("ADODB.Connection")  ←  ADOコネクションのオブジェクトを作成
02  adoCn.Open "Provider=Microsoft.ACE.OLEDB.12.0;" & _
03            "Data Source=C:¥AnotherData.accdb;"  ←  Accessファイルをフルパスで指定
```

A-5-2　テーブルへの変更

ADO接続でテーブルの内容を変更するには**コード17**のように書きます。**CHAPTER 10**で使用したtryExecute関数（260ページ）をADO接続に置き換えたものですので、使い方はそちらと同様です。

コード17　ADO接続で追加/更新/削除を行うコード

```
01  Function tryExecute(sqlList As Collection) As String
02    On Error GoTo ErrorHandler
03
04    Dim adoCn As Object          ← ADOコネクションオブジェクト
05    Set adoCn = CurrentProject.Connection
06
07    adoCn.BeginTrans             ← トランザクション開始
08
09    Dim strSQL As Variant
10    For Each strSQL In sqlList    ← SQL文リストをループ
11      adoCn.Execute strSQL       ← 実行
12    Next strSQL
13
14    adoCn.CommitTrans            ← 確定
15
16    tryExecute = ""              ← 成功
17
18    GoTo Finally
19
20  ErrorHandler:                  ← エラートラップ
21    adoCn.RollbackTrans          ← 元の状態へ戻す
22    tryExecute = "Error #: " & Err.Number & vbCrLf & vbCrLf & Err.Description ← エラーメッセージ
23
24  Finally:                       ← 接続解除
25    If Not adoCn Is Nothing Then ← コネクションの破棄
26      adoCn.Close
27      Set adoCn = Nothing
28    End If
29  End Function
```

こちらも5行目を**コード16**と置き換えることで、別のデータベースへ接続可能です。

APPENDIX

A-6 4つ以上の分岐を読みやすく記述　Select Case

4-3-4の最後でIfの条件分岐が4つになったものがありました。これをSelectという別の書き方にしてみましょう。

A-6-1 コードの変更

本書付属CD-ROMのAPPENDIX→Beforeフォルダーから、SampleData_A-1.accdbを開いてみてください。こちらは**CHAPTER 4**終了時と同じサンプルです。現在はIfで4つの条件分岐が書かれていますが、**コード18**のように書き換えてみましょう。

コード18 IfをSelect Caseへ書き換えた例

```
01  Private Sub btn_フォームを開く_Click()
02      Select Case Me.grp_フォーム選択.Value
03        Case 1
04          DoCmd.OpenForm "F_商品マスター編集", , , , , acDialog
05        Case 2
06          DoCmd.OpenForm "F_社員マスター編集", , , , , acDialog
07        Case 3
08          DoCmd.OpenForm "F_販売データ入力", , , , , acDialog
09        Case Else
10          MsgBox "追加要素が選択されています"
11      End Select
12  End Sub
```

Ifと違うのは、条件式の左辺の記述が先頭の1度だけで済むので、コードがスッキリして読みやすくなります。

A-6-2　動作確認

Ifで条件分岐したときと同じように、オプションボタンで選択したフォームが開きます（**図16**）。

図16　Select Caseで分岐を行った結果

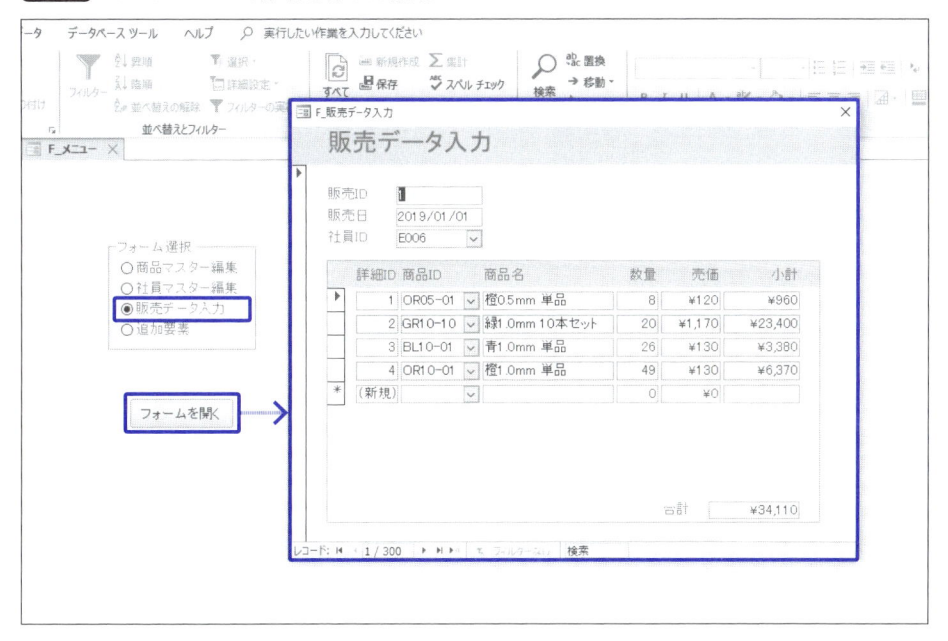

IfをSelect Caseに置き換えたものが、APPENDIX → AfterフォルダーのSampleData_A-1.accdb です。

A-7 同じオブジェクトに関する記述を短くする With〜End With

6-2、6-3で解説したメソッドやプロパティは、オブジェクトに対して「.(ドット)」でつなげて命令を書きます。このオブジェクト部分が同じものが続くとき、省略して書くと記述がスッキリします。

A-7-1 サンプルの確認

本書付属CD-ROMのAPPENDIX→Beforeフォルダーから、SampleData_A-2.accdbを開いてみてください。「F_メニュー」フォームが開き、「実行」ボタンをクリックすると「txb_サンプル」というテキストボックスが変化し、「戻る」ボタンで元に戻ります（図17）。

図17 テキストボックスが変化するサンプル

コードは**コード19**のようになっています。

コード19　変更前

```
01  Private Sub btn_実行_Click()
02    Me.txt_サンプル.Value = "サンプルテキスト"  ←値
03    Me.txt_サンプル.BackColor = vbYellow  ←背景色
04    Me.txt_サンプル.Width = 3000  ←幅
05  End Sub
06
07  Private Sub btn_戻す_Click()
08    Me.txt_サンプル.Value = Null
09    Me.txt_サンプル.BackColor = vbWhite
10    Me.txt_サンプル.Width = 1700
11  End Sub
```

かんたんな記述ですが、「Me.txt_サンプル」というテキストボックスオブジェクトが連続して何度も書かれています。もちろんこのままでも動きますが、With〜EndWithを使って省略してみましょう。

A-7-2　コードの変更

コード20のように変更します。変更されたサンプルがAPPENDIX→Afterフォルダーの SampleData_A-2.accdb です。

コード20　Withを使った変更

```
01  Private Sub btn_実行_Click()
02    With Me.txt_サンプル
03      .Value = "サンプルテキスト"
04      .BackColor = vbYellow
05      .Width = 3000
06    End With
07  End Sub
08
09  Private Sub btn_戻す_Click()
10    With Me.txt_サンプル
11      .Value = Null
12      .BackColor = vbWhite
13      .Width = 1700
14    End With
15  End Sub
```

APPENDIX

動きは同じですが、「With オブジェクト」と指定することで、With〜EndWithに挟まれた部分では、「.」を使ってコードを省略することができるので、記述が短く、読みやすくなりました。

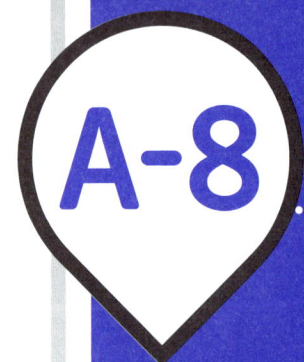

A-8 ルールに沿った IDの最新値を予測

オートナンバー型のIDは新規追加の際に自動で振られますが、テキスト型のIDは自分で入力しなければなりません。「アルファベット＆連番」程度のかんたんなルールの場合は、自動入力されるようにしてみましょう。

A-8-1 サンプルの確認

本書付属CD-ROMのAPPENDIX→Beforeフォルダーから、SampleData_A-3.accdbを開いてみてください。「T_社員マスター」テーブルと、このテーブルを元に作成した連結フォーム、「F_社員マスター」があります。このフォームで新規レコードを追加しようとするとき、「社員ID」を入力するテキストボックスは空欄になります（図18）。

図18 テキスト型の新規ID

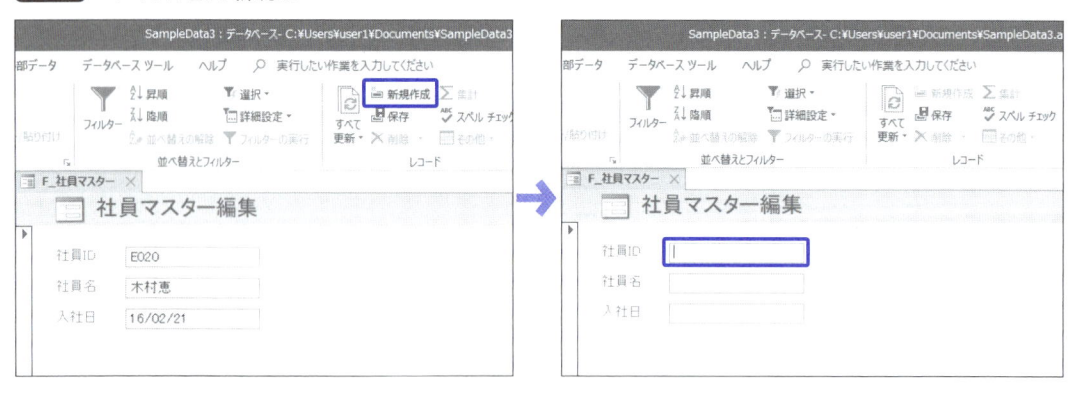

この社員IDは「E+3桁数字」というルールで作成されているので、前のIDを調べて…と、少々面倒な気もしますね。こういった場合、文字列部分と数値部分をいったん分けることで、新規IDを予測することができます。

A-8-2 コード

フォームの「レコード移動時」のイベントプロシージャを作成します（図19）。

図19 「レコード移動時」イベントプロシージャを作成

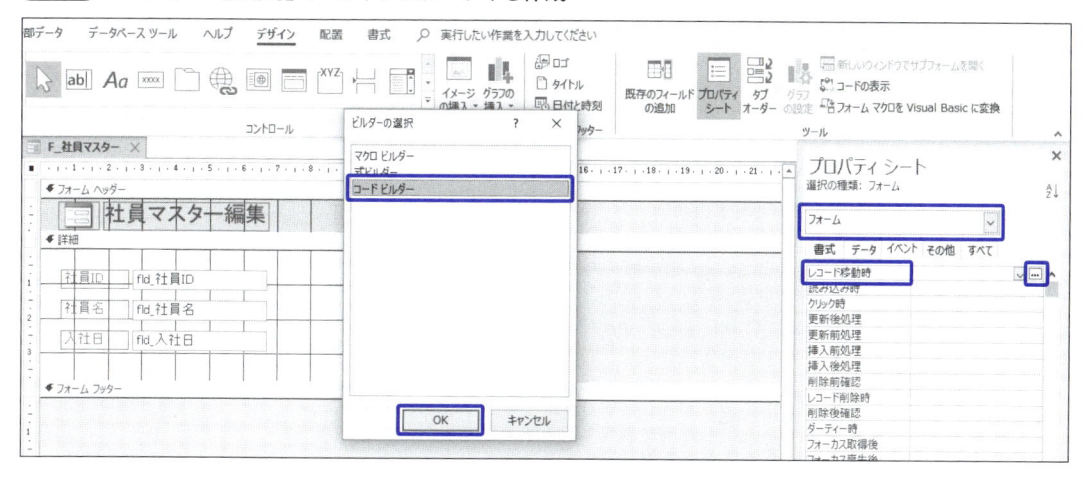

作成された「Form_Current」プロシージャに、**コード21**のように書きます。

コード21 「レコード移動時」イベントプロシージャ

```vb
01  Private Sub Form_Current()        ← レコード移動時
02    Const prefix As String = "E"    ← 「Employee」の頭文字
03
04    Dim maxID As String
05    maxID = DMax("fld_社員ID", "T_社員マスター")    ← 最終IDを取り出す
06
07    Dim lastNum As Long
08    lastNum = Replace(maxID, prefix, "")    ← 最終IDから頭文字を除き数値型へ代入する
09
10    Dim newID As String
11    newID = prefix & Format(lastNum + 1, "000")    ← +1して桁を揃えて頭文字と結合
12
13    Me.txb_社員ID.DefaultValue = "'" & newID & "'"    ← 既定値へ代入
14  End Sub
```

APPENDIX

最大値のIDから頭文字を抜いて計算し、再度頭文字を結合して「DefaultValue（既定値）」へ代入することで、新規レコードに移動したときに図20のように自動で挿入することができます。

図20では「ホーム」タブの「新規作成」ボタンをクリックして、新規レコードに移動しています。

図20 実行結果

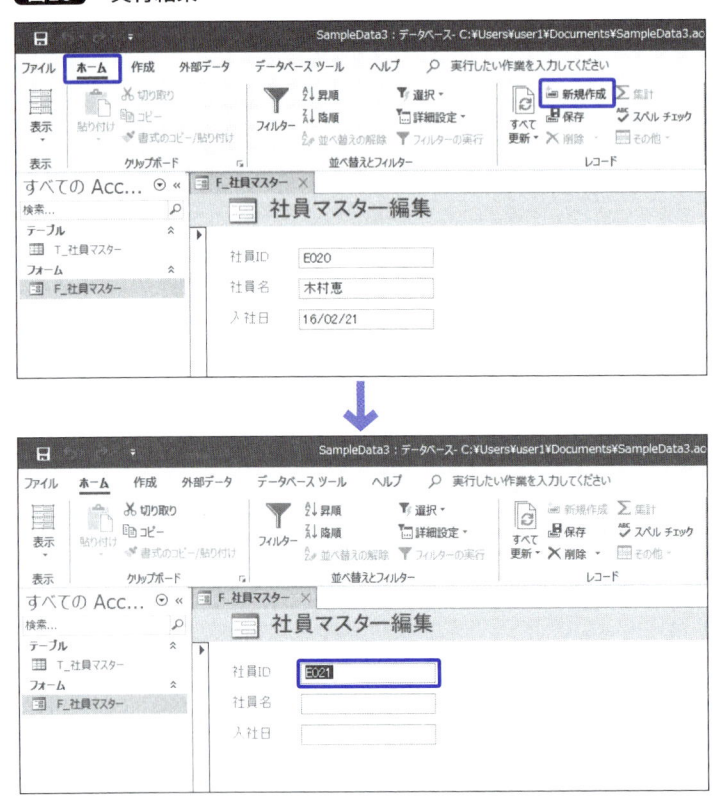

コード21を実装したサンプルがAPPENDIX → After フォルダーの SampleData_A-3.accdb です。

なお、2行目の「Const ○○ As 型」は定数（**152ページ**）の宣言と設定です。定数はあらかじめシステムで用意されたものだけでなく、自作して使うこともできます。

A-9 ファイル選択の ウィンドウの表示

ファイルを指定する際に、いちいちファイル名やパス名をテキストボックスに入力するのは面倒ですし、入力間違いの恐れもあります。

A-9-1 参照設定

本書付属CD-ROMのAPPENDIX→Beforeフォルダーから、SampleData_A-4.accdbを開いてみてください。これは**CHAPTER 7**で作成した、CSVファイルをインポートするサンプルです。この時点ではファイル名を手動で入力する必要があり、さらに対象ファイルが操作するAccessファイルと同じフォルダーの中に存在していないと読み込めませんでした。これを、ファイル選択のウィンドウを使って、ファイル指定できるようにしましょう。

この機能を実装するには、Accessの「FileDialog」というオブジェクトを使うのですが、そのためにVBEで「ツール」→「参照設定」→「Microsoft Office X.X Object Library」にチェックを入れます（**図21**）。この「X.X」部分はAccessのバージョンによって異なるので、数値の大きなものにチェックを入れてください。

図21 参照設定

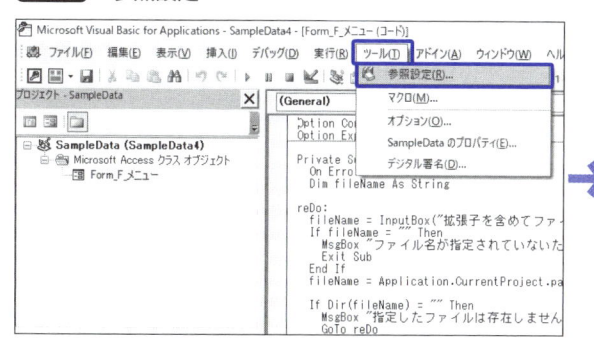 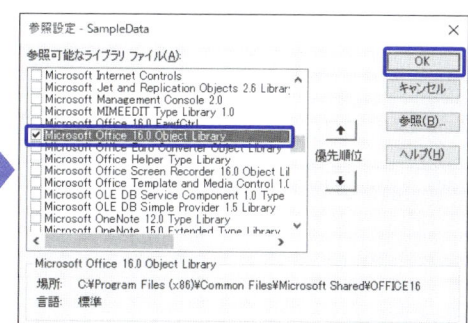

A-9-2 コード

既存の「btn_データ取り込み」ボタンのクリックイベントプロシージャを、**コード22**のように書き換えます。

コード22 「btn_データ取り込み」クリックイベントプロシージャ

```
01  Private Sub btn_データ取り込み_Click()
02    On Error GoTo ErrorHandler
03
04    Dim fileDlg As Object          ← ファイルダイアログ用変数
05    Set fileDlg = Application.FileDialog(msoFileDialogOpen)   ← 参照設定で使用可能になったFileDialogオブジェクトを使う
06
07    With fileDlg          ← ファイルダイアログの設定
08      .Filters.Clear          ← フィルターをクリア
09      .Filters.Add "CSVファイル", "*.csv"   ← フィルターで拡張子を指定
10      .AllowMultiSelect = False   ← 複数ファイル選択を許可しない
11      .Title = "CSV選択"          ← タイトル
12      .InitialFileName = Application.CurrentProject.path & "¥"   ← 開くときのパス
13    End With
14
15    Dim isSelected As Boolean   ← 結果用変数
16    isSelected = fileDlg.Show   ← 表示して結果を取得
17
18    Dim fileName As String      ← ファイル名用変数
19    If isSelected = False Then   ← ファイルが選択されていなければ
20      Exit Sub          ← 終了
21    Else
22      fileName = fileDlg.SelectedItems.Item(1)   ← 選択されたらファイル名を取得
23    End If
24
25    DoCmd.TransferText acImportDelim, , "T_販売データ", fileName, True   ← インポート
26    MsgBox "データを取り込みました", vbInformation, "確認"   ← 終了メッセージ
27
28    Exit Sub
29
30  ErrorHandler:          ← エラートラップ
31    MsgBox "Error #: " & Err.Number & vbNewLine & vbNewLine & _
32      Err.Description, vbCritical, "エラー"
33  End Sub
```

9行目では、指定した拡張子で表示するファイルを絞り込むことができます。また、12行目はファイル選択画面が開いたときに最初に表示されるフォルダーを指定します。このコードでは、現在操作しているAccessファイルと同じフォルダーを指定しています。

A-9-3 動作確認

「データ取り込み」ボタンをクリックすると、ファイル選択のウィンドウが開きます（**図22**）。「With fileDlg」内で指定した内容が反映されているのがわかります。なお、Withは**318ページ**を参照してください。

図22 ファイル選択のウィンドウ

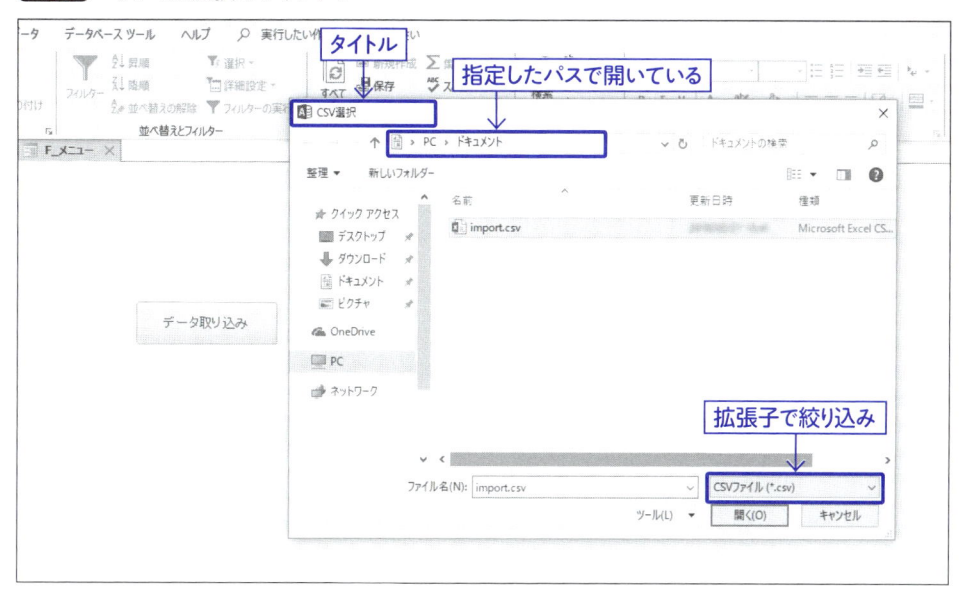

指定したファイルに不備がなければインポートが完了します（**図23**）。これで、ファイル名を直接入力せずに、違うフォルダーに移動してもファイル指定することができるようになりました。

図23 指定したファイルをインポートできた

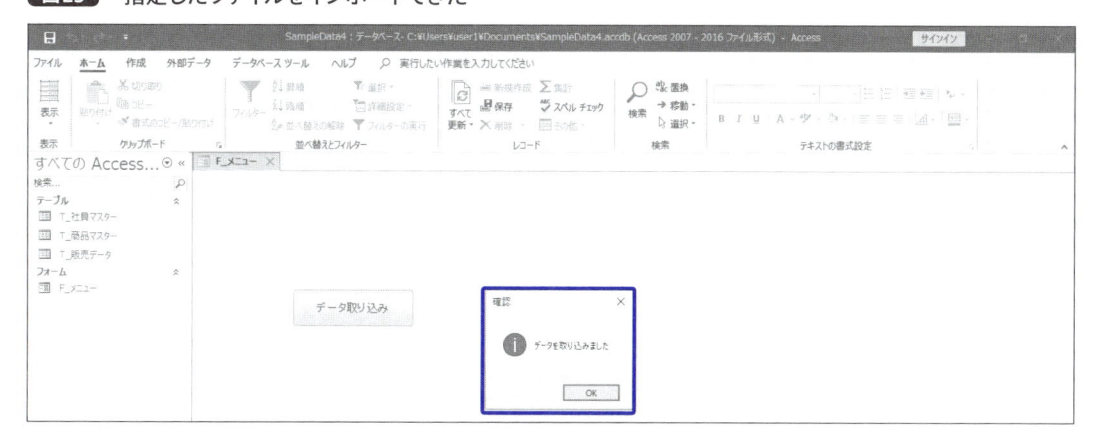

APPENDIX

A-10 テーブルにデータが残っているかチェック&削除する

テーブルにデータをインポートする前に、既存のデータをチェックする仕組みを作ってみましょう。これによって、二重の取り込みを防止することができます。

A-10-1 コードの追加

続けて、A-9の実装をしたSampleData_A-4.accdbを使います。ここで、一度取り込んだデータは別の処理に使われたものとして、二重の取り込みを防ぐため「新たにCSVファイルのデータを取り込むとき、テーブルは空である」というルールがあると仮定しましょう。そのためのチェック工程を作成します。

A-9までのコードの冒頭に、コード23の色が付いている部分を追記します。

コード23 プロシージャの冒頭にコードを追加

```
01  Private Sub btn_データ取り込み_Click()
02    If DCount("*", "T_販売データ") <> 0 Then  ← テーブル内のレコードがゼロじゃなかったら
03      If MsgBox("テーブルにデータが残っています。削除して続行しますか?", _
04        vbOKCancel + vbQuestion, "確認") = vbCancel Then Exit Sub  ← キャンセルなら終了
05      DoCmd.SetWarnings False  ← システムメッセージ表示OFF
06      DoCmd.RunSQL "DELETE * FROM T_販売データ"  ← テーブルのデータを削除
07      DoCmd.SetWarnings True  ← システムメッセージ表示ON
08    End If
09
10    On Error GoTo ErrorHandler
11    省略
12  End Sub
```

CHAPTER 10ではSQL文が複雑で、エラー処理やトランザクションまでを含めていたので専用の関数を作成しましたが、今回のように単純なSQLの場合は、6行目のようにDoCmd.RunSQLで簡易的に実行することもできます。

A-10-2 動作確認

　もしも「T_販売データ」にレコードが残っていた場合、図24のようなメッセージが表示され、「OK」をクリックすると、いったんテーブルのレコードがすべて削除されたのち、CSVファイルを読み込みます。

図24　確認メッセージ

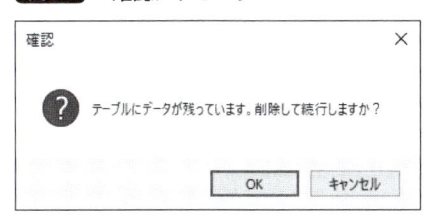

　なお、5行目の記述がないと、テーブルに変更を加える前に出力されるシステムメッセージが表示されます（図25）。確認メッセージが二重になってしまうので表示をオフにしていますが、オフにしたままではいけないので、該当の処理が終わったのち、7行目で再びシステムメッセージ表示をオンにしています。

図25　システムメッセージ

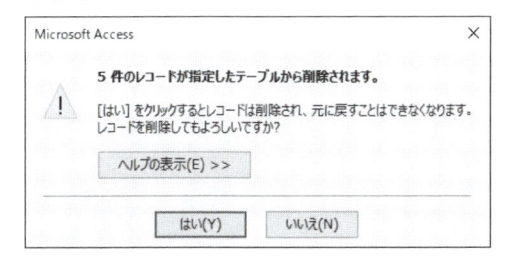

　A-9、**A-10**を実装したサンプルがAPPENDIX → AfterフォルダーのSampleData_A-4.accdbです。

APPENDIX

APPENDIX

A-11 コンボボックスの項目を動的に絞り込む

コンボボックスは項目を一覧で見ることができて便利ですが、項目が多い場合は探すのが非常に面倒になります。そういった場合、属しているグループで絞り込むと選択しやすくなります。

A-11-1 サンプルの確認

本書付属CD-ROMのAPPENDIX→BeforeフォルダーからSampleData_A-5.accdbを開いてみてください。

ここには2つのテーブルがあり、社員1人1人に、5つの営業所IDが割り振られています。上に配置されたコンボボックスの値で、下に配置されたコンボボックスの項目を絞り込む仕組みを作ってみましょう（図26）。

図26 コンボボックスの連携

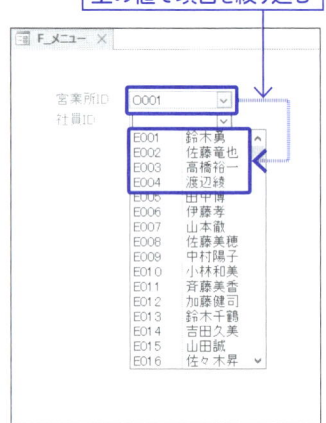

A-11-2　コード

「F_メニュー」のフォームモジュールに**コード24**を書きます。

コード24　コンボボックスのRowSourceを切り替える

```
01  Private Sub cmb_営業所ID_Change()      ← 営業所IDが変更されたとき
02    Me.cmb_社員ID.Value = Null      ← 社員IDを空にする
03  End Sub
04
05  Private Sub cmb_社員ID_GotFocus()      ← 社員IDにフォーカスが入ったとき
06    If IsNull(Me.cmb_営業所ID.Value) Then      ← 営業所IDが空だったら
07      Me.cmb_社員ID.RowSource = _
08        "SELECT fld_社員ID, fld_社員名 " & _
09        "FROM T_社員マスター;"      ← 全員のリスト
10    Else      ← 営業所IDが空じゃなかったら
11      Me.cmb_社員ID.RowSource = _
12        "SELECT fld_社員ID, fld_社員名 " & _
13        "FROM T_社員マスター " & _
14        "WHERE fld_営業所ID = '" & Me.cmb_営業所ID.Value & "';"      ← 営業所IDで絞り込んだリスト
15    End If
16  End Sub
```

コンボボックスのRowSourceプロパティをSQL文で動的に切り替えることにより、ドロップダウンで表示する項目を変化させることができます。

A-11-3　動作確認

営業所IDを変更すると、社員IDのリストが切り替わります（**図27**）。営業所IDが変更されたとき、社員IDに前の選択が残っていると不整合になってしまう場合があるので、1〜3行目の記述で社員IDを空にしています。

なお、**コード24**を実装したサンプルがAPPENDIX → Afterフォルダーの SampleData_A-5.accdb です。

図27　動的に項目が変わるコンボボックス

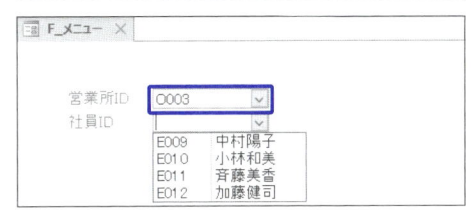

A-12 VBEでイベントプロシージャを作成する

イベントプロシージャを作成するには、Accessの画面で該当のオブジェクトを選択し、プロパティシートの「イベント」タブから挿入してきましたが、VBE画面からでも作成することができます。

A-12-1 コードウィンドウの表示の違い

本書付属CD-ROMのAPPENDIX→Beforeフォルダーから、SampleData_A-6.accdbを開いてみてください。このサンプルは、Access側にフォームが作られているだけで、VBE側にフォームモジュールはまだ作成されていません。

ここまでは**3-4-2**（87ページ）のように、コントロールのイベントプロシージャを作成するのと同時にフォームモジュールを作成してきましたが、フォームモジュールのみを作成したい場合、デザインビューに切り替えて「デザイン」タブの「コードの表示」もしくはプロパティシートの「その他」タブの「コードの保持」を「はい」にすることで、モジュールが作成されます（**図28**）。

図28 フォームモジュールの作成

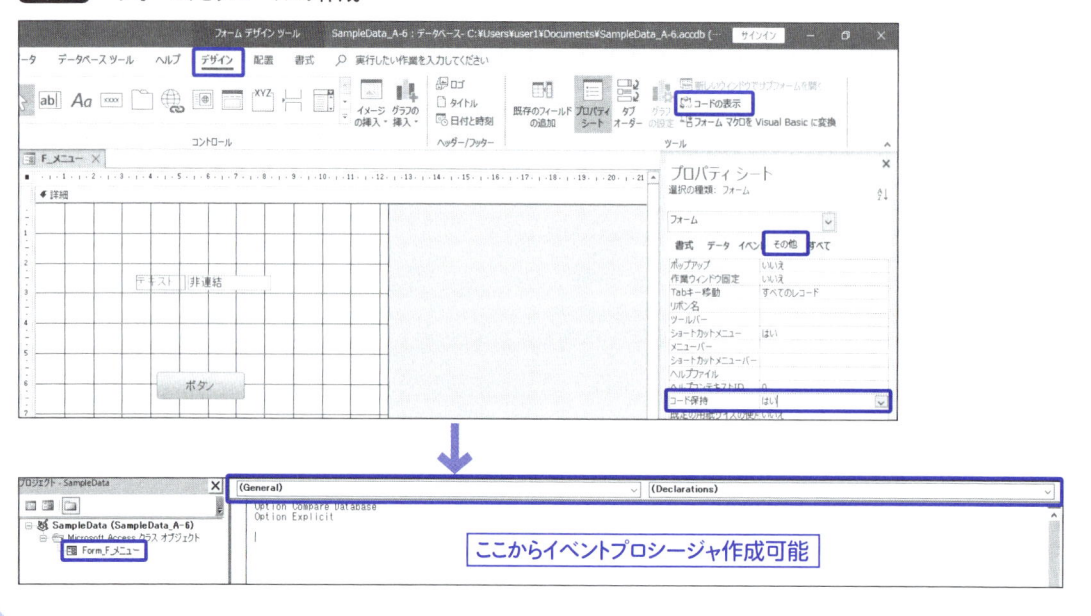

2-2-3の図17（35ページ）での解説は対象が標準モジュールだったため、コードウィンドウ上部のドロップダウンリストでは表示できる項目が少なかったのですが、フォームモジュールが対象の場合、ここからイベントプロシージャを作成することができます。

A-12-2 コードウィンドウ上でイベントプロシージャを作成する

左上のドロップダウンリストを見てみると、「General（標準）」の他に、対象のフォームモジュール上に配置されているオブジェクトの一覧が表示されます（図29）。

図29 対象モジュールに関連するオブジェクト一覧

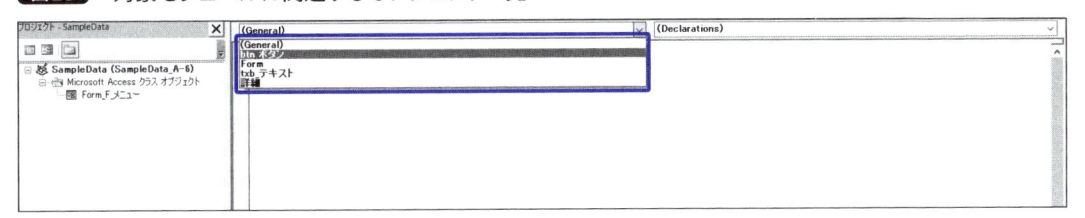

例として「btn_ボタン」を選んでみると、規定のイベントである「Click」プロシージャが自動で挿入されました（図30）。右側には、左側で選択されているオブジェクトに関連するイベントプロシージャの一覧が表示され、選択することで、他のイベントプロシージャを挿入することができます。

図30 イベントプロシージャの挿入

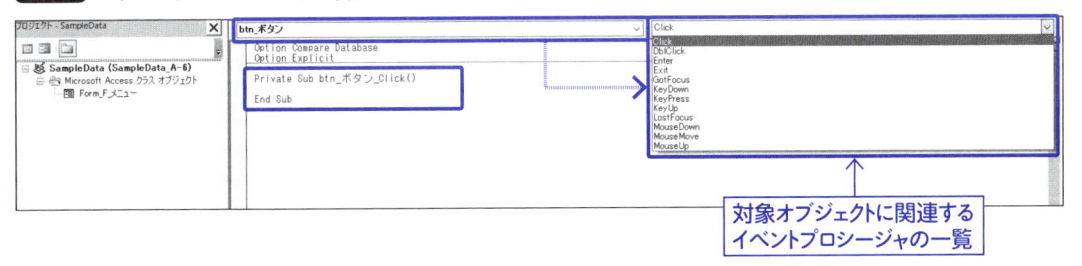

対象オブジェクトに関連する
イベントプロシージャの一覧

なお、コントロールによっては、Access側の「イベントのビルド」から作成した場合と、既定のイベントが異なるものがあります。
なお、ここで解説した内容を反映したサンプルファイルはありません。

APPENDIX

索　引

記号・数値

'	49
"	46
" "	148
.	101
;	228
?	184
_	145
=	126
1側	69

A

ADO	313
AND	208
As	131
AutoExec マクロ	38

B・C

BETWEEN	239
BiginTrans	287
Boolean	131
ByVal	210
Collection	275
csv	190

D

DAO	223
Data Access Objects	223
Date	131
DBEngine	287
Declarations	40
DELETE構文	263
Dim	131, 204
DLookup	146
Do ~ Loop	242
Do Until	244
Do While	243
DoCmd	89

E

Else	108
ElseIf	116
Enabled	171
End If	100
End Sub	31, 43

F

F8	105, 186
False	103
For ~ Next	239
FROM	228
Function	36, 218

G・I

Goto	194
If	100
INNER JOIN	229
INSERT構文	261
IsNull	162
iterator	240

L・M

Long	131
Me	102
Module1	30
MoveFirst	241
MoveLast	241
MoveNext	240
MsgBox	150

N・O

Null	103
ON	229
On Error Goto	198
On Error Resume Next	200
OpenRecordset	225
Option Compare Database	40

Option Explicit 129
Or 208
ORDER BY 228

P・R

Private 204
PtrSafe 312
Public 41, 215
Recordset 224
RGB 167
Rollback 287

S

Select Case 316
SELECT構文 228
SetFocus 162
SQL 224
SQLビュー 224
String 131
Sub 36
SUM 78

T・U

Tab 47
Then 100
True 100
UPDATE構文 262

V・W

Value 148
Variant 131
VBA 18, 20
VBE 26
Visual Basic for Application 20
Visual Basicエディター 26
WHERE 228
With~End With 319

ア行

アプリケーション 23
アルゴリズム 19
一時停止 105
イテレーター 240

移動ボタン 85
イベント 53
イベントプロシージャ 88
イミディエイトウィンドウ 183
入れ子構造 194
色の定数 166
インデント 47, 175
インポート 190
ウォッチウィンドウ 180
ウォッチ式 181
上書き保存 60
エラー 129
エラートラップ 198
鉛筆マーク 66
オブジェクト 22
オプション 48, 86
オプションボタン 53, 121
親子フォーム 69

カ行

解読 44
解放 45
返り値 156
格納 23
型 131
かつ 208
カレントレコード 227
関数 158
きっかけ 23
規定値 104
共通化 212
クエリ 22
繰り返し処理 239
クリック時 170
合計 296
更新 262
コーディング 19, 174
コード 19, 32
コードウィンドウ 29
コードビルダー 87
コマンドボタン 53
コマンドボタンウィザード 84
コメントアウト 49, 175

コメントブロック	176
コントロール	53
コントロールソース	67
コンパイルエラー	196
コンボボックス	53, 138
コンボボックスウィザード	139

サ行

最後へ	67
最初へ	67
削除	45, 263
サブルーチン	36
参照設定	323
ジェネラルプロシージャ	88
式のウォッチ	181
式ビルダー	76
指示文	18
実行	38
実行時エラー	197
実装	19
自動クイックヒント	44, 91
自動整形機能	92
自動データヒント	44, 127
自動メンバー表示	44, 89
ジャンプ	194
集合形式	71
自由度	21
取得	155
小計	77, 296
条件	100
条件式	102
詳細	53
初期化	255
初期状態	255
真	100
新規	67
シングルクォーテーション	49
数値	47
スコープ	41, 202
ステータスバー	294
ステップイン	185
ステップオーバー	187
ステップ実行	185

スペースの調整	63
スペルミス	128
セクション	53
設計	19
宣言セクション	40, 129
属性	54

タ行

代入	126
多側	69
ダブルクォーテーション	46
チェックボックス	99
長整数型	131
追加	261
通貨の形式を適用	77
次へ	67
定数	152
データの変更	260
テーブル	22
テキストボックス	53, 75
テキストボックスウィザード	75
適用範囲	41, 202
手順	19
デバッグ	179
動的変更	169
ドキュメントタブ	294
閉じるボタン	294
トランザクション	286

ナ行

ナビゲーションウィンドウ	294
入力支援	44, 89
ネーミング	32
ネスト	194

ハ行

バグ	179
バリアント型	131
半角英数	46
引数	42, 150
引数を渡す	210
日付型	131
等しい	100

表形式 73
標準モジュール 30, 216
標題 55
ビルダーの選択 87
非連結フォーム 56
ブール型 131
フォーカス取得時 161
フォーカス喪失時 208
フォーム 23, 52
フォームビュー 65
フォームモジュール 88
フォームを閉じる 67
フッター 53
ブレイクポイント 104
プログラミング 18
プログラムの分割 207
プロシージャ 29
プロシージャの追加 31
プロジェクトエクスプローラー ... 29
ブロック 48, 175
プロパティ 54, 165
プロパティウィンドウ 29
プロパティシート 63
ヘッダー 53
編集ツール 177
変数 124
変数宣言 128
変数宣言の強制 129
変数の型 131
ボタン 83

マ行

前へ 67
マクロ 18
見出し 53
命名規則 33, 174
メソッド 160
メモ 49
もしくは 208
モジュール 29
文字列 46
文字列型 131
戻り値 153

ヤ・ラ行

読み込み 258
ラベル 53
リストボックス 236
リボン 294
リレーションシップ 58
ループ 239
ルックアップフィールド 59
レイアウトビュー 59
例外処理 191
レコードセット 222
レコードセレクタ 81
レコードソース 56, 67
レコードの保存 67
レポート 23
連結フォーム 56
ローカルウィンドウ 134, 180

[著者略歴]

今村 ゆうこ（いまむら ゆうこ）

非IT系企業の情報システム部門に所属し、Web担当と業務アプリケーション開発を手掛ける。
小学生と保育園児の2人の子供を抱えるワーキングマザー。

著作
「Access マクロ 入門　～仕事の現場で即使える」(技術評論社)
「Access レポート＆フォーム 完全操作ガイド　～仕事の現場で即使える」(技術評論社)
「Accessデータベース 本格作成入門　～仕事の現場で即使える」(技術評論社)
「Excel ＆ Access連携 実践ガイド　～仕事の現場で即使える」(技術評論社)
「スピードマスター　1時間でわかる　Accessデータベース超入門」(技術評論社)

● 装丁
　クオルデザイン　坂本真一郎
● 本文デザイン・DTP
　技術評論社　制作業務部
● 編集
　土井清志
● サポートホームページ
　https://book.gihyo.jp/116

Access VBA　実践マスターガイド
（アクセス　ブイビーエー　じっせん）
～仕事の現場で即使える
（しごと　げんば　そくつか）

2019年　8月15日　初版　第1刷発行
2024年　4月 3日　初版　第4刷発行

著者　　　今村ゆうこ（いまむら）
発行者　　片岡　巌
発行所　　株式会社技術評論社
　　　　　東京都新宿区市谷左内町21-13
　　　　　電話　03-3513-6150　販売促進部
　　　　　　　　03-3513-6160　書籍編集部
印刷/製本　日経印刷株式会社

NO 館外貸出不可

定価はカバーに表示してあります。

ISBN978-4-297-10700-0　C3055
Printed in Japan

■お問い合わせについて

本書の内容に関するご質問は、下記の宛先
までFAXまたは書面にてお送りください。
電話によるご質問、および本書に記載され
ている内容以外の事柄に関するご質問には
お答えできかねます。あらかじめご了承く
ださい。

〒162-0846
東京都新宿区市谷左内町21-13
株式会社技術評論社　書籍編集部
「Access VBA　実践マスターガイド
～仕事の現場で即使える」質問係
FAX番号　03-3513-6167

なお、ご質問の際に記載いただいた個人情
報は、ご質問の返答以外の目的には使用い
たしません。また、ご質問の返答後は速や
かに破棄させていただきます。